全国技工院校机械类专业通用教材（高级技能层级）

金属切削原理与刀具

（第 五 版）

人力资源社会保障部教材办公室组织编写

中国劳动社会保障出版社

简介

本书主要内容包括：金属切削加工的基本知识、金属切削刀具的基本知识、切削加工的主要规律、切削加工质量与效率、车刀、孔加工刀具、铣刀、拉刀、螺纹刀具、齿轮加工刀具、数控加工刀具及工具系统等。

本书由洪惠良主编，李晔、魏小兵、陈宏参编。

图书在版编目(CIP)数据

金属切削原理与刀具/人力资源社会保障部教材办公室组织编写. -- 5版. -- 北京：中国劳动社会保障出版社，2018

全国技工院校机械类专业通用教材：高级技能层级

ISBN 978-7-5167-3509-1

Ⅰ. ①金… Ⅱ. ①人… Ⅲ. ①金属切削-技工学校-教材②刀具（金属切削）-技工学校-教材 Ⅳ. ①TG501②TG71

中国版本图书馆CIP数据核字(2018)第177189号

中国劳动社会保障出版社出版发行

（北京市惠新东街1号 邮政编码：100029）

*

北京谊兴印刷有限公司印刷装订 新华书店经销

787毫米×1092毫米 16开本 11.75印张 271千字

2018年8月第5版 2025年3月第8次印刷

定价：23.00元

营销中心电话：400-606-6496

出版社网址：http://www.class.com.cn

http://jg.class.com.cn

前　言

为了更好地适应全国技工院校机械类专业的教学要求，全面提升教学质量，人力资源社会保障部教材办公室组织有关学校的一线教师和行业、企业专家，在充分调研企业生产和学校教学情况、广泛听取教师对教材使用反馈意见的基础上，对全国高级技工学校机械类专业通用教材进行了修订。本次修订后出版的教材包括：《机械制图（第四版)》《机械基础（第二版)》《机构与零件（第四版)》《机械制造工艺学（第二版)》《机械制造工艺与装备（第三版)》《金属材料及热处理（第二版)》《极限配合与技术测量（第五版)》《电工学（第二版)》《工程力学（第二版)》《数控加工基础（第二版)》《液压传动与气动技术（第二版)》《液压技术（第四版)》《机床电气控制（第三版)》《金属切削原理与刀具（第五版)》《机床夹具（第五版)》《金属切削机床（第二版)》《高级车工工艺与技能训练（第三版)》《高级钳工工艺与技能训练（第三版)》《高级焊工工艺与技能训练（第三版)》等。

本次教材修订工作的重点主要体现在以下几个方面：

第一，更新教材内容，体现时代发展。

根据机械类专业毕业生所从事岗位的实际需要和教学实际情况的变化，合理确定学生应具备的能力与知识结构，对部分教材内容及其深度、难度做了适当调整；根据相关专业领域的最新发展，在教材中充实新知识、新技术、新设备、新材料等方面的内容，体现教材的先进性；采用最新国家技术标准，使教材更加科学和规范。

第二，提升表现形式，激发学习兴趣。

在教材内容的呈现形式上，较多地利用图片、实物照片和表格等形式将知识点生动地展示出来，尤其是在《机械基础（第二版）》《机床夹具（第五版）》等教材插图的制作中全面采用了立体造型技术，力求让学生更直观地理解和掌握所学内容。针对不同的知识点，设计了许多贴近实际的互动栏目，在激发学生学习兴趣和自主学习积极性的同时，使教材“易教易学，易懂易用”。

第三，开发配套资源，提供教学服务。

本套教材配有习题册和方便教师上课使用的多媒体电子课件，可以通过职业教育教学资源和数字学习中心网站（http：//zyjy. class. com. cn）下载电子课件等教学资源。另外，在部分教材中使用了二维码技术，针对教材中的教学重点和难点制作了动画、视频、微课等多媒体资源，学生使用移动终端扫描二维码即可在线观看相应内容。

本次教材的修订工作得到了河北、辽宁、江苏、山东、河南、湖南、广东等省人力资源社会保障厅及有关学校的大力支持，在此我们表示诚挚的谢意。

人力资源社会保障部教材办公室

2018 年 8 月

目　录

第一章　金属切削加工的基本知识

金属切削加工通常是指在机床上利用刀具与工件的相对运动，将工件上多余的金属切除，获得符合图样要求的新表面的加工方法，如车削、钻削、铣削、刨削、拉削等。本章将介绍金属切削加工的基本知识，内容涉及切削运动和切削要素两部分，为进一步学习金属切削加工知识奠定基础。

第一节　切削运动

一、切削运动的主要形式

切削加工时，刀具与工件的相对运动称为切削运动。通过切削运动，刀具与工件相接触，刀具切削刃切入工件材料，使多余材料成为切屑而剥离。各种切削加工方法中，切削运动的主要形式有五种，见表1—1。

表1—1　　切削运动的主要形式

序号	工件运动	刀具运动	示例
1	转动	移动	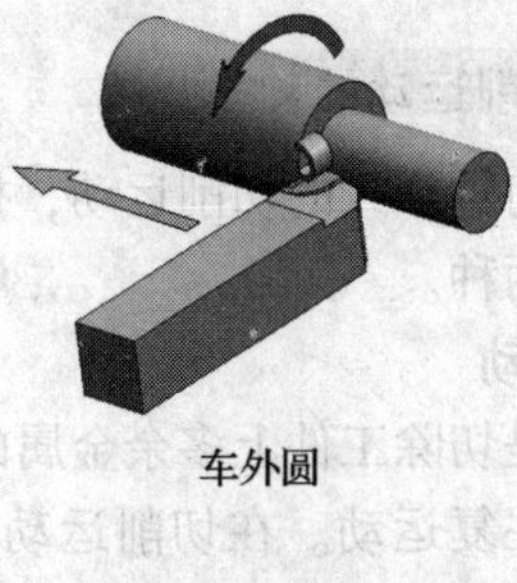 车外圆
2	移动	转动	 铣平面

续表

序号	工件运动	刀具运动	示例
3	移动	直线往复运动	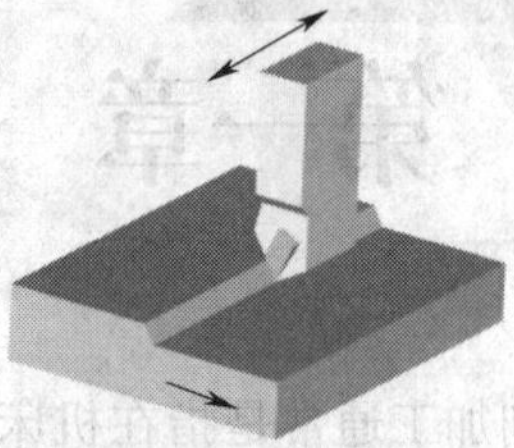 刨平面（牛头刨床）
4	直线往复运动	移动	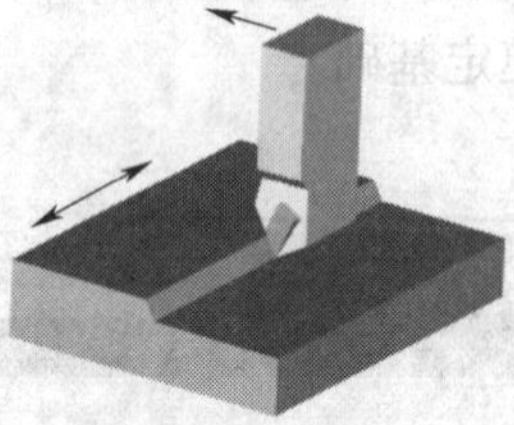 刨平面（龙门刨床）
5	不动	转动并移动	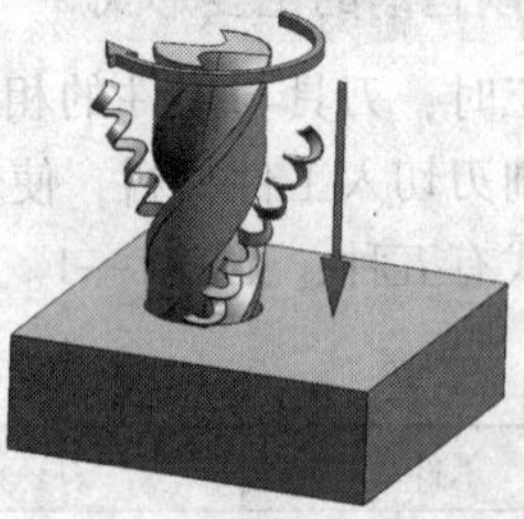 钻孔

二、切削运动的种类

不论是何种形式的切削运动，按照其在切削过程中所起的作用不同，均可划分为主运动和进给运动两种。

1. 主运动

主运动是切除工件上多余金属的必备运动，是机床的主要运动，它可以是旋转运动，也可以是直线往复运动。在切削运动中，主运动的速度最高，消耗的功率最大。对于每种机床，主运动只有一个。如图 1—1 所示，车削时工件的旋转运动是主运动，刨削（牛头刨床）时刨刀的直线往复运动是主运动。

2. 进给运动

进给运动是使工件上多余材料不断被切除的切削运动。如图 1—1 所示，车削时车刀的移动和牛头刨床刨削时工件的移动均为进给运动。在切削运动中，进给运动的速度较低，消耗的功率较小。根据切削加工方法的不同，机床上的进给运动可以是一个、两个或多个，还可以没有进给运动（如拉削）。

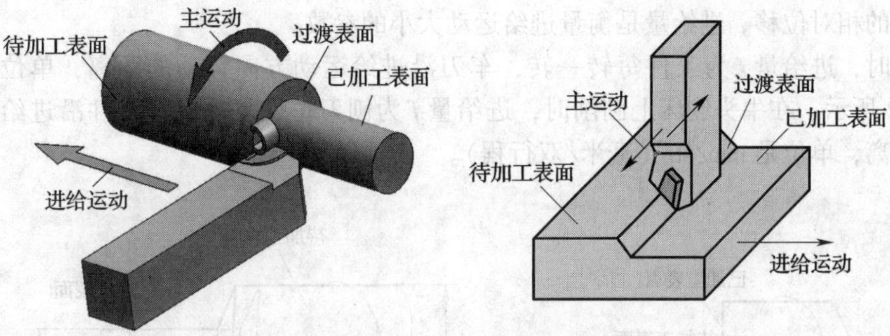

图 1—1　车削与刨削

三、工件上形成的三个表面

在切削过程中，工件上会形成三个不断变化着的表面，如图 1—1 所示。

1. 已加工表面：已切除多余金属后形成的新表面。
2. 待加工表面：工件上有待切除的表面。
3. 过渡表面（加工表面）：主切削刃正在切削的表面。

第二节　切削要素

切削要素包括切削用量和切削层参数两大类。

一、切削用量

切削用量是衡量主运动和进给运动大小的参数，也是切削前操作者调整机床的依据。它包括背吃刀量、进给量和切削速度三个要素。

1. 背吃刀量（a_p）

背吃刀量 a_p 又叫切削深度，是工件上已加工表面和待加工表面之间的垂直距离，单位为 mm。

车削外圆时（见图 1—2b），背吃刀量 a_p 就是车刀每次进给切入工件的深度，按下式计算：

$$a_p = \frac{d_w - d_m}{2}$$

式中　d_w——待加工表面直径，mm；

d_m——已加工表面直径，mm。

例 1—1　车一直径为 50 mm 的轴，一次进给车至 45 mm，求背吃刀量。

解：由题意得

$$a_p = \frac{d_w - d_m}{2} = \frac{50 - 45}{2} = 2.5(\text{mm})$$

2. 进给量（f）

进给量 f 是工件或刀具每转一转或往复一次或刀具每转过一齿时，工件与刀具在进给运动方向上的相对位移。进给量是衡量进给运动大小的参数。

车削时，进给量 f 为工件每转一转，车刀沿进给运动方向移动的距离，单位为 mm/r，如图 1—2 所示；在牛头刨床上刨削时，进给量 f 为刨刀每往复一次，工件沿进给运动方向移动的距离，单位是 mm/str（毫米/双行程）。

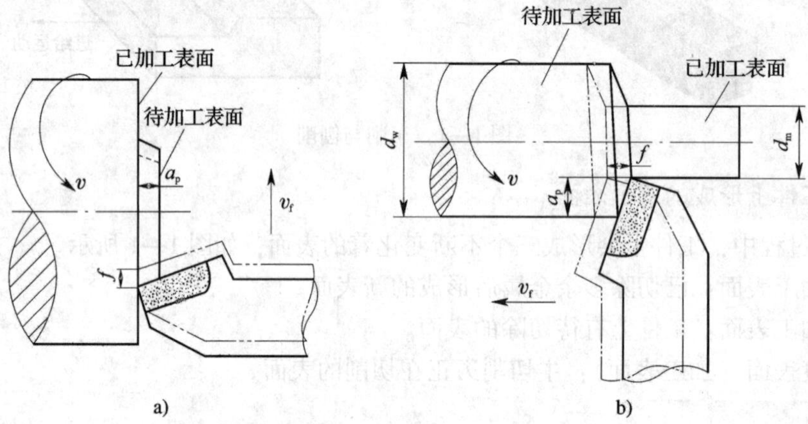

图 1—2　车削时的背吃刀量和进给量

a）车端面　b）车外圆

另外，还可以用进给速度 v_f 来衡量进给运动的大小，尤其是在数控加工中。进给速度 v_f 是单位时间内刀具或工件沿进给运动方向移动的距离，单位为 mm/min。

车外圆时：

$$v_f = nf$$

式中　n——工件转速，r/min；

　　　f——进给量，mm/r。

〔提示〕

进给量或进给速度会在普通机床的铭牌上给出。例如，车床的铭牌上给出的是进给量，而铣床的铭牌上给出的是进给速度。切削前，根据加工条件确定数值大小并调整机床。

3. 切削速度（v）

切削速度是刀具切削刃上选定点相对于工件待加工表面主运动方向上的瞬时速度，即主运动的线速度，单位为 m/min。切削速度是衡量主运动大小的参数。

当机床上主运动为旋转运动时（如车削、铣削、钻削等），切削速度的计算公式为：

$$v = \frac{\pi dn}{1\,000}$$

式中　n——工件或刀具转速，r/min；

　　　d——工件或刀具选定点的旋转直径（通常取最大直径），mm。

〔提示〕

在实际应用时，一般根据工件材料、加工性质、刀具材料等选定切削速度 v 的大小，再计算出转速 $n=\dfrac{1\,000v}{\pi d}$，进而调整机床主轴转速。

当主运动为直线往复运动时（如刨削加工），其平均速度按下式计算：

$$v=\frac{2Ln_r}{1\,000}$$

式中　L——直线往复运动的行程长度，mm；

n_r——主运动每分钟的往复次数，str/min。

例 1—2　锻造后的齿轮毛坯直径为 100 mm，现用 CA6140 型车床车外圆，一次进给车至 94 mm，切削速度为 62.8 m/min，求背吃刀量 a_p 和车床主轴转速 n_1。若用车床车削毛坯直径为 40 mm 的工件外圆，切削速度不变，求车床主轴转速 n_2。

解：由题意得

$$a_p=\frac{d_w-d_m}{2}=\frac{100-94}{2}=3(\text{mm})$$

$$n_1=\frac{1\,000v}{\pi d}=\frac{1\,000\times 62.8}{3.14\times 100}=200(\text{r/min})$$

$$n_2=\frac{1\,000v}{\pi d}=\frac{1\,000\times 62.8}{3.14\times 40}=500(\text{r/min})$$

〔提示〕

切削速度 v 一定时，主轴转速 n 与工件（刀具）直径 d 成反比，即工件（刀具）直径 d 越小，选择的主轴转速 n 越高。

二、切削层参数

刀具切削刃相对于工件沿进给运动方向每移动一个进给量 f，从工件上切下的一层金属称为切削层。以车削为例，如图 1—3 所示，工件旋转一周，车刀沿进给方向移动一个进给量 f，从工件上切下的一层金属即为切削层。用通过工件轴线的水平面（基面）截切削层，其截面（图 1—3 工件中细双点划线部分）形状一般为梯形。切削层截面形状与刀具的角度（如主偏角、副偏角）有关。对于切削层，除考虑形状外，还必须考虑其尺寸大小，即切削层参数。切削层参数包括切削厚度、切削宽度、切削层面积三要素。

1. 切削厚度（a_c）

垂直于工件过渡表面测量的切削层尺寸称为切削厚度。

计算公式：

$$a_c = f\sin\kappa_r$$

切削厚度 a_c 反映主切削刃单位长度承受的负荷大小并决定切下切屑的形状和尺寸。因此，它影响切削过程中的切削变形、切削力、切削热和刀具磨损等。

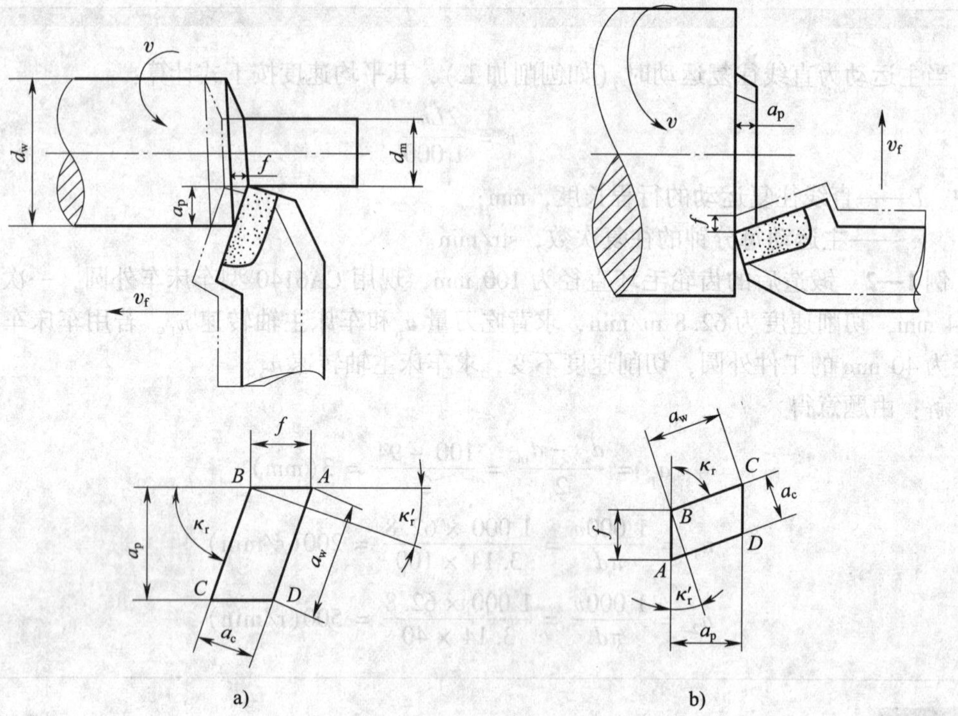

图 1—3　切削层参数

a）车外圆　b）车端面

2. 切削宽度（a_w）

平行于工件过渡表面测量的切削层尺寸称为切削宽度。

计算公式：

$$a_w = \frac{a_p}{\sin\kappa_r}$$

切削宽度 a_w 相当于主切削刃工作长度在基面上的投影。

3. 切削层面积（A_c）

切削层面积即切削层截面的面积。

计算公式：

$$A_c = a_c a_w = a_p f$$

例 1—3　车一毛坯直径 $d_w = 60$ mm 的轴，要一次进给车至直径 $d_m = 54$ mm，若选用 $f = 0.3$ mm/r，车刀 $\kappa_r = 75°$，求切削厚度 a_c、切削宽度 a_w 和切削层面积 A_c（已知 $\sin75° = 0.965\,9$）。

解：由题意得

$$a_p = \frac{d_w - d_m}{2} = \frac{60 - 54}{2} = 3(\text{mm})$$

$$a_c = f\sin\kappa_r = 0.3 \times \sin 75° = 0.3 \times 0.965\,9 \approx 0.29(\text{mm})$$

$$a_w = \frac{a_p}{\sin\kappa_r} = \frac{3}{\sin 75°} = \frac{3}{0.965\,9} \approx 3.11(\text{mm})$$

$$A_c = a_p f = 3 \times 0.3 = 0.9(\text{mm}^2)$$

〔提示〕

1. 在切削层参数中，切削厚度a_c与切削宽度a_w随刀具主偏角κ_r的变化而变化，而切削层面积A_c由背吃刀量a_p和进给量f决定，不受主偏角κ_r的影响。

2. 当主偏角$\kappa_r = 90°$时，$a_c = f$，$a_w = a_p$。

3. 实际的切削层面积A_{ce}比A_c要小，因为切削后还会在已加工表面上留下一小部分残留面积。

第二章　金属切削刀具的基本知识

刀具是金属切削加工中非常重要的工具，刀具材料、刀具几何参数的选择直接影响着切削加工的表面质量、生产效率和加工成本。本章将详细介绍刀具的基本知识，内容涉及刀具的材料、分类及结构、几何角度和工作角度。

第一节　刀具材料

一、刀具材料应具备的主要性能

在金属切削过程中，刀具的工作环境十分恶劣，通常要承受较大的切削力、较高的切削温度和剧烈的摩擦，有时还承受强烈的冲击与振动。因此，刀具切削部分材料（简称刀具材料）必须具备一定特性。

1. 高硬度

刀具材料的硬度必须高于被加工材料的硬度，通常应比工件材料的硬度高 1.3～1.5 倍，常温硬度应高于 60HRC。

2. 高耐磨性

由于切削过程中刀具与工件间会产生剧烈的摩擦，因此，要求刀具材料具有高耐磨性，即抵抗磨损的能力。耐磨性是材料的硬度、强度、化学成分、金相组织等的综合体现。材料组织中硬质点（碳化物、氮化物等）的硬度越高，数量越多，均匀分布状态越好，则其耐磨性就越高。通常，材料的硬度越高，耐磨性也就越好。

3. 足够的强度和韧性

刀具在切削时要承受很大的切削力、冲击力和振动。如在车削 45 钢时，取 a_p = 4 mm，f = 0.5 mm/r，刀具所承受的切削力约为 4 000 N。因此，要求刀具材料具有足够的强度和韧性。强度和韧性反映刀具材料抵抗脆裂和崩刃的能力。强度和韧性越高，能承受的切削力越大，抗冲击和振动的能力越强，刀具脆裂和崩刃的倾向越小。

4. 高耐热性

耐热性又称热硬性或高温硬度，是指刀具材料在高温下保持硬度、耐磨性、强度以及抗氧化、抗黏结和抗扩散的能力。耐热性是衡量刀具材料切削性能优劣重要的指标。刀具材料的耐热性越高，表明其在高温状态下原有性能发生的变化越小，高温硬度越高，允许的切削速度越高，刀具材料的切削性能越好。

5. 良好的工艺性

作为刀具材料，除应具备上述性能外，还应具备一定的工艺性能，如可切削性、可锻性、可焊性和良好的热处理工艺适应性等，以满足刀具制造、刃磨、切削的要求。

二、常用刀具材料的种类及主要性能

能够满足上述基本性能要求的刀具材料可分为工具钢（包括碳素工具钢、合金工具钢、高速钢）、硬质合金、陶瓷和超硬材料四大类。各种刀具材料的主要性能见表 2—1。

表 2—1　　各种刀具材料的主要性能

材料种类		硬度 HRC/HRA（HV）	抗弯强度（GPa）	冲击韧度（MJ/m^2）	耐热性（℃）	性能变化
工具钢	碳素工具钢	60 ~ 65/81.2 ~ 84	2.16	—	200 ~ 250	↑强度、韧性、抗冲击性；↓硬度、耐磨性、切削速度
	合金工具钢	60 ~ 65/81.2 ~ 84	2.35	—	300 ~ 400	
	高速钢	63 ~ 70/83 ~ 86.6	1.96 ~ 4.41	0.098 ~ 0.588	600 ~ 700	
硬质合金	钨钴类	—/89 ~ 92	1.08 ~ 2.16	0.019 ~ 0.059	800	
	钨钛钴类	—/89 ~ 92.5	0.882 ~ 1.37	0.002 9 ~ 0.006 8	900	
	钨钛钽（铌）钴类	—/92	1.47	—	1 000 ~ 1 100	
陶瓷	氧化铝基陶瓷	—/91 ~ 95	0.44 ~ 0.686	0.004 9 ~ 0.011 7	1 200	
	氮化硅基陶瓷	(5 000)	0.735 ~ 0.83		1 300	
超硬材料	人造金刚石	(10 000)	0.21 ~ 0.48	—	700 ~ 800	
	立方氮化硼	(8 000 ~ 9 000)	约 0.294		1 400 ~ 1 500	

〔提示〕

通常，刀具材料的硬度越高，则抗弯强度越低，韧性越差。

由于各种刀具材料有着不同的耐磨性、韧度和成本，它们有着不同的应用范围。碳素工具钢及合金工具钢的耐热性较差，但具有抗弯强度高、刃磨性能好、热塑性好、价格低廉等优点，故广泛用于制造低速切削刀具和手用刀具，如锉刀、锯条、丝锥、板牙、铰刀等。例如，手用丝锥由 T12A 或 9SiCr 制成，圆板牙可由 T12A、T10A 或 9SiCr 制成，而拉刀可由 CrWMn 制成。

俗话说得好，好“钢”用在刀刃上。目前，机械加工中应用最多的刀具材料是高速钢和硬质合金。随着刀具新材料的开发和高新技术在刀具制造领域的应用，刀具切削性能有了显著的提高。刀具材料从高速钢向硬质合金、陶瓷、超硬材料发展，高性能材料不断取代传统材料，切削速度和加工效率不断提高。

三、高速钢

高速钢是含钨（W）、钼（Mo）、铬（Cr）、钒（V）等合金元素较多的合金工具钢，也称为白钢、锋钢。高速钢具有较高的强度、韧性和良好的刃磨性能，能承受较大的切削力和冲击力，常用于制造形状复杂的刀具。但高速钢的耐热性较差，其耐热温度为550～600℃，允许的最高切削速度为30 m/min。由于高速钢的切削速度比其他工具钢高几倍甚至十几倍，故称为高速钢。但是，对于机械加工来说，仍属于低速切削。

1. 普通高速钢

普通高速钢应用广泛，约占高速钢总量的75%，按钨、钼质量分数的不同，分为钨系高速钢和钨钼系高速钢。普通高速钢主要牌号、性能特点及应用见表2—2。

表2—2　　普通高速钢主要牌号、性能特点及应用

类别	主要牌号	性能特点	应　用
钨系高速钢	W18Cr4V	工艺性能好，特别是刃磨性能和热处理性能好；但碳化物均匀性、高温塑性较钨钼系高速钢差	是应用最广泛的一种高速钢，适用于制作一般刀具和各种复杂刀具，如车刀、铣刀、刨刀、钻头、铰刀、齿轮刀具及机用丝锥、板牙、锯条等
钨钼系高速钢	W6Mo5Cr4V2	降低了碳化物的数量及分布的不均匀性，细化了晶粒，抗弯强度和冲击韧性较钨系高速钢有所提高，耐磨性好，热塑性好；热硬性稍低	适用于制造各种承受冲击力较大的刀具，如插齿刀、锥齿轮刨刀和一般切削刀具，也可用于制造大型和热塑成形刀具
	W9Mo3Cr4V	是一种新牌号高速钢，综合性能优于W6Mo5Cr4V2，成本较低	适用性广

2. 高性能高速钢

高性能高速钢是在普通高速钢中增加一些碳（C）、钒（V），并添加钴（Co）或铝（Al）等合金元素而获得的，耐磨性和耐热性得到显著提高。高性能高速钢刀具耐用度为普通高速钢刀具的1.5～3倍，可用于切削加工不锈钢、耐热钢、高强度钢等难加工材料。

高性能高速钢主要有高钒高速钢（如W6Mo5Cr4V3）、钴高速钢（如W2Mo9Cr4VCo8）、铝高速钢（如W6Mo5Cr4V2Al）。

常用高速钢的牌号及主要性能见表2—3。

表2—3　　常用高速钢的牌号及主要性能

类型		牌号	硬度HRC 常温	硬度HRC 500℃	硬度HRC 600℃	抗弯强度（GPa）	冲击韧度（MJ/m^2）
普通高速钢		W18Cr4V	63～66	56	48.5	3.0～3.4	0.18～0.32
		W6Mo5Cr4V2	63～66	55～56	47～48	3.5～4.0	0.3～0.4
		W9Mo3Cr4V	63～66	59	—	4.0～4.5	0.35～0.4
高性能高速钢	高钒	W6Mo5Cr4V3	65～67	—	51.7	<3.2	<0.25
		W12Cr4V4Mo	66～67	—	52	<3.2	<0.1
	含钴	W2Mo9Cr4VCo8	67～69	60	55	2.7～3.8	0.23～0.3
		W6Mo5Cr4V2Co8	66～68	—	54	～3.0	～0.3
	含铝	W6Mo5Cr4V2Al	67～69	60	55	2.9～3.9	0.23～0.3
		W10Mo4Cr4V3Al	67～69	60	54	3.1～3.5	0.2～0.28

3. 粉末冶金高速钢

上述高速钢均为熔炼高速钢，在制造过程中无法避免碳化物的偏析问题，致使碳化物颗粒粗细及分布不均匀。而粉末冶金高速钢完全避免了碳化物的偏析问题，其晶粒细化，分布均匀，强度、硬度、耐磨性等有了显著提高。同时，由于物理、力学性能各向同性，减少了热处理造成的变形与应力，而磨削性能与普通高速钢基本相同。

粉末冶金高速钢适用于制造切削难加工材料的刀具，以及进行强力、断续切削时要求刀刃锋利、强度和韧性高的刀具，如齿轮刀具、立铣刀、拉刀、精密螺纹刀具等。

4. 高速钢刀具的表面处理

采用表面处理等新技术可提高高速钢刀具的切削性能和刀具的耐用度。表面处理就是通过某种特殊工艺改善刀具表层的成分与组织或在刀具表面涂镀一层耐磨薄层（0.002 mm 左右）。常见的表面处理有氮化处理、离子注入、液体氮碳共渗、真空溅射涂镀以及物理气相沉积 TiN 和 TiC 等。经过表面处理的刀具，耐用度得到显著提高。如目前一些铣刀、钻头的切削部分呈金黄色，多为 TiN 涂层。

四、硬质合金

硬质合金是由硬度和熔点很高的金属碳化物粉末（WC、TiC、TaC 等）和金属黏结剂经粉末冶金工艺制成。

硬质合金的硬度、耐磨性和耐热性都很高，耐热温度可达 800～1 000℃，允许的切削速度为高速钢的数倍。刀具耐用度比高速钢高几倍到几十倍。虽然目前硬质合金在切削加工中的使用量还略少于高速钢（一些复杂的刀具上硬质合金的应用仍不多），而实际上 80% 以上的金属切除量是由硬质合金刀具完成的（绝大多数车刀、面铣刀、深孔钻等均已采用硬质合金）。硬质合金的缺点是抗弯强度和韧性较低，脆性大，因此不耐冲击和振动。

1. 常用硬质合金

目前常用硬质合金的牌号、成分、主要性能见表 2—4。

表 2—4　　常用硬质合金的牌号、成分、主要性能

种类	牌号	化学成分				物理、力学性能				密度 (g/cm³)
		WC (%)	TiC (%)	TaC (NbC) (%)	Co (%)	硬度 HRA	抗弯强度 (GPa)	冲击韧度 (MJ/m²)	导热系数 [W/(m·K)]	
钨钴类（K类）	YG3	97	—	—	3	91.0	1.20	—	87.9	14.9～15.3
	YG6	94	—	—	6	89.5	1.45	0.03	79.6	14.6～15.0
	YG8	92	—	—	8	89.0	1.50	—	75.4	14.5～14.9
	YG3X	97	—	<0.5	3	91.5	1.10	—	—	15.0～15.3
	YG6X	93.5	—	<0.5	6	91	1.4	—	79.6	14.6～15.0
钨钛钴类（P类）	YT5	85	5	—	10	89.5	1.40	—	62.8	12.5～13.2
	YT15	79	15	—	6	91	1.15	—	33.5	11.0～11.7
	YT30	66	30	—	4	92.5	0.90	0.003	20.9	9.35～9.70
钨钛钽（铌）钴类（M类）	YW1	84	6	4	6	92	1.20	—	—	12.6～13.5
	YW2	82	6	4	8	91	1.35	—	—	12.4～13.5

注：Y——硬质合金，G——钴，T——碳化钛，W——通用型硬质合金，X——细晶粒。

〔提示〕

硬质合金的物理、力学性能取决于碳化物的种类、数量、粉末颗粒的粗细和分布的均匀程度以及黏结剂的多少等。如 TiC 比 WC 的硬度高，但脆性大；碳化物颗粒多，硬度高，但强度低；黏结剂（含钴量）多，强度高，韧性好；细晶粒或超细晶粒硬质合金的硬度高于粗晶粒的硬质合金。

（1）钨钴类（K 类）硬质合金

钨钴类硬质合金代号为 YG，相当于 ISO 标准的 K 类。YG 类硬质合金主要用于加工铸铁等脆性金属材料、有色金属及其合金，以及加工中有冲击载荷的表面。切削脆性金属时，切屑呈崩碎状，切削热、切削力、冲击力集中在刃口旁的前面上，使切削区域的温度升高，且易造成刀具崩刃。而 YG 类硬质合金导热性能好，抗弯强度和韧性较高，有较好的抗冲击、抗振性能，所以适合加工脆性材料。YG 类硬质合金通常不用于切削钢料，这是因为 YG 类硬质合金与钢摩擦时，抗黏结性较差，易发生黏结磨损。

YG 类硬质合金中常见牌号有 YG3、YG6、YG8 等，牌号后的数字表示钴的质量分数。其中钴（Co）含量多的硬质合金适宜粗加工，钴（Co）含量少的硬质合金适宜精加工。

（2）钨钛钴类（P 类）硬质合金

钨钛钴类硬质合金代号为 YT，相当于 ISO 标准的 P 类。YT 类硬质合金主要用于加工钢等塑性金属材料，因为切削钢料时产生的塑性变形大，摩擦剧烈，切削温度高，易与刀具材料发生黏结，而 YT 类硬质合金由于 TiC 的加入，具有较高的耐热性、耐磨性和较好的抗黏结能力。

YT 类硬质合金中常见牌号有 YT5、YT15、YT30 等，牌号后的数字表示碳化钛的质量分数，其中碳化钛（TiC）含量多的适宜精加工，碳化钛（TiC）含量少的适宜粗加工。

〔提示〕

切削钛不锈钢（如 Cr18Ni9Ti、Cr17Mo2Ti）时，由于不锈钢中的 Ti 元素和 YT 类硬质合金中的 Ti 元素产生亲和作用，工件和切屑容易把硬质合金刀具中的 Ti 黏结带走，从而加剧刀具的磨损。因此，钛不锈钢虽然也是钢，是塑性金属，却不宜选用 YT 类硬质合金刀具切削，而应选用 YG 类硬质合金（如 YG6X）或 YW 类硬质合金刀具切削。

（3）钨钛钽（铌）钴类（M 类）硬质合金

钨钛钽（铌）钴类硬质合金代号为 YW，相当于 ISO 标准的 M 类。YW 类硬质合金是在 YT 类硬质合金中加入一定数量的碳化钽（TaC）或碳化铌（NbC）制成的，提高了硬质合金的高温硬度与高温强度。

YW 类硬质合金既可加工铸铁、有色金属，又可加工钢料，特别适用于加工高温合金、不锈钢等难加工材料，故又称为通用硬质合金。

YW 类硬质合金中常见牌号有 YW1、YW2，牌号后的数字表示顺序号。其中 YW1 用于精加工，YW2 用于粗加工。

我国常用硬质合金牌号与 ISO 分类对照及用途见表 2—5。

表 2—5　　我国常用硬质合金牌号与 ISO 分类对照及用途

种　类	牌号	相近 ISO 牌号	主 要 用 途	加工性质
钨钴类	YG8	K30	加工铸铁、有色金属及其合金	粗加工
	YG6	K20		半精加工
	YG3	K01		精加工
钨钛钴类	YT5	P30	加工钢等塑性金属	粗加工
	YT15	P10		半精加工
	YT30	P01		精加工
钨钛钽（铌）钴类	YW1	M10	加工耐热钢、高锰钢、不锈钢等难加工材料、一般钢材和铸铁、有色金属	精加工 半精加工
	YW2	M20		粗加工 半精加工

〔提示〕

我国常用硬质合金牌号选用的一般规律：数字小，精加工；YT 类相反。

例 2—1　根据下列加工条件选择合适的硬质合金牌号。

（1）粗车铸铁

由于工件材料是铸铁，经判断应选用 YG 类硬质合金；又是粗车，为粗加工，应选用数字大、含钴（Co）量多的牌号 YG8。

（2）精车 45 钢

由于工件材料是 45 钢，经判断应选用 YT 类硬质合金；又是精车，为精加工，应选用数字大、含碳化钛（TiC）量多的牌号 YT30。

（3）粗车不锈钢（Cr18Ni9Ti）轴

由于工件材料是钛不锈钢，表面上看，加工钢件应选用 YT 类硬质合金。但由于不锈钢中的 Ti 元素和 YT 类硬质合金中的 Ti 元素会产生亲和作用，工件和切屑容易把硬质合金中的 Ti 黏结带走，从而加剧刀具的磨损，所以不能选用 YT 类硬质合金，而应选用 YW 类硬质合金；又是粗车，所以应选用数字大的牌号 YW2。

2．其他硬质合金

（1）碳化钛基（YN 类）硬质合金

YN 类硬质合金主要用于合金钢、淬火钢的精加工。该类硬质合金以 TiC 为主要成分，加入了少量的 WC、NbC，以 Ni 和 Co 为黏结剂，大大提高了硬质合金的耐磨性和耐热性以及抗黏结能力，不易粘刀和产生积屑瘤，切削速度可达 300 ~ 400 m/min；但强度和韧性较低，故不适宜在冲击、振动、大切削力的场合使用。

（2）钢结硬质合金（YE 类）

钢结硬质合金以 TiC 或 WC 作硬质相（占 30% ~40%），高速钢作黏结相（60% ~70%），属高速钢基硬质合金。它具有良好的耐热性、耐磨性和韧性，且可锻造性、热处理性和可切削性较好，故可制作结构复杂的刀具，如钻头、铣刀等。

（3）细晶粒、超细晶粒硬质合金

普通硬质合金中碳化钨（WC）的粒度为几微米，细晶粒硬质合金平均粒度在 1.5 μm 左右，超细晶粒硬质合金粒度为 0.2 ~1 μm，大多数在 0.5 μm 以下。

细晶粒和超细晶粒硬质合金与相同成分的硬质合金比较，抗弯强度提高了 0.6 ~0.8 GPa，硬度提高了 1.5 ~2HRA，在中、低速及断续切削的状态下不易发生崩刃现象。

（4）涂层硬质合金

在硬质合金表面用化学气相沉积法工艺，涂覆一层或多层（5 ~13 μm）难熔金属碳化物。涂层材料主要有 TiC、TiN、Al_2O_3及 TiN－TiC 复合材料。

与非涂层硬质合金相比，涂层硬质合金的硬度、耐磨性和耐热性得到了较大提高，多用于机夹式不重磨刀片。

五、陶瓷刀具材料

陶瓷刀具材料是以氧化铝（Al_2O_3）或氮化硅（Si_3N_4）为基体，再添加少量金属，在高温下烧结而成的一种刀具材料。

1. 陶瓷刀具材料的主要特点及应用

（1）高硬度与高耐磨性

常温硬度达 91 ~95HRA。

（2）高耐热性

1 200℃的高温下硬度为 80HRA，在 1 200 ~1 400℃的高温下仍具有切削能力。适合高速切削，允许的切削速度比硬质合金高 2 ~6 倍。

（3）良好的化学稳定性和抗黏结性

陶瓷与金属的亲和力较小，陶瓷的化学稳定性优于碳化物、氮化物和硼化物，即使在熔化温度，与钢也不相互起作用。与钢的黏结温度达到1 500℃以上。另外，陶瓷在高温下不易氧化，即使刀刃处于红热状态，也能长时间连续切削。

（4）摩擦因数小

切削时刀具与工件的摩擦因数小，切屑不易粘在刀具上，不易产生积屑瘤，不但减少了刀具的磨损，延长了刀具寿命，而且使加工表面粗糙度值减小。因此，用陶瓷刀具加工，有时可获得以车代磨、以铣代磨的效果。

（5）强度、韧性、热导率低

脆性大是陶瓷刀具的最大缺点，抗弯强度和冲击韧性较硬质合金低，几乎不能承受冲击载荷。此外，陶瓷刀具的热导率低，仅为硬质合金的1/5 ~1/2，弹性模量低于硬质合金，所以陶瓷刀具的抗热冲击性能差，当温度显著变化时，容易产生裂纹，切削时一般不用切削液。

陶瓷刀具一般适用于高速精细加工硬材料，如在 200 m/min 条件下车削淬火钢。

2. 陶瓷刀具材料的种类

（1）氧化铝基陶瓷

这类陶瓷是将一定量的碳化物（多为 TiC）添加到 Al_2O_3 中，称为混合陶瓷或组合陶瓷。若添加镍（Ni）、钴（Co）、钨（W）等作为黏结金属，可较大地提高陶瓷刀具的强度。适合在中等切削速度下切削难加工材料，如冷硬铸铁、淬硬钢等。

（2）氮化硅基陶瓷

这类陶瓷是将硅粉经氮化、球磨后添加助烧剂于模腔内热压烧结而成。其抗热冲击性能优于其他陶瓷刀具，且不易发生崩刃现象。切削速度可达 500 ~ 600 m/min，适宜精车、半精车、精铣、半精铣加工，可用于切削难加工材料。

六、超硬刀具材料

1. 金刚石

金刚石是碳的同素异形体，是目前最硬的物质，有天然与人造之分。

（1）金刚石刀具的优点

1）极高的硬度和耐磨性，可用于切削硬质合金、陶瓷等高硬度、高耐磨性的材料。

2）很好的导热性和很低的热膨胀系数，因而切削温度低，工件和刀具的热变形小，加工精度高。

3）刀具的切削刃很锋利，刃面的表面粗糙度值很小，可进行微量切削和镜面切削。

4）摩擦因数低于其他刀具材料，可减少切削变形、切削力和积屑瘤的产生，从而提高加工精度，减小表面粗糙度值。

（2）金刚石刀具的主要缺点及适用范围

1）耐热性差，强度低，脆性大，对冲击、振动敏感，因而对机床的精度、刚度要求较高，一般只适用于精加工。

2）金刚石与铁和碳原子的亲和性强，易使其丧失切削能力，故不宜用于加工铁族材料。

〔提示〕

超硬刀具中的聚晶金刚石（PCD）已成为高效加工铝合金、非金属材料、合成材料的主要刀具材料，它通常焊接在硬质合金刀片的一角（见图 2—1）。

图 2—1 聚晶金刚石刀具

2. 立方氮化硼（简称 CBN）

立方氮化硼是继人造金刚石之后人工合成的又一种新型无机超硬材料。立方氮化硼的主要优点是：

（1）很高的硬度与耐磨性，硬度仅次于金刚石。

（2）很高的热稳定性，在 1 300℃下不发生氧化，与大多数铁族材料都不起化学作用。

（3）有较好的导热性，与铁族材料的摩擦因数较小。

由于有以上优点，故立方氮化硼可用于淬硬钢、冷硬铸铁的粗加工与半精加工，以及高速切削高温合金等难加工材料。但由于其强度及韧性仍较低（介于陶瓷与硬质合金之间），因此不宜用于低速切削。

立方氮化硼（CBN）和聚晶立方氮化硼（PCBN）在硬切削、干切削、铸铁的精加工等领域得到了广泛的应用。

〔提示〕

了解各种刀具材料的性能特点，是为了能正确选择刀具材料，以达到保证加工质量、降低加工成本、提高生产效率的目的。一般来说，加工普通工件材料时选用高速钢与硬质合金；加工难加工材料时选择高性能和新型刀具材料；只有在加工用常规刀具材料难以加工的高硬材料或精密加工时，才考虑选择超硬刀具材料。

第二节　切削刀具的分类及结构

一、刀具的分类

切削刀具用于将毛坯上多余的材料切除，以获得具有预期的几何形状、尺寸精度和表面质量的零件。由于零件的结构、形状多种多样，加工要求、加工方法也各不相同，因此，完成零件加工的切削刀具也形状各异，种类繁多。通常可从应用场合、主切削刃数量、刀具结构、刀具材料等方面对切削加工刀具进行分类。

1. 按应用场合分类

刀具可划分为车刀、钻头、铣刀、铰刀、拉刀、螺纹切削刀具、齿轮切削刀具等，如图 2—2 所示。

2. 按主切削刃数量分类

刀具可分为单刃刀具和多刃刀具。所谓单刃刀具是指具有一条主切削刃的刀具，如图 2—2 中的车刀。多刃刀具则为具有两条或两条以上主切削刃的刀具，如图 2—2 中的钻头、铣刀、铰刀、拉刀、丝锥、滚刀。

3. 按刀具结构分类

刀具分为整体式（见图 2—3a）、焊接式（见图 2—3b）、机夹式（见图 2—3c）三类。整

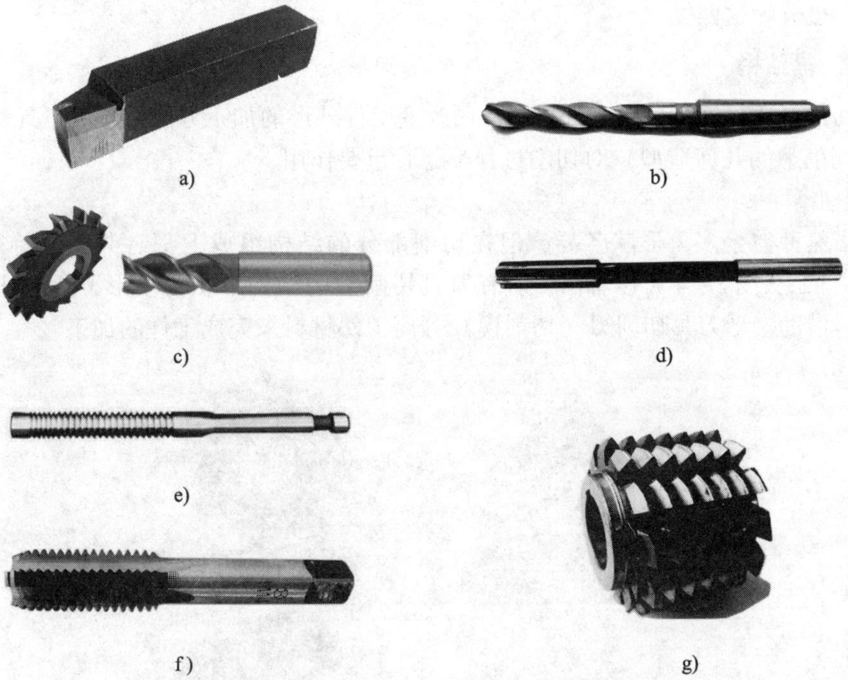

图 2—2　刀具按应用场合分类

a）车刀　b）钻头　c）铣刀　d）铰刀　e）拉刀　f）丝锥　g）滚刀

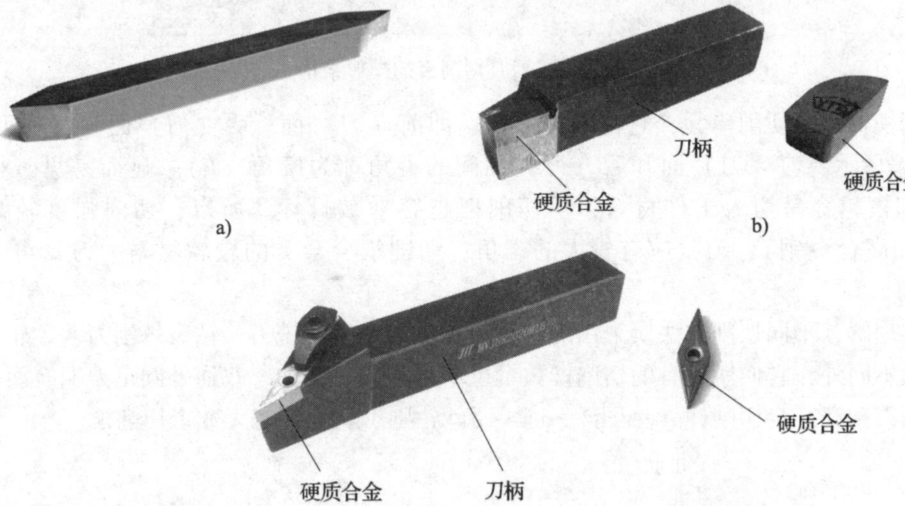

图 2—3　刀具结构种类

a）整体式　b）焊接式　c）机夹式

体式刀具的材料通常为同一材料（如高速钢）。其他结构形式的刀具，其切削部分材料为刀具材料（如硬质合金），而刀体通常用非刀具材料制造（如 45 钢）。

4. 按刀具材料分类

本章第一节介绍的刀具材料有工具钢、硬质合金、陶瓷和超硬材料四类，切削刀具按刀具材料不同也分为这四类。

二、刀具结构

由于切削是通过刀具分离工件材料从而改变工件外形的加工方法，所以刀具材料和刀具结构（即切削刃的几何造型）对切削过程都起着重要作用。

1. 切削楔

刀具虽然种类繁多，形状各异，但在切削部分的结构组成上都有共同的特征（刀面、刀刃和刀尖），从图 2—4 可以看出，所有刀具切削刃的结构形状为楔形，所有切削方法具有共同点：借助楔形刀具切削刃（切削楔）分离工件材料来完成工件的加工。

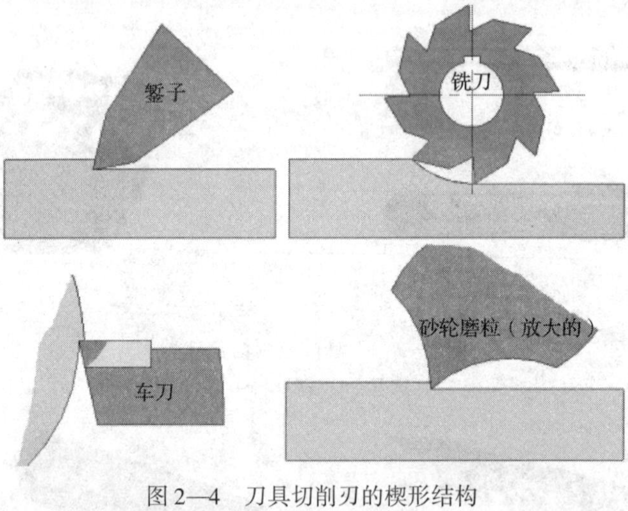

图 2—4　刀具切削刃的楔形结构

切削楔构成了切削单元，它由两面一刃，即前（刀）面、后（刀）面和切削刃组成，如图 2—5 所示，前（刀）面和后（刀）面间的夹角称为楔角（β）。显而易见，楔角越小，切削楔越容易切入工件材料，但切削刃越容易被打坏。所以，切削强度较高的硬材料（如高合金钢），刀具应有较大的楔角；切削铝合金类的较软材料，刀具可采用较小的楔角。

不难理解，不同切削方法所采用的各种刀具，如车刀、铣刀、钻头、刨刀、砂轮等，除结构形状不同外，它们所拥有的切削楔数量也不尽相同。例如，普通外圆车刀拥有两个切削楔，车槽刀拥有三个切削楔（见图 2—6），而砂轮则可认为拥有无数个切削楔。

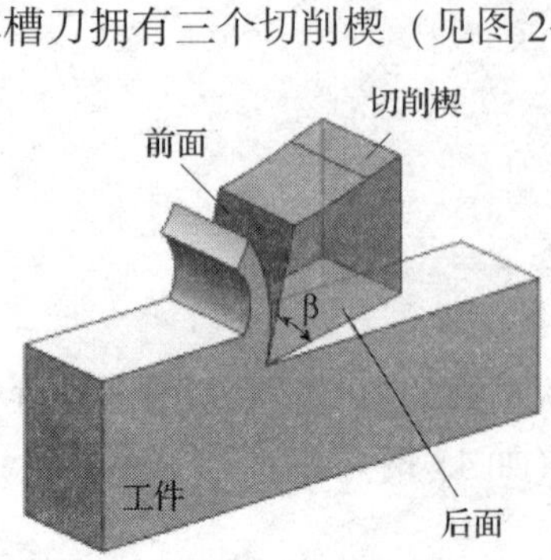

图 2—5　切削楔的组成

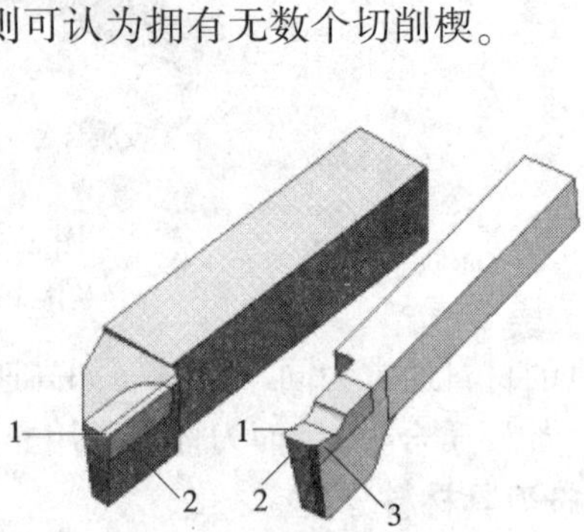

图 2—6　刀具切削楔数量

2. 切削部分构成

从结构来看，刀具由切削部分和固定部分构成。以图 2—7 所示的普通外圆车刀为例，切削部分通常由前（刀）面、主后（刀）面、副后（刀）面、主切削刃、副切削刃、刀尖等构成。

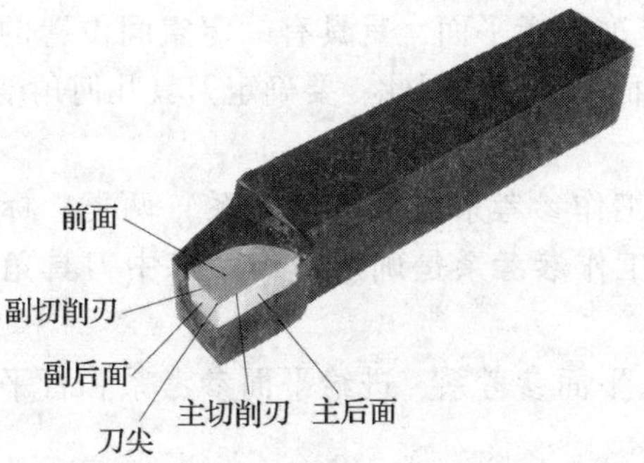

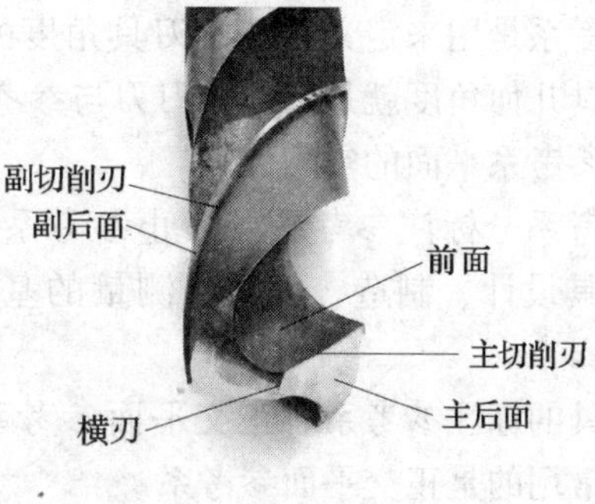

图 2—7　刀具切削部分的组成

a）车刀切削部分的组成　b）标准麻花钻切削部分的组成

前（刀）面——切屑流过的刀面。

主后（刀）面——切削时，与工件过渡表面相对的刀面。

副后（刀）面——切削时，与工件已加工表面相对的刀面。

主切削刃——主后面与前面的交线，担负主要的切削工作。

副切削刃——副后面与前面的交线，配合主切削刃完成切削工作。

刀尖——主、副切削刃的交点。

〔提示〕

倒棱——为了提高主切削刃的强度，可以变线为面，磨出倒棱。倒棱可以是平面或圆弧面。

过渡刃——为了提高刀尖强度，可以变点为线，磨出过渡刃。过渡刃有直线型和圆弧型两种，其中圆弧型过渡刃俗称刀尖圆弧。

刀具的用途不同，刀具的结构、组成切削部分的刀面、刀刃的数量及形状也可能不同。由图 2—7a 可知，外圆车刀由“三面、两刃、一尖”组成，刀面是平面，刀刃为直线；由图2—7b可知，标准麻花钻为“五刃、六面”的刀具，刀面均为曲面，主切削刃是直线，而副切削刃是曲线。

第三节　刀具的几何角度

刀具的几何角度是确定刀具切削部分几何形状、保证刀具切削性能的重要参数。由于外圆车刀是结构和形状简单的典型刀具，其他刀具都可以看作它的变形或组合，因此下面的内容均以外圆车刀为例展开介绍。

一、参考系

参考系是用来定义和规定刀具角度的各基准坐标平面，是具有一定空间位置的假想平面。刀具几何角度就是刀面、刀刃与参考系平面的夹角。因此，要确定刀具几何角度，首先要确定参考系平面的空间位置。

参考系分标注参考系（静止参考系）和工作参考系（动态参考系）两类。标注参考系是刀具设计、制造、刃磨与测量的基准。工作参考系是确定工作状态中刀具角度的基准。

刀具的标注参考系有正交平面参考系、法平面参考系、进给平面参考系和背平面参考系，最常用的是正交平面参考系。

标注参考系通常是在一定的假定条件下确定的。

1. 标注参考系的假定条件

假定运动条件：不考虑进给运动的影响，只考虑主运动（切削速度）的影响。

假定安装条件：车刀刀尖与工件轴线等高，刀柄中心线垂直于进给方向。

2. 正交平面参考系

正交平面参考系由基面 p_r、切削平面 p_s 与正交平面 p_o 组成，即 $p_r - p_s - p_o$。

基面 p_r——通过切削刃上某一选定点，垂直于该点主运动（切削速度 v）方向的平面，如图 2—8、图 2—9 所示。

切削平面 p_s——通过切削刃上某一选定点，相切于工件过渡表面并垂直于基面的平面，如图 2—8、图 2—9 所示。

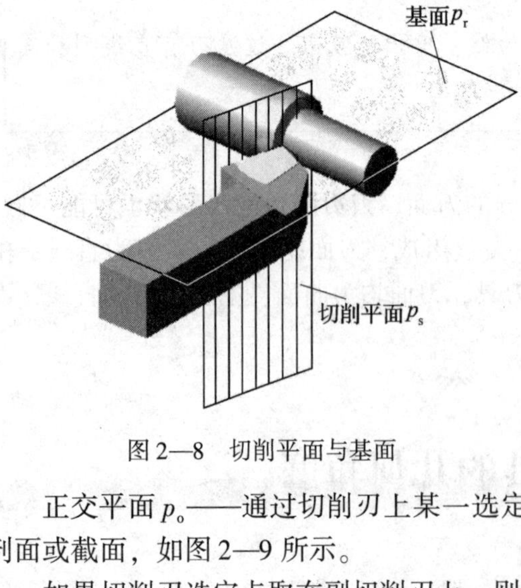

图 2—8　切削平面与基面

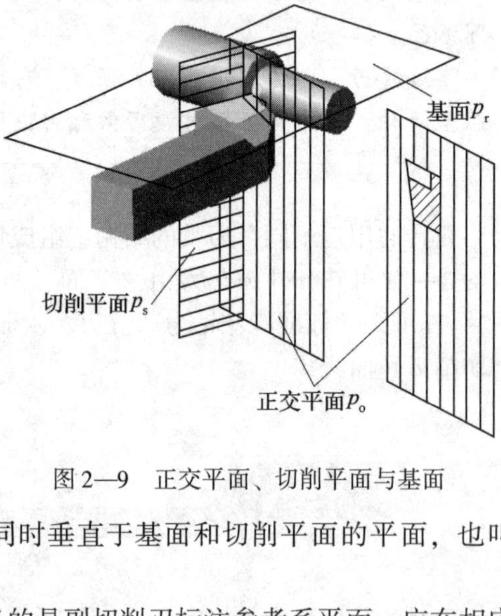

图 2—9　正交平面、切削平面与基面

正交平面 p_o——通过切削刃上某一选定点，同时垂直于基面和切削平面的平面，也叫剖面或截面，如图 2—9 所示。

如果切削刃选定点取在副切削刃上，则所定义的是副切削刃标注参考系平面，应在相应参考系平面符号的右上角加标“′”以示区别，并在参考系平面名称之前冠以“副”字，如副切削平面 p_s'、副正交平面 P_o'。

〔提示〕

1. 正交平面参考系的三个平面在空间两两垂直。

2. 考虑到车削加工时切削刃上各点的切削速度并不相同，往往将切削刃上某一选定点选在刀尖附近，以此来建立参考系。

3. 根据正交平面参考系的定义，车刀（刀刃为直线）正交平面参考系的空间位置如下（见图 2—8、图 2—9、图 2—10）：

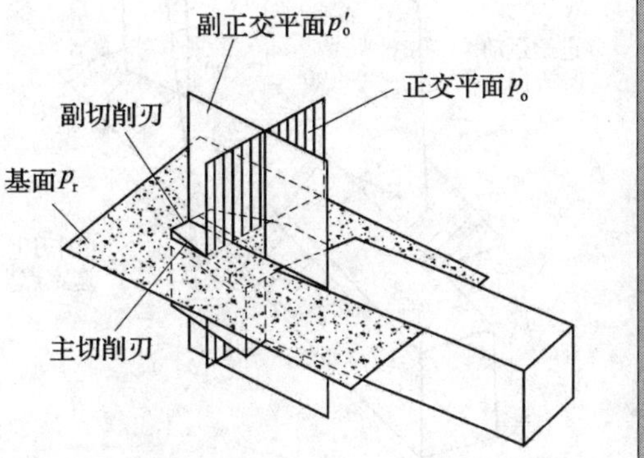

图 2—10　副正交平面、正交平面、基面

基面——通过选定点的水平面（一般选通过刀尖的水平面）；

切削平面——经过切削刃的铅垂面；

正交平面——通过选定点且垂直于切削平面的铅垂面。

此外：

副切削平面——经过副切削刃的铅垂面；

副正交平面——通过副切削刃上选定点且垂直于副切削平面的铅垂面。

3. 其他参考系平面简介

法平面 p_n——通过切削刃上某一选定点，垂直于切削刃的平面，如图 2—11 所示。

进给平面 p_f——通过切削刃上某一选定点，垂直于基面 p_r 且平行于进给运动方向的平面，如图 2—12 所示。

背平面 p_p（切深平面）——通过切削刃上某一选定点，同时垂直于基面和进给平面的平面，如图 2—12 所示。

〔提示〕

基面、切削平面与其他参考平面中任一平面组合，就构成了不同的刀具标注参考系。如法平面参考系由 $p_r-p_s-p_n$ 组成、进给平面参考系由 $p_r-p_s-p_f$ 组成、背平面参考系由 $p_r-p_s-p_p$ 组成。

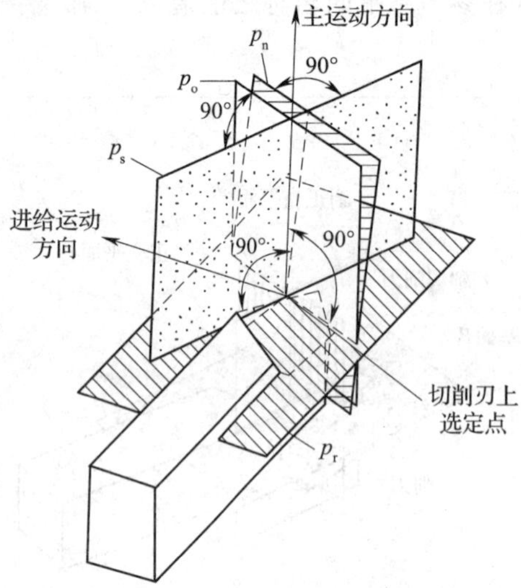

图 2—11　法平面与正交平面的区别

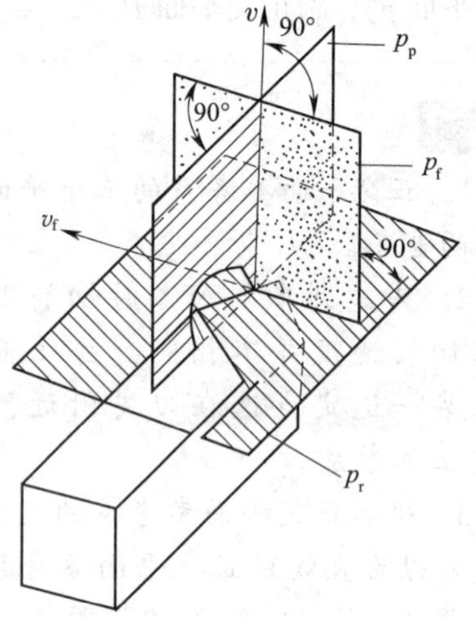

图 2—12　进给平面与背平面参考系

〔提示〕

不同类型的刀具会采用不同的标注参考系，如成形车刀采用了进给平面参考系，螺纹车刀既采用了正交平面参考系又采用了背平面参考系，螺旋齿圆柱铣刀采用了法平面参考系。

二、刀具几何角度的定义及标注

刀具的标注角度是刀面、刀刃与标注参考系平面的夹角，是刀具设计、制造、刃磨和测量时使用的角度，也就是刀具设计图样上所标注的角度。

刀具几何角度包括六个独立的基本角度：前角 γ_o、主后角（简称后角）α_o、副后角 α_o'、主偏角 κ_r、副偏角 κ_r'和刃倾角 λ_s；两个派生角度：楔角 β_o、刀尖角 ε_r。表 2—6 中以 75°车刀为例，给出了车刀角度的定义与度量方法。

1. 刀具几何角度的定义（见表 2—6）

表 2—6　　　刀具几何角度的定义

投影面	图　示	角度	定义
基面 p_r	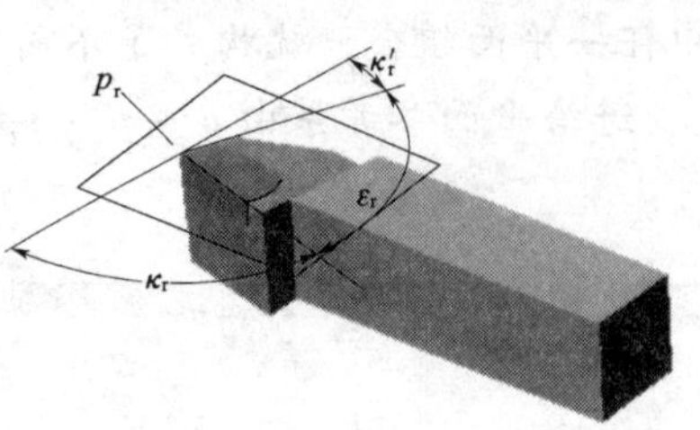	主偏角 κ_r	主切削刃在基面上的投影与进给运动方向之间的夹角
		副偏角 κ_r'	副切削刃在基面上的投影与背离进给运动方向之间的夹角
		刀尖角 ε_r	主切削刃和副切削刃在基面上投影之间的夹角

续表

<table>
<tr><th>投影面</th><th>图　示</th><th>角度</th><th>定义</th></tr>
<tr><td rowspan="3">正交平面
p_o</td><td>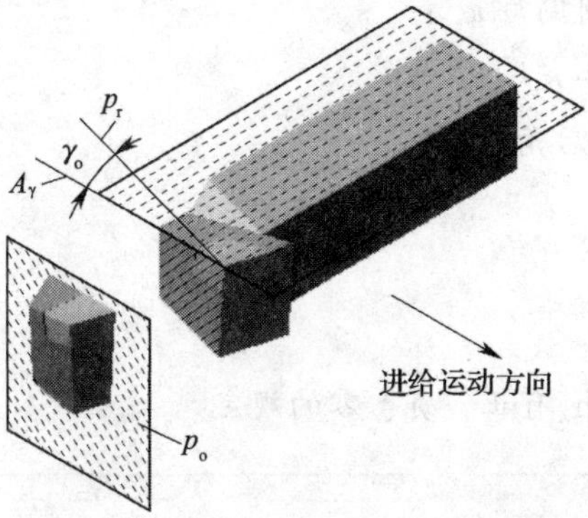
</td><td>前角
γ_o</td><td>在正交平面内，前面与基面之间的夹角</td></tr>
<tr><td rowspan="2">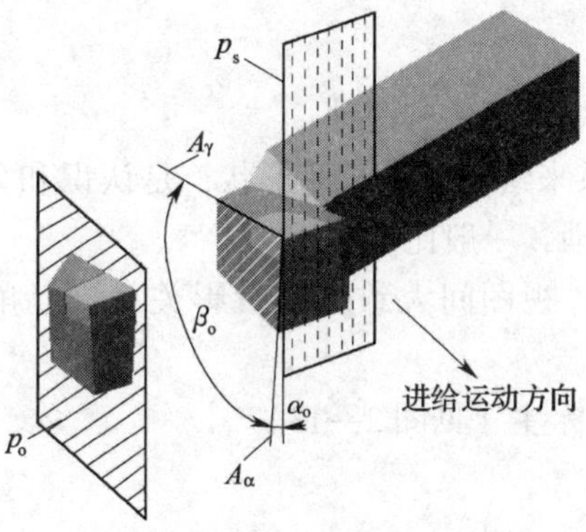
</td><td>主后角
α_o</td><td>在正交平面内，主后面与切削平面之间的夹角</td></tr>
<tr><td>楔角
β_o</td><td>在正交平面内，前面与主后面之间的夹角</td></tr>
<tr><td>副正交平面
p_o'</td><td>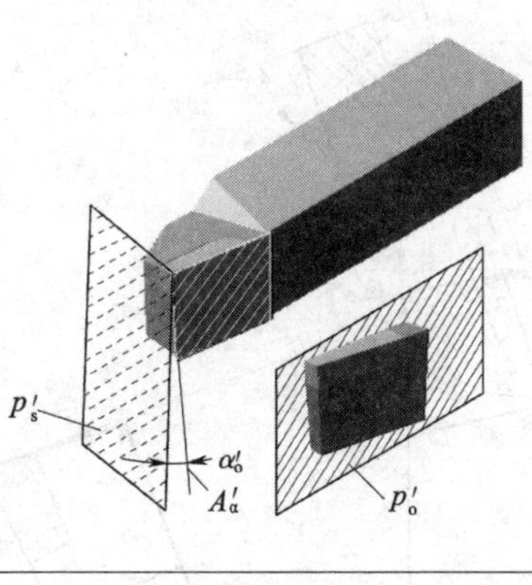
</td><td>副后角
α_o'</td><td>在副正交平面内，副后面与副切削平面之间的夹角</td></tr>
<tr><td>切削平面
p_s</td><td>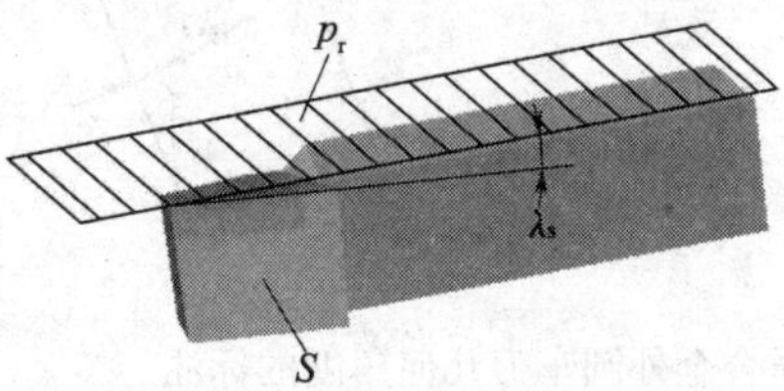
</td><td>刃倾角
λ_s</td><td>在切削平面内，主切削刃与基面之间的夹角</td></tr>
</table>

〔提示〕

1. 在基面内测量：主偏角 κ_r、副偏角 κ_r'；

派生角度：刀尖角 $\varepsilon_r = 180° - \kappa_r - \kappa_r'$。

在正交平面内测量：前角 γ_o、主后角 α_o；

派生角度：楔角 $\beta_o = 90° - \gamma_o - \alpha_o$。

在副正交平面内测量：副后角 α_o'。

在切削平面内测量：刃倾角 λ_s。

2. 前角 γ_o、刃倾角 λ_s、主后角 α_o 有正、负、零的规定。

2. 刀具几何角度的标注

（1）标注方法

刀具几何角度的标注方法，即刀具图的画法有两种。

1）投影作图法　它严格按投影关系来绘制刀具几何形状，是认识和分析刀具切削部分几何形状的重要方法，但该方法绘制烦琐，一般比较少用。

2）简单画法　采用该方法绘制时，视图间大致符合投影关系，但角度必须按比例绘制，这是一种常用的方法。

（2）车刀刀具图的简单画法与角度标注（见图 2—13）

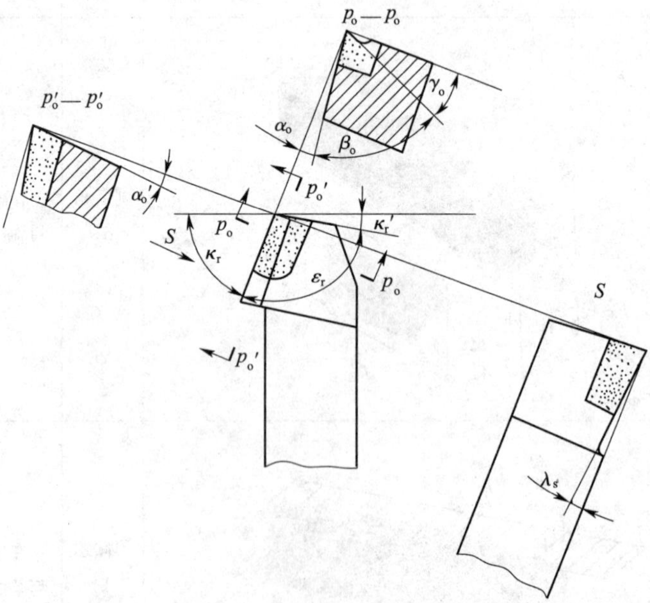

图 2—13　75°硬质合金外圆车刀几何角度的标注

1）俯视图：作刀具在基面 p_r 上的投影图。过刀尖作一条与进给运动方向平行的直线，确定主、副切削刃，标注主偏角 κ_r 和副偏角 κ_r'。

2）向视图：作切削平面 p_s 向视图。过刀尖作一条直线，该线垂直于主切削刃在基面上的投影，即垂直于切削平面 p_s，表示视图方向；再作一条直线与之垂直，即为基面 p_r。作出刀具在切削平面方向的向视图，标注刃倾角 λ_s。

3）剖视图：作正交平面 p_o—p_o 剖视图。延长主切削刃在基面上的投影，表示切削平面 p_s，并作一条直线与之垂直，表示基面 p_r。作出刀具正交平面的剖视图，标注前角 γ_o 和主后角 α_o。

4）剖视图：作副正交平面 p_o'—p_o' 剖视图。延长副切削刃在基面上的投影，表示副切削平面 p_s'，并作一条直线与之垂直，表示基面 p_r。作出刀具副正交平面的剖视图，标注副后角 α_o'。

5）必要时作局部放大图，如刀尖部位等。

6）切削刃呈曲线或刀面为曲面时，用过选定点的切线或切面表示切削刃或刀面标注角度。

三、刀具角度的主要作用及合理选择

刀具几何形状主要取决于刀具几何角度。当刀具材料和刀具结构确定以后，根据实际加工情况合理选择刀具几何角度是保证加工质量、提高效率、降低成本的有效途径。

1. 前角

（1）前角的主要作用

前角主要影响刀刃的锋利程度和强度，影响切削变形和切削力，影响工件加工表面质量。前角大，则楔角小，切削刃锋利，切削省力，排屑顺利，切削变形小；但楔角小，切削刃强度低，刀具的散热性能差。

（2）前角的选择

选择前角的基本原则是在保证刀具有足够强度的前提下，力求锋利；在使刀具锋利的同时，设法强化刀刃和刀尖。

前角大小的选择依据有以下四点：

1）根据工件材料选择　工件材料的强度、硬度较高时，应选择较小的前角，以提高刀具的强度，硬质合金刀具的前角甚至可取负值；反之，前角可选大些，以增加刀具的锋利程度。前角的正负如图 2—14 所示。

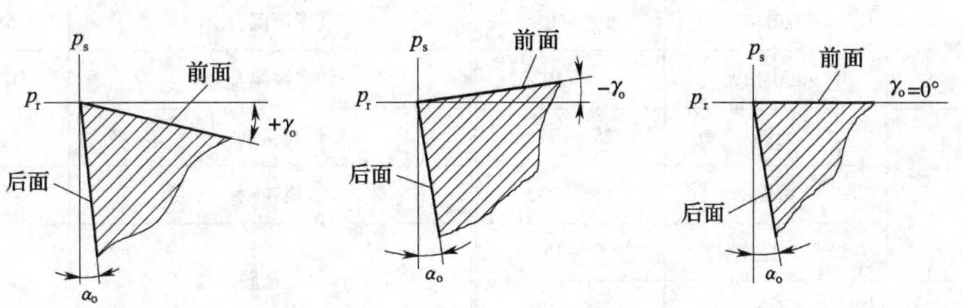

图 2—14　正、负、零度前角示例

〔提示〕

前角正、负值规定如下：在主正交平面中，前面与切削平面的夹角小于90°时为正；大于90°为负；前面与基面重合时，前角为0°。

工件材料的塑性、韧性较好时，应选择较大的前角，力求锋利，以减小切削变形；反之，应取较小的前角，以提高刀具强度。

对于脆性材料，应选择较小的前角，以提高刀具强度和改善散热条件，因为切削脆性材料时的切削力、冲击力和切削热集中作用在靠近刀刃的前面上。

2）根据加工性质选择　粗加工时应选择较小的前角，以提高刀具强度，承受较大的切削力；精加工则应选择较大的前角，使刀刃锋利，减小切削变形，保证加工质量。

3）根据刀具材料选择　刀具材料的强度、韧性较高时，宜选择较大的前角；刀具材料的强度、韧性较低时，宜选择较小的前角。例如，高速钢刀具的前角比硬质合金刀具可大5°～10°。

4）根据工艺系统的刚度选择　工艺系统的刚度较低时，应选择较大的前角，以减小切削力，避免切削时产生振动；工艺系统的刚度较高时，可选择较小的前角，以提高刀具强度，保证刀具每次进给可以切除更多的余量，提高生产率。

表2—7所列为硬质合金车刀合理前角参考值。

表2—7　　硬质合金车刀合理前角参考值

工件材料		合理前角	工件材料		合理前角
碳钢 R_m（GPa）	≤0.445	20°～25°	不锈钢	奥氏体	15°～30°
	≤0.558	15°～20°		马氏体	−5°～15°
	≤0.784	12°～15°	淬硬钢	≥40HRC	−10°～−5°
	≤0.98	5°～10°		≥50HRC	−15°～10°
40Cr	正火	13°～18°	高强度钢		−10°～8°
	调质	10°～15°	钛及钛合金		5°～15°
灰铸铁	≤220HBW	10°～15°	变形高温合金		5°～15°
	>220HBW	5°～10°	铸造高温合金		0°～10°
铜	纯铜	25°～35°	高锰钢		−5°～8°
	黄铜	15°～25°	铬锰钢		−5°～−2°
	青铜（脆黄铜）	5°～15°	软橡胶		50°～60°
铝及铝合金		25°～35°			

2. 主后角

（1）主后角的作用

主后角与前角一样，也影响楔角的大小，从而影响切削刃的锋利程度和强度，影响刀头的散热性能，但主要作用是控制刀具后面与工件过渡表面之间的摩擦，从而改善工件表面质量。

〔提示〕

主后角正、负值的规定：在主正交平面中，主后面与基面的夹角小于90°时为正；大于90°时为负；主后面与切削平面重合时，主后角为0°。通常主后角都为正值，但车削大导程的螺纹和蜗杆时，有时也可以取负值。

（2）主后角的选择

1）粗加工时主后角取较小值（$\alpha_o = 4° \sim 6°$），以保证切削刃有足够的强度；精加工时可取较大的主后角（$\alpha_o = 8° \sim 12°$），以减小刀具与工件的摩擦，保证加工质量。

2）工件材料的硬度、强度较高时，应取较小的主后角，以保证切削刃的强度。

3）工件材料的塑性、韧性较好时，应取较大的主后角，以保证切削刃锋利，减小切削变形。

4）刀具材料的强度和韧性较高时，可选择较大的主后角。例如，高速钢刀具可取较大的主后角，硬质合金刀具的主后角则应取小些。

5）工艺系统的刚度较低时，应选择较小的主后角，增大刀具与工件的摩擦，以避免产生振动。

3. 副后角

副后角的主要作用是减小刀具副后面与工件已加工表面的摩擦。副后角的选择与主后角基本相同，但切断刀由于刀头强度较低，应取较小的副后角，一般 $\alpha'_o = 1° \sim 2°$。

4. 主偏角

（1）主偏角的作用

1）影响刀尖强度和散热性能　在进给量 f 和背吃刀量 a_p 相同的条件下，减小主偏角 κ_r，主切削刃参与切削的长度增加，刀尖角 ε_r 增大，刀尖强度高，刀具散热面积增大，散热性能好，有利于延长刀具寿命，如图2—15所示。

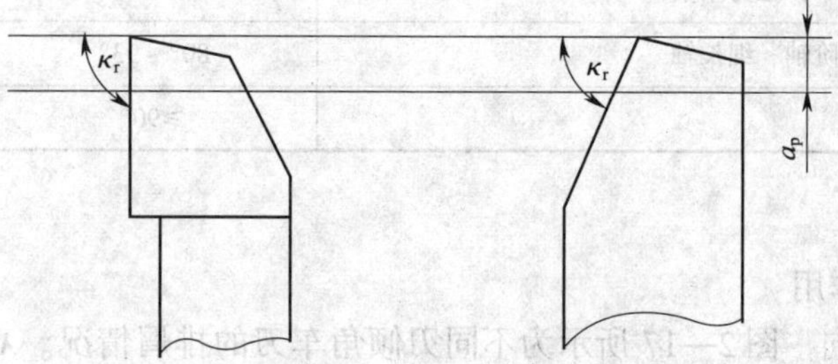

图2—15　主偏角对刀尖强度和散热性能的影响

2）影响切削分力的大小　车削时，增大主偏角 κ_r 可使背向力（径向力 F_y）减小，进给力（轴向力 F_x）增大，如图 2—16 所示。当工艺系统刚度较低时，选用较大的主偏角 κ_r 有利于减小振动和变形。

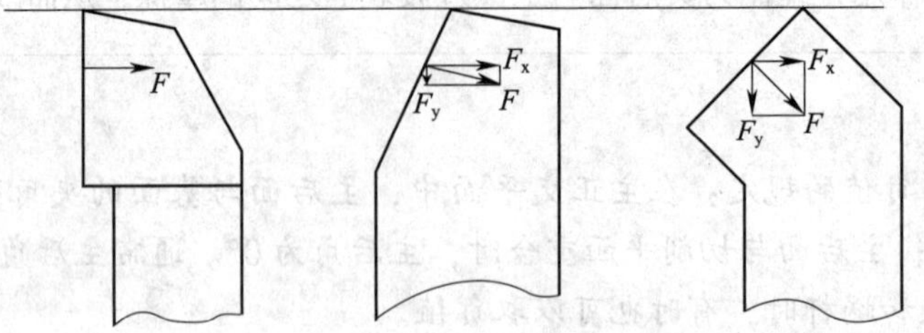

图 2—16　主偏角对切削分力的影响

3）影响断屑　在进给量 f 一定时，增大主偏角 κ_r，使切削厚度 a_c 增大，切削变形增大，切屑易折断。

（2）主偏角的选择

1）主偏角 κ_r 的选择主要取决于工件的表面形状，例如，车削台阶轴或盲孔时，应选择 $\kappa_r \geqslant 90°$，车削需要从中间切入的工件则应取 $\kappa_r = 45° \sim 60°$。

2）粗加工和工艺系统的刚度较高时，主偏角 κ_r 可取较小值，以增大刀尖角 ε_r，提高刀尖强度。

3）工艺系统刚度较低时，宜取较大的主偏角 κ_r，以减小背向力，避免切削时产生振动和变形。如车削细长轴时通常取 $\kappa_r = 80° \sim 93°$。

5. 副偏角

副偏角 κ_r' 主要影响副切削刃与工件已加工表面之间的摩擦，从而影响工件的表面粗糙度，影响刀尖强度和散热性能。

副偏角 κ_r' 主要根据工件表面粗糙度的要求来选择，通常都应选择较小值。表 2—8 所列为常用车刀主、副偏角的参考值。

表 2—8　　常用车刀主、副偏角的参考值

适用范围，加工条件	主偏角 κ_r	副偏角 κ_r'
工艺系统刚度足够，小切深车削淬硬钢、冷硬铸铁	10° ~ 30°	5° ~ 10°
工艺系统刚度较高，需中间切入，车端面，倒角	45°	45°
工艺系统刚度较低，粗车，强力车削	70° ~ 75°	10° ~ 15°
工艺系统刚度低，车台阶轴、细长轴	80° ~ 93°	6° ~ 10°
切断、车槽	≥90°	1° ~ 2°

6. 刃倾角

（1）刃倾角的作用

1）影响排屑方向　图 2—17 所示为不同刃倾角车刀的排屑情况。λ_s 为 0° 时，切屑基本上按垂直于主切削刃的方向卷曲流出或呈直线状排出；λ_s 为正值时，切屑流向工件的待加工表面；λ_s为负值时，切屑流向工件的已加工表面。例如，铰通孔时选择正刃倾角铰刀，使切屑向前排出（见图2—18a）；攻螺纹时选择负刃倾角丝锥，使切屑向后排出（见图2—18b）。

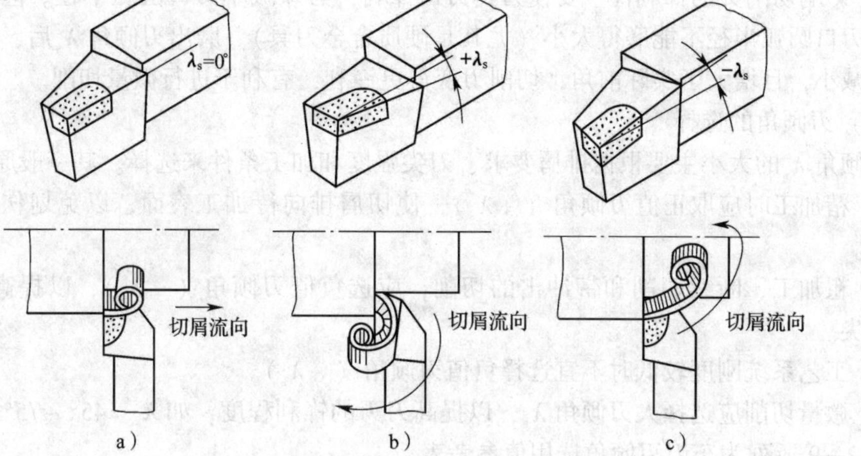

图2—17　不同刃倾角的车刀对排屑的影响

〔提示〕

刃倾角正、负、零的规定：当主切削刃与基面重合时，刃倾角为0°；当刀尖为主切削刃的最高点时，刃倾角为正；当刀尖为主切削刃的最低点时，刃倾角为负。

2）影响刀头强度　正值刃倾角（$+\lambda_s$）的刀尖容易受冲击而引起崩刃，负值刃倾角（$-\lambda_s$）的刀头强度较高，并且由于刀尖在切削刃的最低点，可以减小切削力对刀尖的冲击，保护刀尖，如图2—19所示。

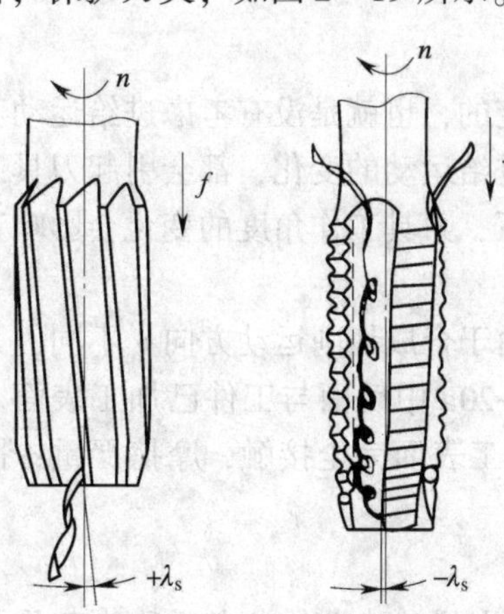

图2—18　刃倾角对排屑的影响

图2—19　正、负值刃倾角车刀的受力情况

3）影响切削的平稳性　当刃倾角 $\lambda_s=0°$时，切削刃同时切入和切出，冲击力较大；当刃倾角 $\lambda_s\neq0°$时，切削刃（斜刃）逐渐切入工件，冲击力较小，切削较平稳。如大螺旋角（$\lambda_s=60°\sim70°$）圆柱铣刀比普通圆柱铣刀切削要平稳，且刀刃锋利。

4）影响切削刃的锋利性　要使刀具刃口锋利，必须减小刃口圆弧半径。但受客观条件限制，刃口圆弧半径不能磨得太小（尤其是硬质合金刀具）。磨出刃倾角 λ_s后，实际刃口圆弧半径减小，且增大了实际前角，切削刃变得更锋利，有利于进行微量切削。

（2）刃倾角的选择

刃倾角 λ_s的大小主要根据排屑要求、刀尖强度和加工条件来选择。其一般原则为：

1）精加工时应取正值刃倾角（$+\lambda_s$），使切屑排向待加工表面，以免划伤、拉毛已加工表面。

2）粗加工、断续切削和带冲击的切削，应选负值刃倾角（$-\lambda_s$），以提高刀头强度，保护刀尖。

3）工艺系统刚度较低时不宜选择负值刃倾角（$-\lambda_s$）。

4）微量切削应选择大刃倾角 λ_s，以提高刀刃的锋利程度，如 $\lambda_s=45°\sim75°$。

表 2—9 所列为车刀刃倾角选用值参考表。

表 2—9　车刀刃倾角 λ_s选用值参考表

λ_s	$0°\sim5°$	$5°\sim10°$	$-5°\sim0°$	$-10°\sim-5°$	$-15°\sim-10°$	$-45°\sim-10°$	$45°\sim75°$
应用范围	精车钢，车细长轴	精车有色金属	粗车钢和灰铸铁	粗车余量不均匀钢	断续车削钢、灰铸铁	带冲击切削淬硬钢	微量切削

第四节　刀具的工作角度

一、工作参考系与工作角度

1. 工作角度形成的原因

刀具标注角度是在假定运动条件和假定安装条件下确定的，也就是没有考虑进给运动和刀具实际安装情况的影响。实际上，由于刀具安装位置、进给运动的变化，都会引起刀具工作角度的变化，使之与刀具标注角度不相同。在某些情况下，刀具工作角度的变化会影响正常的切削加工，造成干涉，甚至不能进行切削。

如图 2—20 所示，三把刀具的标注角度完全相同，但由于合成切削运动方向 v_e不同，刀具后面与加工表面之间的相对位置关系有很大不同，图 2—20a 中后面与工件已加工表面之间的相对位置关系较合适；图 2—20b 中的后面与工件已加工表面完全接触，摩擦严重；图 2—20c 中的后面与切削表面发生干涉，无法进行切削。

2. 工作参考系及工作角度的定义

以切削过程中刀具与工件的实际相对位置和相对运动为基础建立的参考系称为工作参考系。

刀具上的刀面、刀刃与工作参考系平面的夹角称为工作角度。

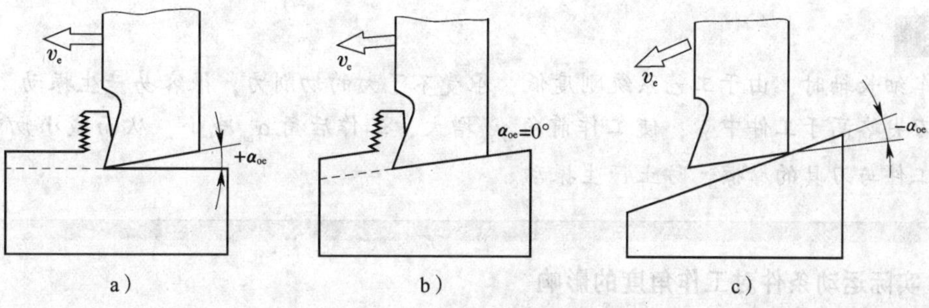

图 2—20　刀具工作角度示意图

用符号表示工作参考系和工作角度时，只需在标注参考系和标注角度符号的角标上分别加字母“e”，如工作基面 p_{re}、工作前角 γ_{oe} 等。

3. 工作参考系与标注参考系的区别

（1）用合成切削运动（速度）v_e 代替假定主运动（速度）v，即不仅考虑主运动还要考虑进给运动对刀具角度的影响。

（2）用刀具实际安装条件代替假定安装条件。

二、标注角度与工作角度的关系

1. 实际安装误差对工作角度的影响

（1）刀柄中心线与进给方向不垂直

车刀刀柄中心线与进给方向不垂直时，工作主偏角 κ_{re} 和工作副偏角 κ'_{re} 都会发生变化。如图 2—21 所示为刀柄向右偏的情况，工作主偏角增大，工作副偏角减小。

（2）刀尖与工件轴线不等高

横车（如切断）时，若刀尖高于工件轴线，工作切削平面将变成 p_{se}，工作基面变为 p_{re}，如图 2—22 所示。从图中可知，与标注角度比较，工作前角 γ_{oe} 增大，工作后角 α_{oe} 减小。同理，车削外圆时与之相同，而车内孔时则相反。

刀尖低于工件轴线时，结论则相反。

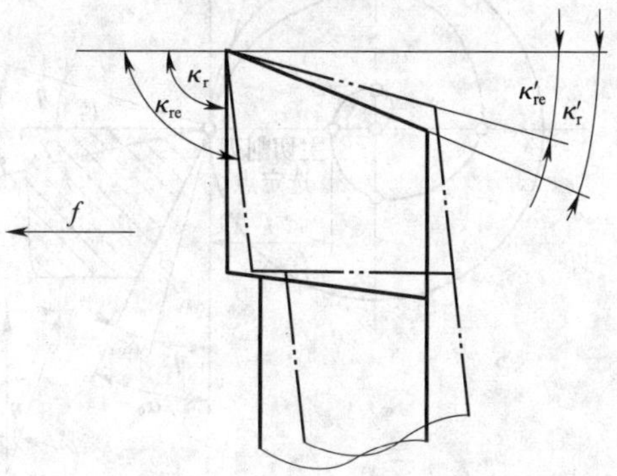

图 2—21　刀柄中心线与进给方向不垂直对主、副偏角的影响

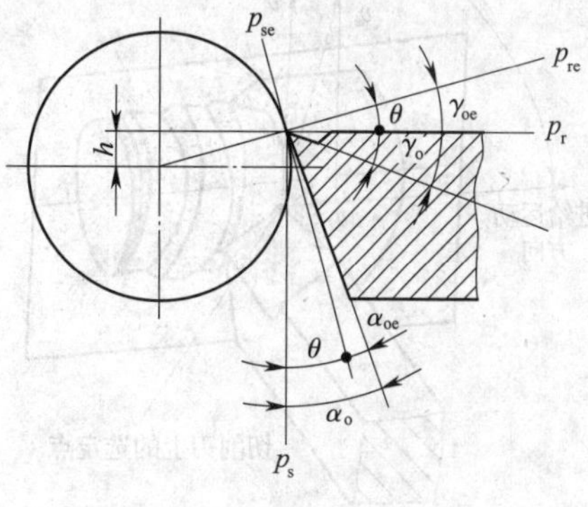

图 2—22　刀具安装高低对前、后角的影响

〔提示〕

车细长轴时，由于工艺系统刚度低，承受不了大的切削力，很容易产生振动。装刀时，刀尖略高于工件中心，使工作前角 γ_{oe} 增大，工作后角 α_{oe} 减小，从而减小切削力，增大工件与刀具的摩擦，防止产生振动。

2. 实际运动条件对工作角度的影响

（1）合成切削运动

由瞬时主运动和进给运动合成的运动称为合成切削运动。车削外圆时的合成切削运动如图 2—23 所示。

切削刃上选定点相对于工件的瞬时合成切削运动速度称为合成切削速度 v_e。

同一瞬时主运动方向与合成运动方向之间的夹角称为合成切削速度角，以 η 表示。

（2）进给运动对工作角度的影响

以横车（如切断）为例，车刀的刃磨前角 γ_o 和刃磨后角 α_o 如图 2—24 所示。在工作状态下，由于进给运动的影响，切削刃选定点相对工件的运动轨迹为阿基米德螺旋线，则某一瞬时的工作切削平面 p_{se} 为通过切削刃并相切于螺旋面的平面，工作基面 p_{re} 与工作切削平面 p_{se} 垂直。由于工作基面、工作切削平面的位置与标注参考系的空间位置不同，造成工作角度与刃磨角度不同，关系如下：

$$\alpha_{oe} = \alpha_o - \eta$$
$$\gamma_{oe} = \gamma_o + \eta$$

式中 α_o、α_{oe}——刃磨后角、工作后角；

γ_o、γ_{oe}——刃磨前角、工作前角。

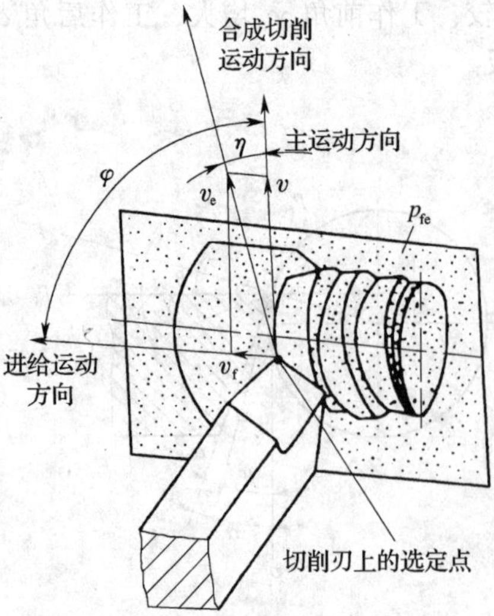

图 2—23　车削外圆时的合成切削运动

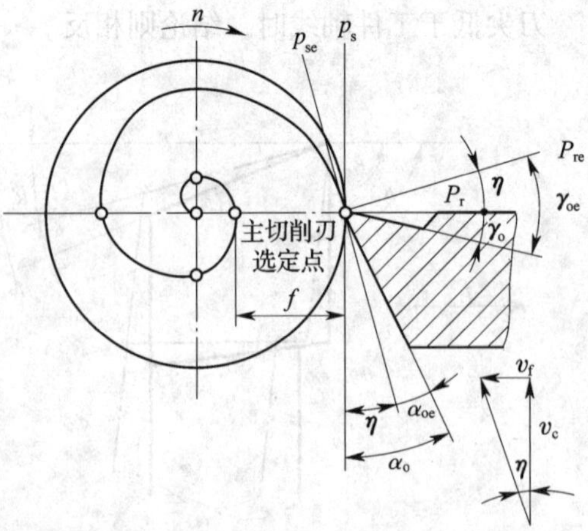

图 2—24　进给运动对工作角度的影响

即由于进给运动的影响，工作前角增大了，工作后角减小了。

纵车（车外圆）的情况与横车结论一样。

因为一般车削的进给运动速度 v_f很低，工作角度与标注角度相差极小，故通常可忽略其影响（不必计算）。但在车削导程较大的螺纹和蜗杆时，由于进给运动速度很高，η 较大，引起车刀的前角、后角变化较大，此时需要用上式对刀具的角度进行计算，以确定合理的刀具刃磨角度，此部分内容将在第九章进行详细介绍。

第三章　切削加工的主要规律

金属切削加工过程中，伴随着切削变形，会产生积屑瘤、切削力、切削热、刀具磨损等物理现象。通过研究掌握其成因及变化规律，对操作者有效控制切削加工中的变形，解决金属切削加工过程中的关键性技术问题，从而保证加工质量，降低加工成本，提高劳动生产率并减轻工人劳动强度具有十分重要的意义。

第一节　切 削 变 形

一、金属切削变形过程

就切削方法而言，无论是车削、铣削、钻削、拉削，还是磨削，它们具有一个共同点：借助两面一刃的切削楔（见图 3—1），使工件材料（切削层）受到强烈的推挤，并最终形成切屑，从母材上分离并形成所需形状的工件。所以，切削加工过程是金属切削变形过程，也是切屑形成的过程。

金属切削变形的本质是金属材料在切削力作用下屈服而沿剪切面发生滑移的过程。塑性金属材料的切削过程可形象地模拟为图 3—2 所示的情形，被切材料如同一叠卡片，刀具前面推挤卡片发生滑移，滑移的方向就是剪切变形的方向，滑移的程度表示切削变形程度。

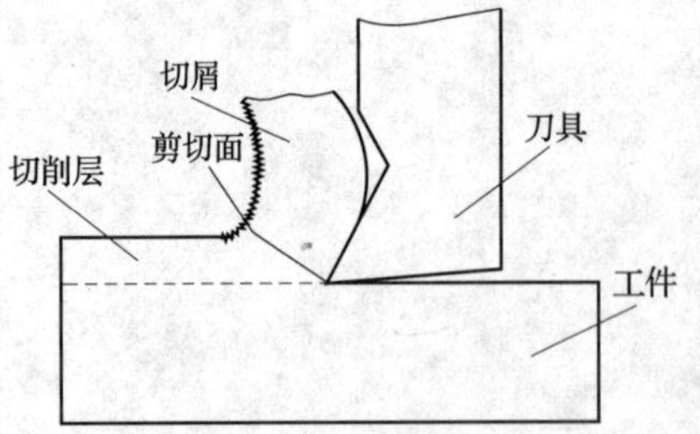

图 3—1　切屑的形成

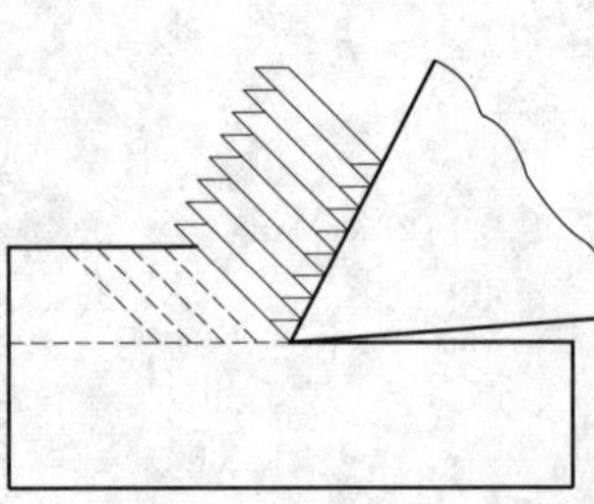
图 3—2　金属材料滑移示意图

二、切削变形区的划分

为便于说明，一般将切削区域划分为三个变形区，如图 3—3 所示。

第Ⅰ变形区（剪切滑移变形）：是滑移面附近的区域，在此区域内切削层经剪切滑移后形成切屑。切削时大部分塑性变形集中在第Ⅰ变形区。

第Ⅱ变形区（切屑的挤压变形）：是切屑在流出过程中与前面接触的区域，在此区域切屑受前面的挤压和摩擦进一步产生变形，使切屑卷曲。积屑瘤、刀具磨损等现象主要取决于第Ⅱ变形区的变形。

第Ⅲ变形区（已加工表面的变形）：是切削刃刃口附近已加工表面表层的区域，在此区域已加工表面受刃口钝圆部分和后面的挤压、摩擦而产生弹性变形和塑性变形。由于强烈的变形，将使工件表层形成加工硬化层，产生表层残余应力，甚至会伴随出现微观裂纹而严重影响工件表面质量和使用性能。

三、切削变形系数

被切金属层经切削变形后形成切屑，其长度缩短、厚度增加的现象称为切屑收缩，如图 3—4 所示。切屑收缩变形程度用切削变形系数（切屑收缩系数）ξ 衡量：

$$\xi=\frac{L_{c}}{L_{ch}}=\frac{a_{ch}}{a_{c}}>1$$

式中　L_c、a_c——被切金属层的长度、厚度；

L_{ch}、a_{ch}——切屑的长度、厚度。

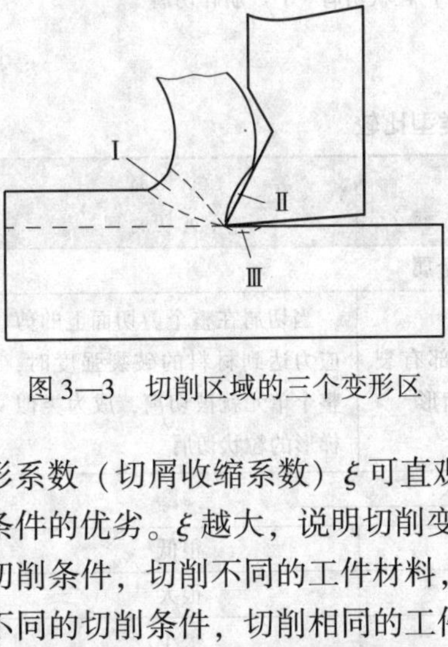

图 3—3　切削区域的三个变形区

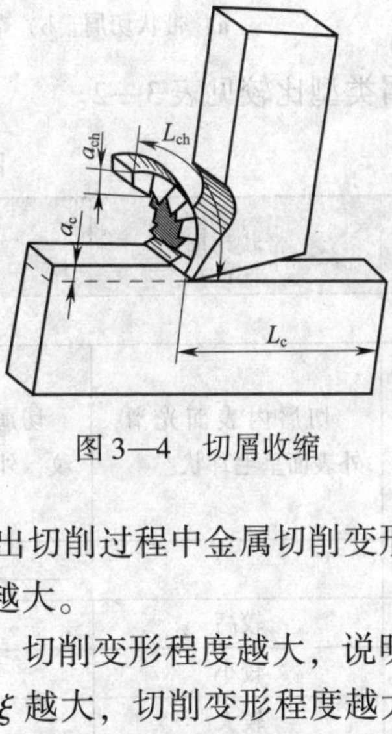

图 3—4　切屑收缩

切削变形系数（切屑收缩系数）ξ 可直观地反映出切削过程中金属切削变形的程度，从而反映切削条件的优劣。ξ 越大，说明切削变形程度越大。

相同的切削条件，切削不同的工件材料，ξ 越大，切削变形程度越大，说明工件材料的塑性越好；不同的切削条件，切削相同的工件材料，ξ 越大，切削变形程度越大，表明切削条件对切削越不利。因此，有效控制切削变形系数，可以控制切削变形程度，从而保证工件表面质量，提高生产效率。

表 3—1 所列为不同前角的刀具切削纯铜时的切削变形系数。

表 3—1　　不同前角的刀具切削纯铜时的切削变形系数

前角	40°	20°	−5°
切削变形系数 ξ	1. 81	4. 23	10. 08

第二节 切屑的类型与控制

一、切屑的类型

从切削变形的原理分析，由于形成机理的差异，即工件材料不同，切削条件不同，切削变形程度不同，形成的切屑一般有四种类型，如图 3—5 所示。

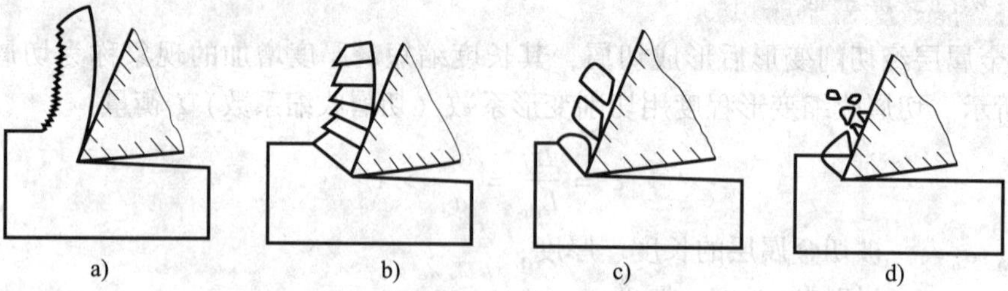

图 3—5 切屑的类型

a）带状切屑 b）节状切屑 c）粒状切屑 d）崩碎切屑

四种切屑类型比较见表 3—2。

表 3—2 四种切屑类型比较

切屑类型		带状切屑	节状切屑（挤裂切屑）	粒状切屑（单元切屑）	崩碎切屑
工件材料		塑性金属			脆性金属
外观特征（见图 3—5）		切屑内表面光滑，外表面呈毛茸状	切屑内表面局部有裂纹，外表面呈锯齿形	当切屑在整个剪切面上的剪应力达到材料的破裂强度时，整个单元就被切离，成为类似梯形的粒状切屑	形状不规则的颗粒状切屑
变形程度		增大→			
切削条件	切削速度 v	较高	较低	很低	改变切削条件，会改变切屑的颗粒大小
切削条件	切削厚度 a_c	较小	较大	很大	
切削条件	前角 γ_o	较大	较小	很小	
特点	优点	切削过程比较平稳，切削力的变化、波动小，刀具不易崩刃，已加工表面的表面粗糙度值小	切屑易折断、易处理	无	不用考虑断屑问题
特点	缺点	不易折断，容易缠绕工件或刀具而影响切削，甚至会影响操作安全，应采取卷屑和断屑措施	切削过程较不平稳，切削力有波动，较易崩刃，已加工表面的表面粗糙度值较大	切削力很大，且变化大，波动大，切削过程极不平稳，已加工表面的表面粗糙度值大	刀具刃口受力较大，对刀具强度要求高
结论		理想的切屑形态，但必须加以控制	形态不好的切屑	不应形成	合理确定刀具结构

〔提示〕

切削塑性金属时，不同的切削条件引起的切削变形程度不同，从而形成不同的切屑形态。因此，可以通过改变切削条件，获得较为理想的切屑形态。例如，在切削钢件时若形成节状切屑，可通过增大刀具前角，使节状切屑变成理想的带状切屑。

生产中由于加工条件不同，形成的切屑形状有许多。根据国家标准《单刃车削刀具寿命试验》（GB/T 16461—2016）的规定，切屑形状与名称分为八类，见表 3—3。

表 3—3　　切屑形状的分类

	1－1 长	1－2 短	1－3 缠乱
1. 带状切屑			
	2－1 长	2－2 短	2－3 缠乱
2. 管形切屑		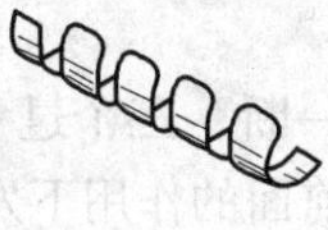	
	3－1 平	3－2 锥	
3. 盘旋形切屑	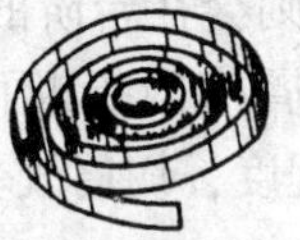	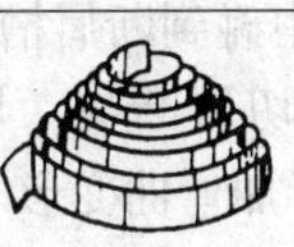	
	4－1 长	4－2 短	4－3 缠乱
4. 环形螺旋切屑	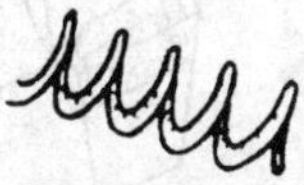		
	5－1 长	5－2 短	5－3 缠乱
5. 锥形螺旋切屑		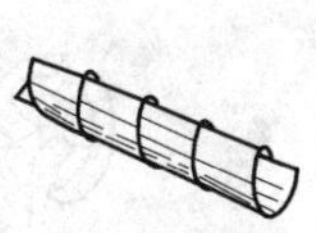	
	6－1 连接	6－2 短	6－3 松散
6. 弧形切屑	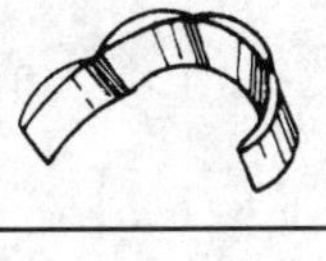	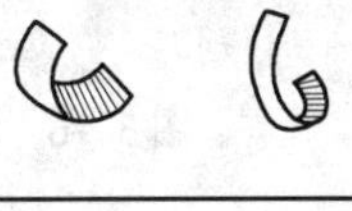	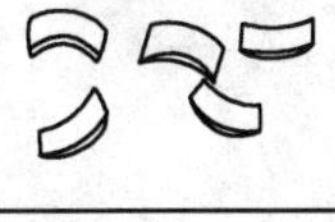

续表

7. 单元切屑			
8. 针形切屑	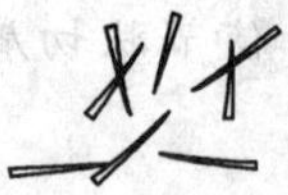		

短管形切屑（2－2）、短环形螺旋切屑（4－2）、短锥形螺旋切屑（5－2）、短弧形切屑（6－2），以及带防护罩的数控机床和自动机床上得到单元切屑和针形切屑均可列为在切削中可接受的切屑形状。

二、切屑的控制

切削塑性金属材料时，形成带状切屑是最理想的。但带状切屑过长时，需要经常停车清除，增加辅助时间；切屑若缠绕在工件或刀具上，会拉毛工件表面，影响操作安全，甚至造成刀具崩刃，影响生产的顺利进行。对自动机床和数控机床，加工中不断屑甚至会影响正常生产。因此，不能忽视对切屑的控制。这里以车削时对切屑的控制为例进行分析，也为其他切削加工刀具的设计与改良提供参考。

1. 切屑的折断

切屑的折断经历“卷→碰→断”三个过程。

切屑在形成过程中在刀具前面的作用下发生卷曲，较薄的切屑在刃口附近排出而离开前面，切屑不易折断（见图3—6a），形成缠乱不断的带状切屑；较厚的切屑在刀具前面上滑行的距离长些，当切屑在流动中碰到断屑槽的台阶时，则会在台阶的作用下产生附加弯曲变形，若附加的弯曲变形足以使切屑断裂，切屑便在断屑槽内折断而形成很短的切屑（见图3—6b）；若对切屑产生的附加弯曲变形未达到断裂程度，切屑改变方向继续流动，在流动

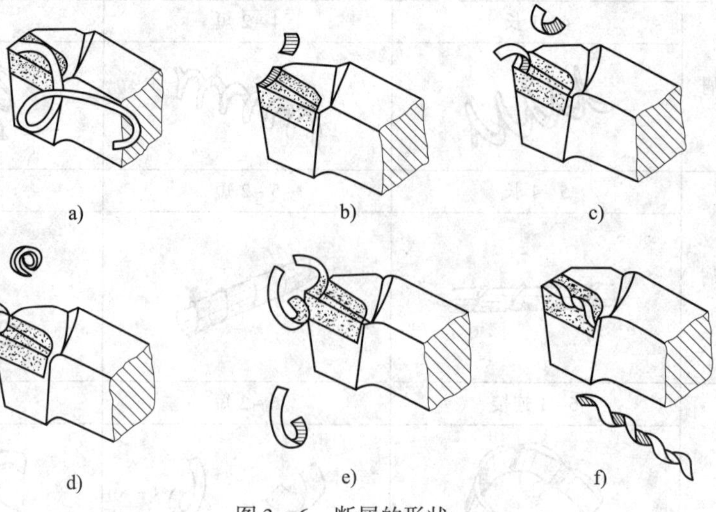

图3—6 断屑的形状

中，如果碰到障碍（工件或刀具后面），则会因进一步受到一个较大的弯矩而折断。图 3—6c、d 所示为切屑与工件相碰时的情况；图 3—6e 所示为切屑与刀具后面相碰时的情况。如果切屑改变方向后继续在卷屑槽中流动，就形成图 3—6f 所示的螺旋形切屑，其达到一定长度后，在自身重力作用下被甩断。因此，切削时能否方便断屑与加工条件密切相关。

2. 影响断屑的主要因素

影响断屑的主要因素包括切削用量、刀具角度、断屑槽开设情况。

(1) 切削用量

实践证明：切削用量中对断屑影响最大的是进给量 f，其次是背吃刀量 a_p 和切削速度 v。

1）进给量（f） 进给量 f 加大，切削厚度 a_c 按比例增大，切削变形增大，切屑易折断。这是加工中经常采用的一种断屑措施，但要注意，随着进给量的增大，工件表面粗糙度值将会增大。

2）背吃刀量（a_p） 背吃刀量 a_p 对断屑的影响与出屑角有关。

在多数情况下，除主切削刃外，过渡刃和副切削刃也参加切削，因此，促使切屑近似地朝各切削刃合成方向流出。此时，切屑的流出方向与主正交平面形成一个出屑角 η，如图 3—7 所示。

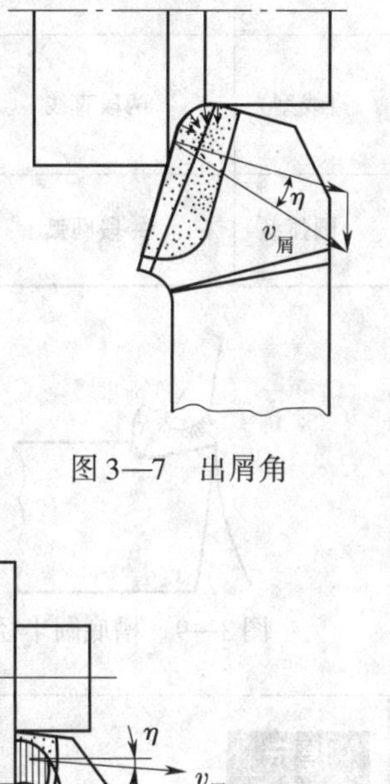

图 3—7 出屑角

背吃刀量 a_p 减小时，过渡刃和副切削刃参加切削的比例增大，使出屑角 η 增大。出屑角 η 的大小对切屑卷曲和折断后的形状有很大影响。η 很小时，易产生环形螺旋切屑；η 较大时，易产生锥形螺旋切屑或连续带状切屑；η 适中时，切屑碰到刀具后面或工件而折断，如图 3—8 所示。

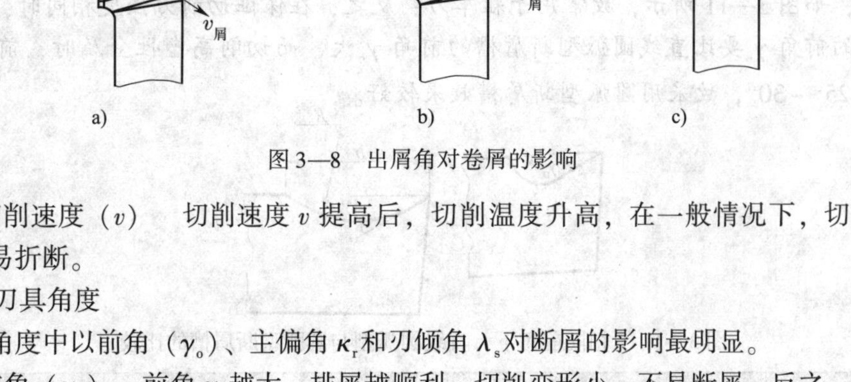

图 3—8 出屑角对卷屑的影响

3）切削速度（v） 切削速度 v 提高后，切削温度升高，在一般情况下，切屑的塑性增大，不易折断。

(2) 刀具角度

刀具角度中以前角（γ_o）、主偏角 κ_r 和刃倾角 λ_s 对断屑的影响最明显。

1）前角（γ_o） 前角 γ_o 越大，排屑越顺利，切削变形小，不易断屑；反之，易断屑。

2）主偏角（κ_r）　在背吃刀量 a_p 和进给量 f 已选定的条件下，主偏角 κ_r 越大，切削厚度 a_c 越大，故切屑卷曲应力越大，越易断屑。生产中 $\kappa_r = 75° \sim 90°$ 的车刀断屑性能较好。

3）刃倾角（λ_s）　刃倾角 λ_s 通过控制切屑流向来影响断屑。当 λ_s 为正值时，使切屑流向待加工表面或与刀具后面相碰形成"C"形切屑，也可能呈螺旋屑而被甩断；当 λ_s 为负值时，切屑流向已加工表面或过渡表面，容易碰断成"C"形或"6"形切屑。

(3) 断屑槽开设情况

目前，在车削加工中，对切屑的控制通常采用在刀具上制造（或刃磨）断屑槽。

1）断屑槽的形状　在正交平面中，常用的断屑槽形状有直线圆弧型、直线型和圆弧型三种。这三种断屑槽槽形组成、对断屑的影响及适用范围见表 3—4。

表 3—4　　断屑槽槽形组成、对断屑的影响及适用范围

断屑槽	槽形组成	对断屑的影响	适用范围
直线圆弧型	一段直线和一段圆弧	槽底圆半径 R 小，切屑卷曲半径小，变形大，易断屑，如图 3—9 所示	适用于切削碳素钢、合金结构钢等材料的刀具
直线型	两段直线	槽底角 θ 小，切屑卷曲半径小，变形大，易断屑，如图 3—10 所示 中等背吃刀量时，一般槽底角 $\theta = 110° \sim 120°$	
圆弧型	一段圆弧	圆弧半径小，切屑卷曲半径小，变形大，易断屑	适用于切削纯铜、不锈钢等高塑性材料的刀具

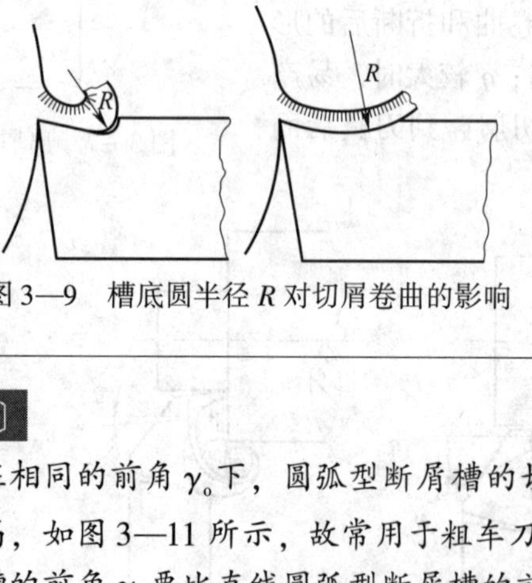

图 3—9　槽底圆半径 R 对切屑卷曲的影响

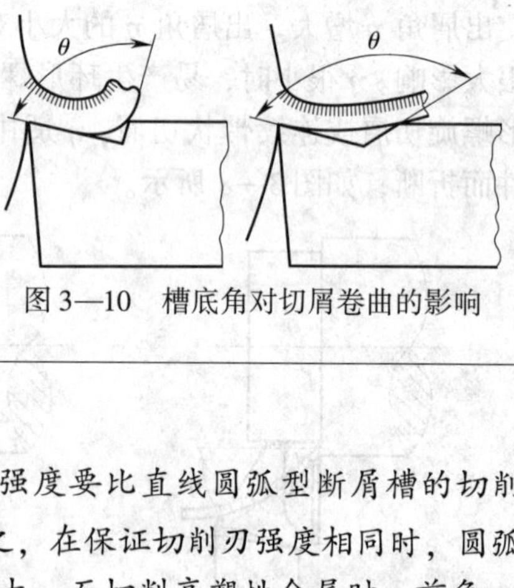

图 3—10　槽底角对切屑卷曲的影响

〔提示〕

在相同的前角 γ_o 下，圆弧型断屑槽的切削刃强度要比直线圆弧型断屑槽的切削刃强度高，如图 3—11 所示，故常用于粗车刀；反之，在保证切削刃强度相同时，圆弧型断屑槽的前角 γ_o 要比直线圆弧型断屑槽的前角 γ_o 大，而切削高塑性金属时，前角 γ_o 宜增大到 25° ~ 30°，故采用圆弧型断屑槽效果较好。

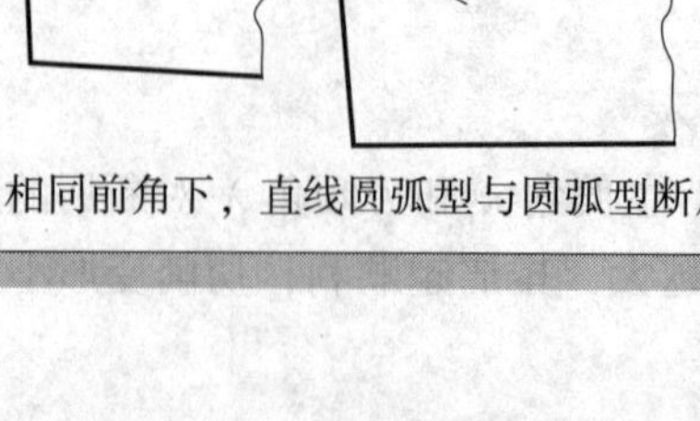

图 3—11　相同前角下，直线圆弧型与圆弧型断屑槽的比较

2）断屑槽的宽度　不管哪种形状的断屑槽，断屑槽的宽度 L_{Bn} 均为断屑槽尺寸中对断屑影响最大的一个参数。

一般来说，断屑槽宽度 L_{Bn} 减小，能使切屑卷曲半径 r_{ch} 减小，增大卷曲变形和弯曲应力，容易卷屑、断屑；而断屑槽宽度 L_{Bn} 增大，则卷曲半径 r_{ch} 增大，产生的弯曲应力不易使切屑折断。

断屑槽宽度 L_{Bn} 必须与进给量 f 和背吃刀量 a_p 联系起来考虑。进给量小，槽应窄些；背吃刀量小，槽宽也应适当减小。否则，切屑不易在槽中卷曲，往往不流经槽底而形成不断的带状切屑。但断屑槽宽度不能过小，否则会堵屑。硬质合金车刀断屑槽的尺寸可参考表3—5。

表3—5　　硬质合金车刀断屑槽的尺寸

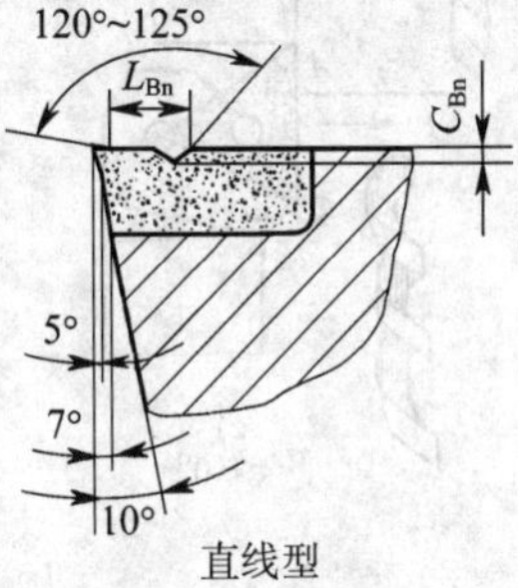

直线型

背吃刀量 a_p（mm）	进给量 f（mm/r）			
	0.15～0.3	0.3～0.45	0.45～0.7	0.7～0.9
	$L_{Bn}\times C_{Bn}$（mm×mm）			
～1	1.5×0.3	2×0.4	3×0.5	3.25×0.5
1～4	2.5×0.5	3×0.5	4×0.6	4.5×0.6
4～9	3×0.5	4×0.6	4.5×0.6	5×0.6

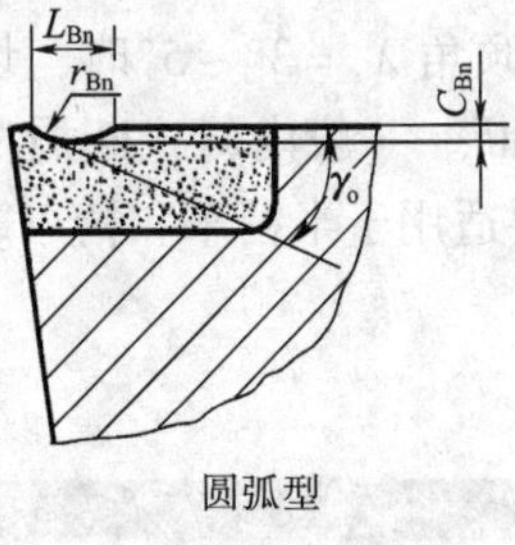

圆弧型

背吃刀量 a_p（mm）	进给量 f（mm/r）				
	0.3	0.4	0.5～0.6	0.7～0.8	0.9～1.2
	r_{Bn}（mm）				
2～4	3	3	4	5	6
5～7	4	5	6	8	9
7～12	5	8	10	12	14

3）断屑槽斜角（τ）　在基面投影中，断屑槽的侧边与主切削刃的夹角称为断屑槽斜角。根据 τ 值不同，常见的断屑槽有三种形式，即外斜式、平行式、内斜式，如图3—12所示。

①外斜式断屑槽　断屑槽（见图3—12a）前宽后窄，前深后浅，在靠近工件外圆表面 A 处的切削速度最高而槽最窄，切屑最先卷曲，且卷曲半径小，变形大，切屑容易翻到刀具后面上碰断，形成“C”形或“6”形切屑。切削中碳钢时一般取 $\tau=8°\sim10°$；切削合金钢时，为增大切削变形，可取 $\tau=10°\sim15°$。

在采用中等背吃刀量时，用外斜式断屑槽断屑效果较好。但在背吃刀量较大时，由于靠近工件外圆表面处断屑槽较窄，切屑易堵塞，甚至挤坏切削刃，所以一般采用平行式断屑槽。

②平行式断屑槽　断屑槽（见图3—12b）前后等宽，切削变形不如外斜式大，切屑大多是碰到工件过渡表面折断。切削中碳钢时，平行式断屑槽的断屑效果与外斜式基本相同，但进给量略大些效果会更好。

③内斜式断屑槽　断屑槽（见图3—12c）在工件外圆表面 A 处最宽，而在刀尖处最窄。

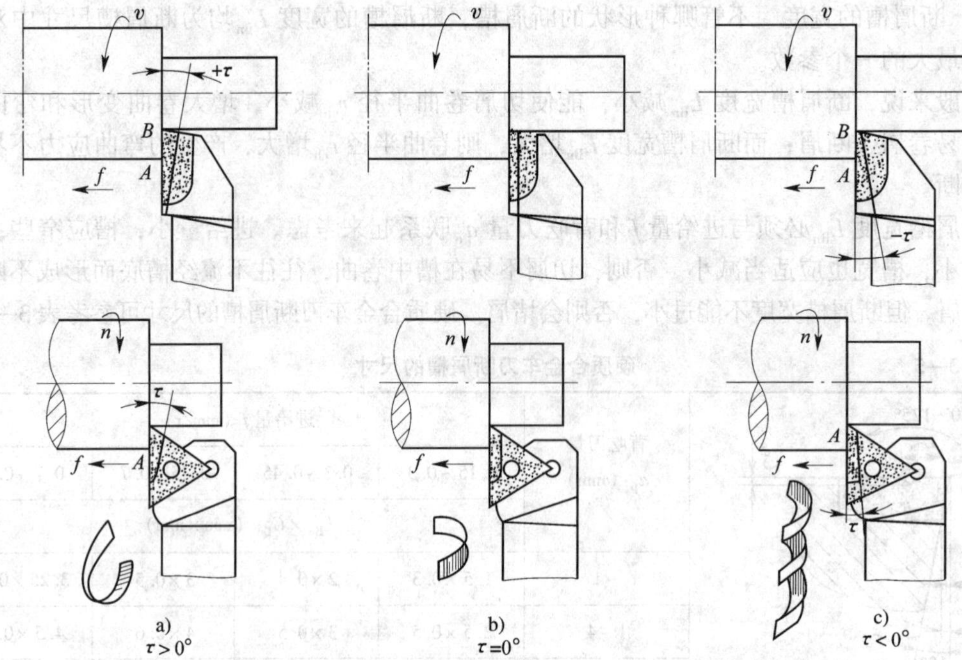

图 3—12　断屑槽斜角

a）外斜式　b）平行式　c）内斜式

所以切屑在 B 处的卷曲半径较小，在 A 处的卷曲半径较大。当刃倾角 $\lambda_s = 3° \sim 5°$时，切屑容易形成卷得较紧的长螺卷形，到一定长度后靠自重和旋转被甩断。一般内斜式断屑槽的 $\tau = -(8° \sim 10°)$，但内斜式断屑槽适用的切削用量范围较小，主要适用于半精车和精车。

第三节　积屑瘤

以中等切削速度切削钢料或其他塑性金属材料时，经常会有一小块呈楔状的金属（工件材料）牢固地黏结在靠近刀刃的前面上，这就是积屑瘤，也称为刀瘤，如图 3—13a 所示。其硬度为工件材料的 2 ~ 3.5 倍。

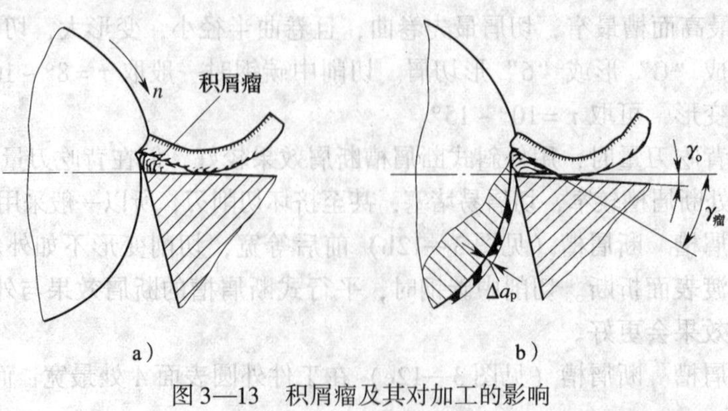

图 3—13　积屑瘤及其对加工的影响

一、积屑瘤的形成

切削塑性金属材料时，在一定条件下，切屑沿前面流出，由于切屑与前面之间的强烈挤压与摩擦，使切屑底层的一部分金属产生“滞流”现象，当滞流层与前面的摩擦力大于材料内部的结合力时，则使滞流层从切屑母体中分离，并牢固地黏结（冷焊）在靠近刀刃的前面上。积屑瘤在切削过程中是不稳定的：它可能堆积长大，也可能在随后排出的切屑作用下局部脱落而减小；严重时，还可能使切削刃材料微粒一起崩裂，加剧刀具磨损。

二、积屑瘤对切削加工的影响

1. 保护刀具

由于积屑瘤的硬度远高于被切金属，故其形成后可代替刀刃进行切削，起到保护刀具、减少刀具磨损的作用。

2. 增大实际前角

如图 3—13b 所示，积屑瘤形成后，增大了刀具的实际前角 $\gamma_{瘤}$，切削变形减小，切削力减小。通常实际前角可增大一倍以上。

3. 影响加工精度和表面粗糙度

如图 3—13b 中的 Δa_p，这是由于积屑瘤形成后，改变了预先设定的背吃刀量 a_p，使加工尺寸受到影响，从而影响加工精度。另外，由于积屑瘤是不稳定的，它时长时消，时大时小，在这一过程中，一部分被切屑带走，另一部分会嵌入工件已加工表面，使表面产生硬点和毛刺，增大了表面粗糙度值，进而影响加工质量。

综上所述，积屑瘤对粗加工是有利的，可以适当利用；而在精加工时则要避免它的产生。

〔提示〕

刀具上出现积屑瘤后切忌用其他工具敲击，以免损坏刀具，比较恰当的办法是用油石对其进行处理。

三、影响积屑瘤产生的因素

1. 工件材料

切削脆性材料不会产生积屑瘤。塑性越好的材料，切削时产生的变形越大，切屑与前面的摩擦区域越大，摩擦因数越大，因而越容易产生积屑瘤。

2. 切削用量

切削用量三要素中对积屑瘤的产生影响最大的是切削速度 v，其次是进给量 f 和背吃刀量 a_p。如图 3—14 所示，在低速（$v<5$ m/min）和高速（$v>70$ m/min）时切削，不易形成积屑瘤。这是因为低速切削时，摩擦因数较小，切削温度较低，故不会产生积屑瘤；高速切削时，切削温度很高，切屑底层金属呈微熔状态，摩擦因数较小，故积屑瘤也不易产生。而在中等的切削速度（$v=15\sim20$ m/min）下切削，切削温度约为 300℃，最适合积屑瘤的生成。

3. 刀具

（1）前角（γ_o）

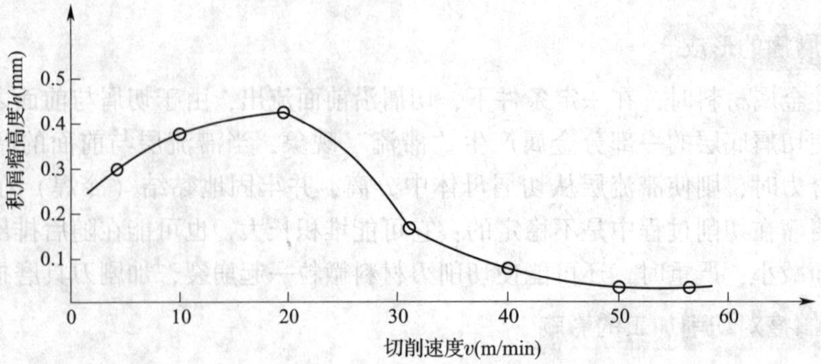

图 3—14　切削速度对积屑瘤的影响

前角 γ_o 增大，排屑更顺利，切屑与前面的挤压摩擦作用减小，减少了切削热的产生，从而可抑制积屑瘤的产生。

（2）刀具表面粗糙度

减小刀具前面的表面粗糙度值，以减小前面与切屑的摩擦，可减少积屑瘤的产生。

4. 切削液

切削液的主要任务是冷却和润滑工件与刀具。加工时，可以通过使用足量的切削液来减少积屑瘤的形成。

另外，采用涂层刀具也可以减少积屑瘤的形成。

第四节　切削力与切削功率

切削力（F'_r）是切削工件时产生的力，与此同时，工件也给刀具一个反作用力（F_r）。F'_r 和 F_r 大小相等、方向相反。切削力的大小会影响加工质量和刀具寿命，因此，切削力是机床、夹具、刀具设计时的主要依据，也是分析切削过程中工艺质量问题的重要参考数据。

一、切削力的产生与分解

1. 切削力的产生

由于在切削过程中工件与刀具间产生挤压摩擦作用，因此，切削力的产生具体表现在两个方面，即工件材料的变形和切屑、工件与刀具之间的摩擦。

2. 切削力的分解

由于切削力的大小、方向不易测量，为了便于测量、分析、计算和设计，通常将切削力分解成三个分力，即主切削力 F_c、背向力 F_p、进给力 F_f，这三个分力在空间上相互垂直，如图 3—15 所示。其中主切削力 F_c 是主运动方向的分力，背向力 F_p 是背吃刀量方向的分力，进给力 F_f 是进给方向的分力。

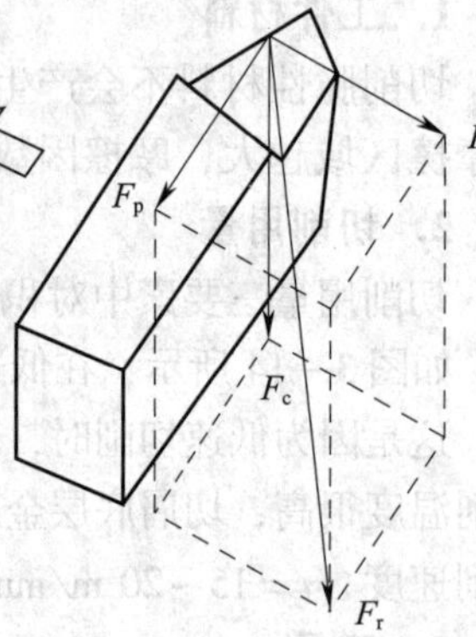

图 3—15　切削力与切削分力

一般情况下，就车削加工而言，主切削力 F_c最大，背向力 F_p次之，进给力 F_f最小。

〔提示〕

车削时，习惯上把主切削力 F_c、背向力 F_p、进给力 F_f三个分力称为主切削力、径向力、轴向力，分解方向恰好沿着空间三个坐标轴，所以分别表示为 F_z、F_y、F_x，如图 3—16 所示。

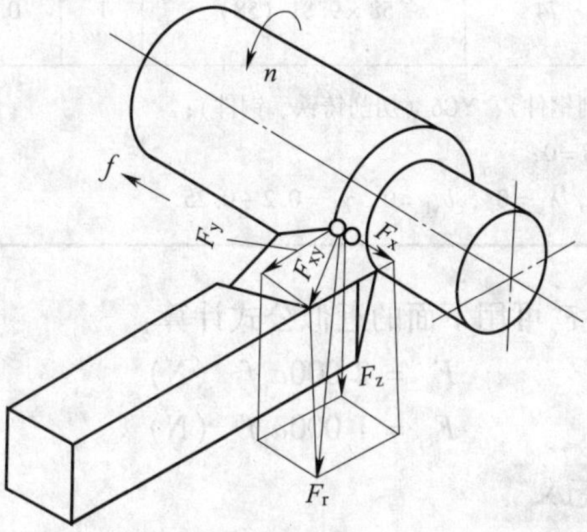

图 3—16　车削时切削力与切削分力

二、切削分力的计算

车削时，通过测力仪测出切削分力，再将大量试验数据进行分析和处理，得到切削分力的经验公式如下：

$$F_c = C_{F_c} a_p^{X_{F_c}} f^{Y_{F_c}}$$
$$F_p = C_{F_p} a_p^{X_{F_p}} f^{Y_{F_p}}$$
$$F_f = C_{F_f} a_p^{X_{F_f}} f^{Y_{F_f}}$$

式中　C_{F_c}、C_{F_p}、C_{F_f}——系数；

X_{F_c}、Y_{F_c}、X_{F_p}、Y_{F_p}、X_{F_f}、Y_{F_f}——指数。

上述经验公式中的系数、指数可查阅有关技术手册。车削常用金属时，利用表 3—6 中的数据可以计算 F_c。

表 3—6　　车削外圆时主切削力经验公式中的系数、指数值

工件材料	硬度 HBW	经验公式中的系数、指数			单位切削力［N/mm² (kg/mm²)］ f=0.3 mm/r
		C_{F_c}［N (kg)］	X_{F_c}	Y_{F_c}	
碳素结构钢 45 合金结构钢 40Cr（正火）	187 ~ 212	164 × 9.81（164）	1	0.84	1 962（200）
灰铸铁 HT200 （退火）	170	93 × 9.81（93）	1	0.84	1 118（114）

续表

工件材料	硬度 HBW	经验公式中的系数、指数			单位切削力 [N/mm² (kg/mm²)] $f=0.3$ mm/r
		C_{F_c} [N (kg)]	X_{F_c}	Y_{F_c}	
铅黄铜 HPb59－1（热轧）	78	65×9.81（65）	1	0.84	736（75）
锡青铜 ZQSn5－5－5（铸造）	74	58×9.81（58）	1	0.85	687（70）

切削条件——刀具：YT15（切削钢件），YG6（切削铸铁、铜件）；
$v\approx 100$ m/min，$VB=0$；
$\gamma_o=15°$，$\kappa_r=75°$，$\lambda_s=0°$，$b_{\gamma 1}=0$，$\gamma_\varepsilon=0.2\sim 0.25$

若已知 a_p和 f，车削时 F_c可用下面的近似公式计算：

切削钢件时 $F_c=2\,000a_pf$ （N）

切削铸铁件时 $F_c=1\,000a_pf$ （N）

三、切削分力的实用意义

1. 主切削力（F_c）

主切削力通常是最大的分力，它是确定机床电动机功率、计算机床强度和刚度、设计夹具主要零部件、验算刀柄和刀片强度的主要依据。车削时，主切削力过大会造成打刀或引起刀具的弯曲变形而产生让刀现象，如图 3—17 所示。

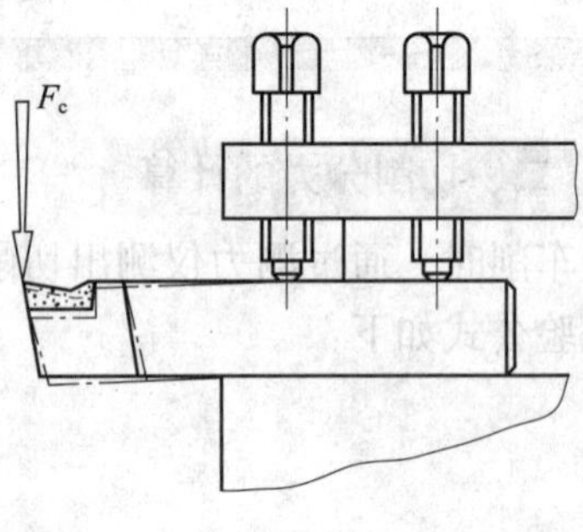

图 3—17　主切削力对加工的影响

2. 背向力（F_p）

车削时，背向力是切削时引起振动的主要因素，也是引起工件弯曲变形的主要原因，如图 3—18 所示。

3. 进给力（F_f）

进给力是验算机床进给系统主要零部件强度和刚度的依据。车削时，若刀具未夹紧，会因进给力大而引起偏转，如图 3—19 所示；若工件未夹紧，会因进给力大而将工件向卡盘方向推入。

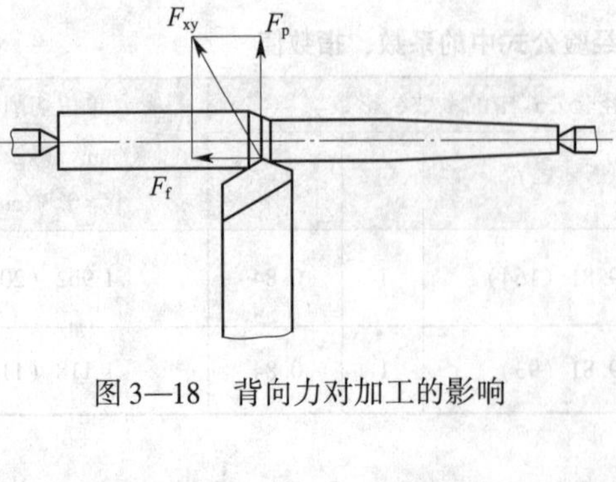

图 3—18　背向力对加工的影响

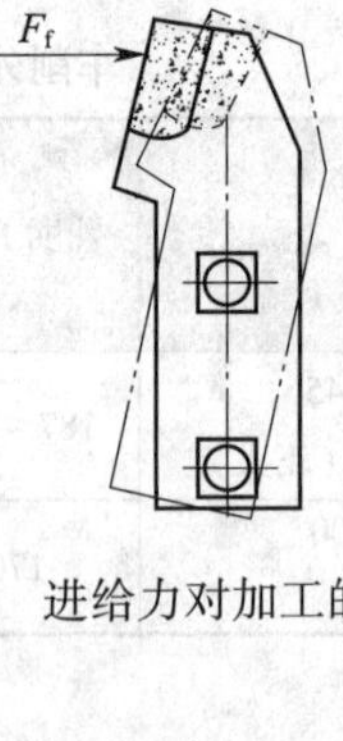

图 3—19　进给力对加工的影响

四、影响切削力的因素

1. 工件材料

工件材料对切削力的影响较大。材料的强度、硬度越高，变形抗力越大，所需的切削力就越大。若材料的强度、硬度相近，塑性越大则所需的切削力越大。这是因为材料的塑性大，刀具和切屑之间的接触长度增加，摩擦力增大，切削变形增大，切削力增大。

例如，45 钢的切削力大于 20 钢的切削力；淬火钢的切削力大于正火钢的切削力；不锈钢 1Cr18Ni9Ti 的切削力大于强度与它相近的 45 钢；钢材料的切削力大于铸铁的切削力（大 0.5 ~ 1 倍）；铜、铝等有色金属的切削力又比钢材料的切削力小得多。

2. 切削用量

（1）背吃刀量（a_p）和进给量（f）

背吃刀量 a_p 和进给量 f 决定切削面积的大小，因而是影响切削力的重要因素。它们的增大均会使切削力增大，但其影响程度各不相同。a_p 增大一倍，实际切削面积也增大一倍，变形抗力和摩擦力成倍增加，故切削力成正比地增大一倍。而 f 增大一倍，由于残留面积也增大，实际切削面积未成倍增大，且切削厚度增大，使切屑与前面的摩擦面积不成倍增大，故切削力增大 68% ~86%。因此，在切削加工中，如果从减小切削力和切削功率来考虑，加大进给量 f 比加大背吃刀量 a_p 有利。

（2）切削速度 v

切削速度 v 对切削力的影响与工件材料、积屑瘤有关。

切削塑性金属时，切削速度 v 对切削力的影响主要因积屑瘤改变实际前角所造成。以车削 45 钢为例，图 3—20 所示为车削时的试验曲线。当切削速度 v 在 5 ~ 20 m/min 区域内增加时，积屑瘤高度逐渐增大，切削力随之减小；切削速度 v 在 20 ~ 35 m/min 范围增大时，积屑瘤逐渐减小，切削力增大；切削速度 v > 35 m/min 时，由于切削温度上升，摩擦因数减小，切削力也逐渐减小。

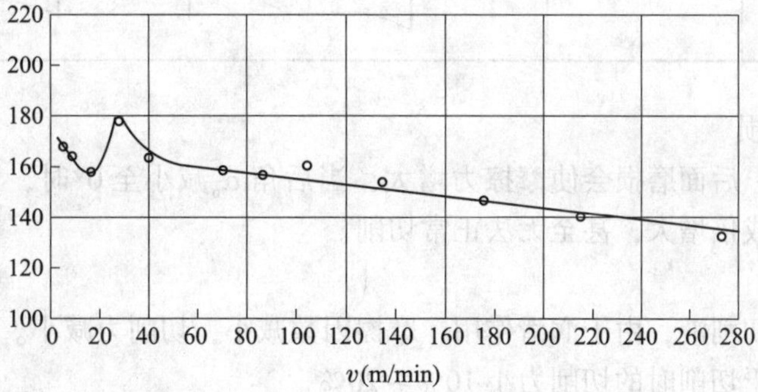

图 3—20　切削速度对切削力的影响

切削脆性金属时，产生崩碎切屑，切屑与前面挤压和摩擦作用较小，没有积屑瘤产生，切削速度对切削力无显著影响。

3. 刀具

（1）刀具几何参数对切削力的影响（见表 3—7）

表 3—7　　刀具几何参数对切削力的影响

刀具几何参数	所影响的切削力	几何参数变化的说明	图　示
前角 γ_o	F_c	对主切削力的影响最大。γ_o 增大，切削变形减小，切屑与前面的摩擦减小，切削力减小	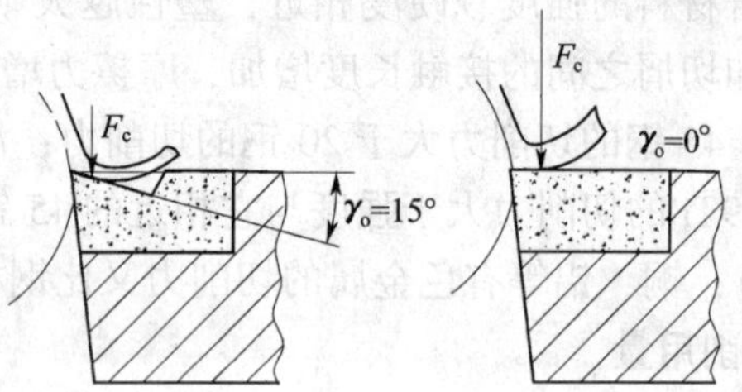
主偏角 κ_r	F_p、F_f	影响背向力 F_p 和进给力 F_f 的分配比例	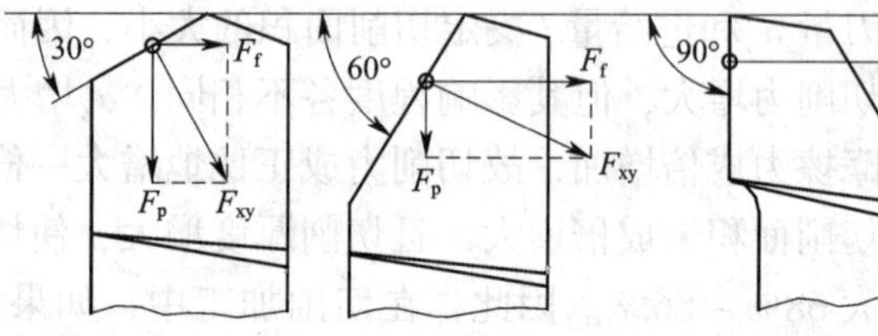
刀尖圆弧半径 r_ε	主要影响 F_p	r_ε 增大，切削刃曲线部分的长度和切削宽度随之增大，曲线刃上各点的主偏角 κ_r 减小，背向力 F_p 增大	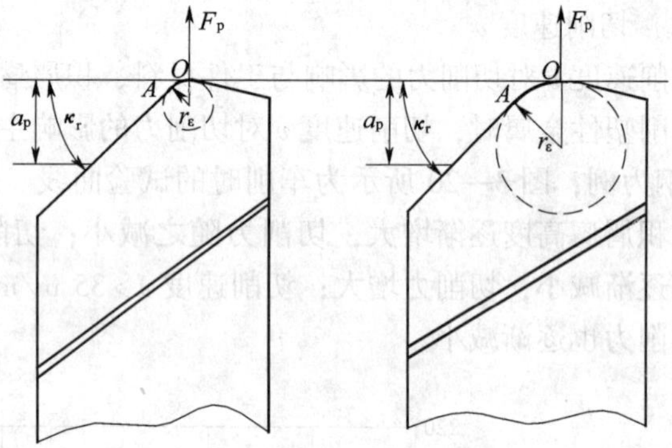

（2）刀具磨损

刀具的前面、后面磨损会使摩擦力增大，当后角 α_o 减小至 0°时，刀具与工件产生剧烈摩擦，切削力会成倍增大，甚至无法正常切削。

4．切削液

切削时浇注切削液，由于润滑作用，摩擦因数减小，切削力减小。如选用润滑效果较好的切削液，会比干切削时的切削力小 10% ~20% 。

五、切削功率

切削功率是切削分力消耗功率的总和。如车削外圆时，主切削力 F_c 方向的车刀运动速度是切削速度 v；背向力 F_p 方向的车刀运动速度等于零（车刀沿径向无运动）；进给力 F_f 方向的车刀运动速度是主轴转速 n 和进给量 f 的乘积 v_f（进给速度）。由于 v_f 很小，通常可忽略不计，故切削功率 P_m 的计算式为：

$$P_m = \frac{F_c v}{1\,000 \times 60} \quad (\text{kW})$$

式中　F_c——主切削力，N；

v——切削速度，m/min。

实际应用中，通常根据切削功率 P_m 校核机床电动机功率 P_E，以判断是否超负荷切削。要求：

$$P_m \leqslant P_E \eta_m$$

式中　η_m——机床传动效率，一般取 0.75～0.85。

若 $P_m > P_E \eta_m$，则应考虑降低切削功率 P_m，此时应通过减小 F_c 或降低 v 的方法来解决。

例 3—1　某车床电动机功率为 6 kW，传动效率为 0.75，车削某钢件时选择背吃刀量为 5 mm，进给量为 0.4 mm/r。求机床功率允许条件下可选择的最高转速。

解：因为工件材料为钢件

所以
$$F_c \approx 2\,000 a_p f = 2\,000 \times 5 \times 0.4 = 4\,000(\text{N})$$

又因为 $P_m \leqslant P_E \eta_m$，$P_m = \dfrac{F_c v}{1\,000 \times 60}$

即
$$\frac{F_c v}{1\,000 \times 60} \leqslant P_E \eta_m$$

$$\frac{4\,000 v}{1\,000 \times 60} \leqslant 6 \times 0.75$$

所以
$$v \leqslant 67.5 \ (\text{m/min})$$

即在机床功率允许条件下可选择的最高切削速度 $v_{max} = 67.5$ m/min。

所以
$$n_{max} = \frac{1\,000 v}{\pi d} = \frac{1\,000 \times 67.5}{3.14 \times 50} \approx 430 \ (\text{r/min})$$

故机床功率允许条件下可选择的最高转速为 430 r/min。

第五节　切削热与切削温度

切削热和由它产生的切削温度是切削过程中的一个重要物理现象。它直接影响刀具的磨损和刀具寿命，限制切削速度的提高，并影响工件加工质量和表面精度。因此，研究切削热的产生与切削温度的变化规律具有重要的实用意义。

一、切削热的产生与传散

1. 切削热的来源

在金属切削过程中，切削热来源于两个方面：工件材料的变形和刀具前面与切屑之间、后面与工件之间的摩擦。

2. 切削热的传散

切削中产生的热量由切屑、刀具、工件及周围介质传出，分别用 $Q_{屑}$、$Q_{刀}$、$Q_{工}$ 和 $Q_{介}$ 表示。一般情况下，切屑带走的热量最多。表 3—8 所列为不使用切削液车削和钻削时切削热由各部分传散的比例。

表 3—8　　不使用切削液车削、钻削时切削热的传散比例

	$Q_{屑}$	$Q_{刀}$	$Q_{工}$	$Q_{介}$
车削	50%～86%	10%～40%	3%～9%	1%
钻削	28%	14.5%	52.5%	5%

二、切削区域温度的分布和实际生产中对切削温度的判断方法

1. 切削区域温度的分布

切削温度一般是指切屑、工件和刀具接触表面的平均温度，即切削区域的平均温度。也就是说，切削时切屑、工件和刀具上各点处的温度是不相同的。

根据测量和计算，刀具、切屑和工件的切削温度分布情况如图 3—21 所示。

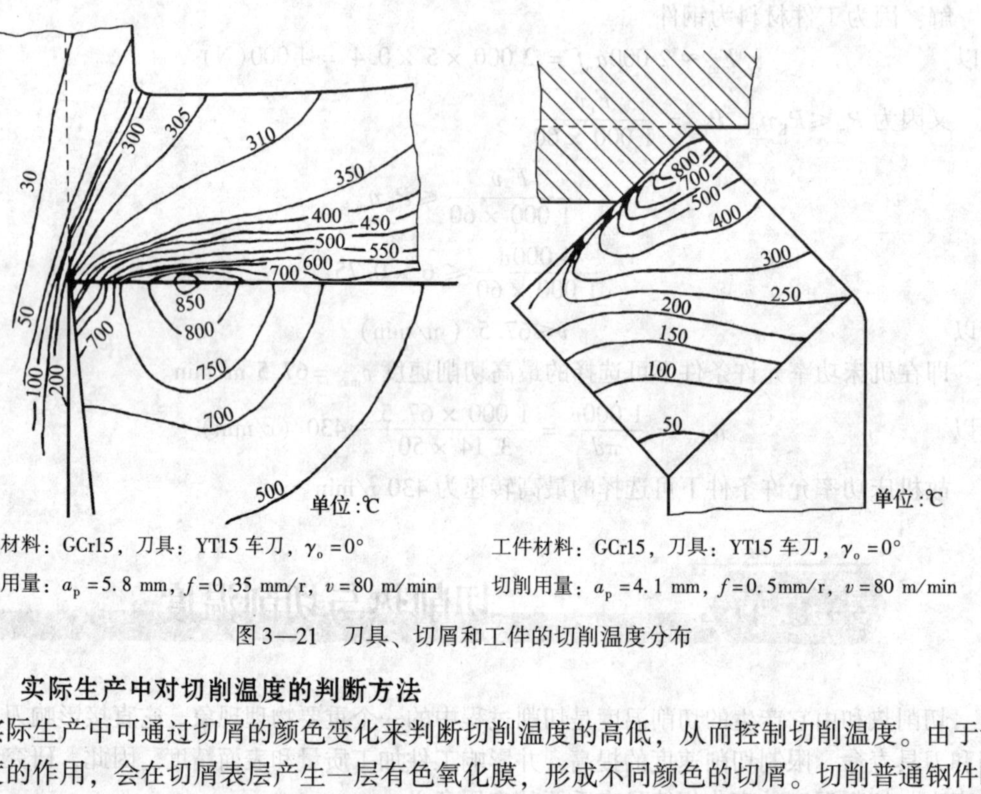

工件材料：GCr15，刀具：YT15 车刀，$\gamma_o=0°$
切削用量：$a_p=5.8$ mm，$f=0.35$ mm/r，$v=80$ m/min

工件材料：GCr15，刀具：YT15 车刀，$\gamma_o=0°$
切削用量：$a_p=4.1$ mm，$f=0.5$mm/r，$v=80$ m/min

图 3—21　刀具、切屑和工件的切削温度分布

2. 实际生产中对切削温度的判断方法

实际生产中可通过切屑的颜色变化来判断切削温度的高低，从而控制切削温度。由于切削温度的作用，会在切屑表层产生一层有色氧化膜，形成不同颜色的切屑。切削普通钢件时切屑颜色与切削温度的关系见表 3—9。

表 3—9　　切屑颜色与切削温度的关系

切屑颜色	切削温度
银白色	500℃以下
淡黄色	500～550℃
深蓝色	650～900℃
淡灰色	1 000℃以上
紫黑色	1 300℃以上

三、影响切削温度的因素

在切削过程中减少变形和摩擦就能减少热量的产生，从而降低切削温度；改善散热条件也能降低切削温度。因此，切削温度受产生热和传散热两方面的综合影响。

1. 切削用量

切削用量中对切削温度影响最大的是切削速度，其次是进给量，背吃刀量的影响最小。

试验得出结论，当切削速度增大一倍时，切削温度升高 20% ~33%；进给量增大一倍时，切削温度升高约 10%；背吃刀量增大一倍时，切削温度只升高约 5%。因此，在金属切除量相同的条件下，如果要提高工作效率且不使切削温度过高，则以增大背吃刀量为宜。

2. 刀具

(1) 刀具角度

1) 前角　前角的大小直接影响切削过程中的变形和摩擦，因此，它对切削温度有明显的影响。增大前角，切削变形减小，排屑顺利，切屑与前面间的摩擦减小，切削温度降低；但前角过大，则刀具的散热性能变差，切削温度不会进一步降低。假设前角为 10°时，切削温度为基数 1，则不同前角下切削温度的对比值见表 3—10。

表 3—10　不同前角下切削温度的对比值

前角	-10°	0°	10°	18°	25°
切削温度对比值	1.08	1.03	1	0.85	0.8
附注	车削 45 钢，刀具 YT15，$\alpha_o = 6° \sim 8°$，$\kappa_r = 75°$，$\lambda_s = 0°$，$r_\varepsilon = 0.2$ mm，切削用量：$a_p = 3$ mm，$f = 0.1$ mm/r				

2) 主偏角　在背吃刀量相同时，减小主偏角，切削厚度减小，切削变形减小，产生的热量减少；而刀刃参加切削的长度增加，刀尖角增大，刀具的散热条件变好，所以切削温度降低。反之，主偏角增大，切削温度升高。

(2) 刀具磨损

刀具磨损对切削温度也有明显的影响。刀具磨损后，刀刃变钝，切割作用减小，推挤作用增大，切削变形增加，摩擦增大，产生的热量增多，温度升高。比如，用一把新磨好的刀具切削，不改变其他条件，开始的切屑呈银白色或淡黄色，使用一段时间后，切屑的颜色逐渐变深，呈蓝色或紫色。这正是因为刀具磨损，使切削温度不断升高的结果。

3. 工件材料

对切削温度影响最大的是工件材料的强度、硬度和导热系数。

(1) 材料的强度、硬度

材料的强度、硬度越高，切削力越大，切削温度也越高。如切削经正火的 45 钢和切削经调质的 45 钢，在其他条件相同的情况下，后者比前者的切削温度提高约 25%。

(2) 材料的导热系数

材料的导热系数越低，传热速度就越慢，由工件和切屑传走的热量就越少，切削温度就越高。如切削合金钢时的切削温度一般均高于 45 钢，这是由于合金钢的导热系数低。不锈钢（1Cr18Ni9Ti）的强度、硬度虽然较低，但它的导热系数低于45钢，因此，切削温度很高（比45钢约高40%）。

（3）材料的类别

切削脆性金属材料时，由于塑性变形很小，且切屑呈崩碎状，与前面的摩擦小，产生的热量也就少，故切削温度一般较切削塑性材料低。

4. 切削液

切削过程浇注切削液，由于其具有润滑作用，能够减小切屑、工件与刀具的摩擦，产生的热量少，同时切削液还有冷却作用，能够带走大量的切削热，所以切削温度低。

四、切削热的利用与限制

切削热给金属切削加工带来了许多不利的影响，采取措施减少和限制切削热的产生是必要和重要的。但是，切削热有时也可以加以利用，如在加工淬火钢时，可采用负前角刀具并在一定的切削速度下进行切削，既提高了刀刃的强度，同时产生的大量切削热能使切削层软化，降低硬度，从而易于切削。

不同刀具材料在切削各种材料时，都有一个最佳切削温度范围，此时刀具可使用的时间最长，材料加工性最好。所以，切削温度已成为研究切削用量和切削过程最佳化的一个重要因素。

第六节 刀具磨损与刀具耐用度

一、刀具磨损

刀具在切削过程中逐渐磨损，随着磨损量的增大，会引起切削力增大，切削温度上升，切屑颜色改变，噪声增大，工件表面质量下降等现象，对切削十分不利，因此有必要研究其产生原因及变化规律。

1. 刀具的磨损原因

刀具的磨损原因很多，根据切削条件和切削温度的不同，它们或单独作用，或共同作用。

（1）磨粒磨损

磨粒磨损是指工件材料中存在氧化物、碳化物和氮化物等硬质点，铸、锻件表面存在硬夹杂物，切屑、加工表面上黏附着积屑瘤碎屑（粒），这些硬质点在切削时如同“磨粒”对刀具表面摩擦和刻划，致使刀具磨损。其实质是硬粒与刀具材料的硬度差所造成的机械擦伤，也称机械擦伤磨损。

〔提示〕

一般来说，单纯的机械擦伤磨损只发生在切削温度较低的情况下，它是低、中速加工时刀具磨损的主要原因，通常铰刀、丝锥容易出现这类磨损。

（2）相变磨损

相变磨损是指由于切削温度升高，刀具材料的金相组织转变，致使硬度和耐磨性下降所造成的刀具磨损。

相变磨损是造成高速钢刀具急剧磨损的主要原因。

合金工具钢相变温度为300～350℃；高速钢的相变温度为550～600℃。

（3）黏结磨损

切削时，切屑与前面、工件与后面在较大的压力和适当切削温度的作用下，会产生材料分子之间的吸附作用，使刀具表面局部强度较低的微粒被切屑或工件黏结带走造成的刀具磨损称为黏结磨损，也称为冷焊磨损。黏结磨损是硬质合金在以中等偏低的切削速度切削时磨损的主要原因之一。

通过控制切削温度、改善刀具表面质量和润滑条件等方式可减轻黏结磨损。

（4）扩散磨损

扩散磨损是指在高温切削时，刀具与工件之间的合金元素相互扩散置换，改变了材料原来的成分与结构，使刀具材料的物理、力学性能降低，从而加剧刀具的磨损。

如在800℃以上时，硬质合金中的钛（Ti）、钴（Co）、钨（W）、碳（C）等会扩散到切屑底层，切屑底层中的铁（Fe）元素会扩散到硬质合金的表层，使其表层组织脆化，加速磨损。

扩散磨损速度主要与切削温度、刀具材料的化学成分有关。如钛（Ti）的扩散速度要比碳（C）、钴（Co）、钨（W）慢得多，故YT类硬质合金比YG类硬质合金耐磨。

（5）氧化磨损

氧化磨损是硬质合金中的碳化物和黏结剂氧化后造成的。

从刀具磨损的原因分析可知，影响刀具磨损的主要因素是切削温度和机械摩擦。其中切削温度对刀具磨损具有决定性的影响。因此，控制切削温度是减少刀具磨损的重要途径。

〔提示〕

对于不同的刀具材料，磨损的具体原因不同。高速钢刀具常常因为热效应产生相变磨损；硬质合金刀具则因为热效应产生黏结磨损、扩散磨损和氧化磨损。

2. 刀具的磨损形式

根据工件材料不同、切削条件不同，刀具的磨损形式有三种，即后面磨损，前面磨损和前、后面同时磨损，如图3—22所示。

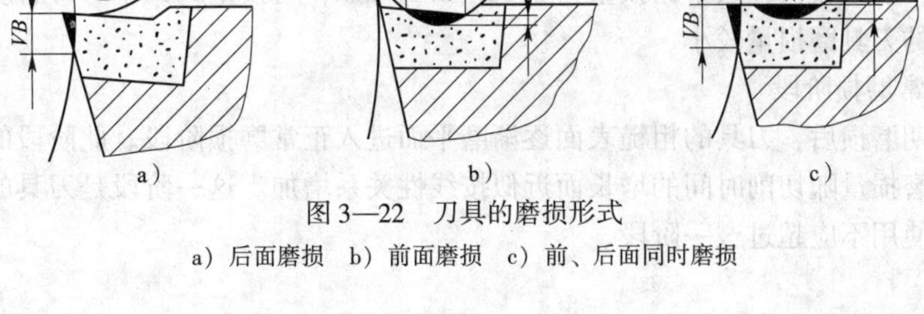

图3—22　刀具的磨损形式

a）后面磨损　b）前面磨损　c）前、后面同时磨损

（1）切削塑性金属时刀具的磨损形式（见表 3—11）

表 3—11　切削塑性金属时刀具的磨损形式

磨损形式	主要发生位置	磨损面变形特征	磨损量表示方法	切削条件	
				切削速度	切削厚度
后面磨损	后面	后角为零度的棱面	棱面高度（VB）	较低	较小（$a_c < 0.1$ mm）
前面磨损	前面	月牙洼	月牙洼深度（KT）	较高	较大（$a_c > 0.5$ mm）
前、后面同时磨损	前、后面	前面：月牙洼 后面：棱面	月牙洼深度（KT） 棱面高度（VB）	中等切削用量 （$a_c = 0.1 \sim 0.5$ mm）	

（2）切削脆性金属时刀具的磨损形式

切削脆性金属时，由于产生崩碎切屑，切屑与前面挤压和摩擦作用较小，因此只发生后面磨损。

二、刀具磨损过程及磨钝标准

1. 刀具磨损过程

就磨粒磨损而言，通过压力和摩擦在刀具前面与后面上产生的磨损量随时间变化的规律曲线如图 3—23 所示，该曲线也称为刀具磨损过程曲线，其磨损过程划分为三个阶段。

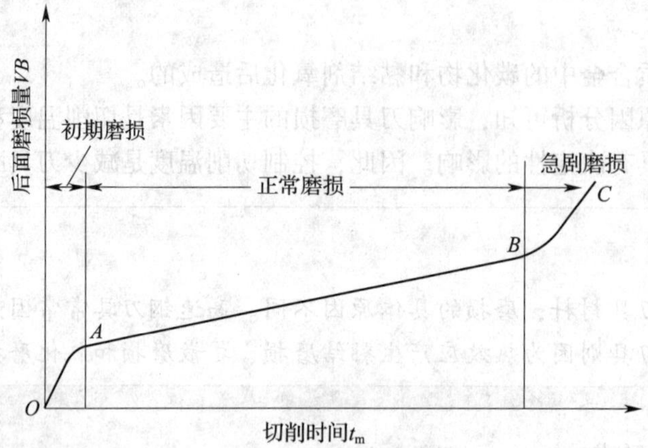

图 3—23　刀具磨损过程曲线

（1）初期磨损阶段

新刃磨的刀具表面粗糙度值较大，并存在微观裂纹、氧化或脱碳层等缺陷，故这一阶段的时间较短，磨损较快，通常磨损量为 0.05 ~ 0.10 mm，磨损量的大小与刃磨质量有关，经过仔细研磨的刀具磨损量较小。

（2）正常磨损阶段

经过初期磨损后，刀具的粗糙表面逐渐磨平而进入正常磨损阶段。此阶段的磨损比较缓慢、均匀，磨损量随切削时间的增长而近似按线性关系增加。这一阶段是刀具的有效工作阶段，刀具的使用不应超过这一阶段。

（3）急剧磨损阶段

当磨损量达到一定限度后，切削力急剧增大，切削温度迅速升高，磨损量大幅度增大，致使切削性能急剧下降，以致失去切削能力，使刀具烧坏或受压碎裂（崩刃）。切削时应避免进入这一阶段。

2. 刀具磨钝标准

刀具磨钝标准是指刀具允许的磨损量，它也是判断刀具是否重磨或换刀的依据。刀具磨损值达到了规定的磨钝标准就应该重磨刀具或更换新刀，否则就会影响加工质量，加快刀具的磨损，减少重磨次数，增加重磨难度，缩短刀具寿命。

由于切削时都会发生后面磨损，且后面磨损较容易观察和便于测量，因此，通常以后面磨损带中间部分平均磨损量允许达到的最大值作为刀具磨钝标准，以 *VB* 表示，如图 3—24 所示。

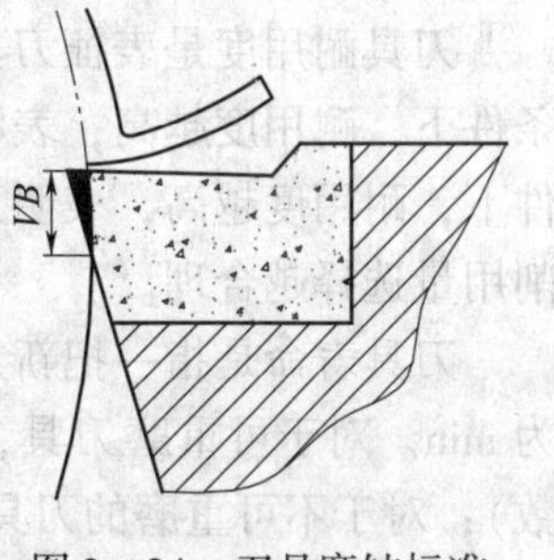

图 3—24　刀具磨钝标准

磨钝标准的制定需考虑加工对象的特点和加工条件的具体情况。磨钝标准定得过低不经济，而不顾刀具的磨损规律和磨损限度，一直用到刀具烧损或崩刃则会造成更大的损失和浪费。

一般来说，当工艺系统（机床、刀具、工件等）的刚度较低时，磨钝标准值应取得小些，如车削细长轴时，磨钝标准值就应定得小些；工件材料的塑性越好，磨钝标准值应取得越小；粗加工的磨钝标准值应比精加工的磨钝标准值大；切削合金钢时的磨钝标准值应定得比切削碳素钢时的小一些；切削铸铁时的刀具磨钝标准值可适当定得大些；加工大型工件时，为避免中途更换刀具，通常取较大的磨钝标准值，并配合较小的切削速度以控制切削温度，延长正常磨损阶段的时间；采用自动化程度较高的机床加工时，因调整刀具的时间较长，故通常取较大的磨钝标准值。表 3—12 所列为硬质合金车刀的磨钝标准推荐值。

表 3—12　　硬质合金车刀的磨钝标准 *VB* 推荐值　　mm

加工条件	后面的磨钝标准 *VB* 推荐值
精车	0.1～0.3
粗车合金钢或刚度低的工件	0.4～0.5
粗车碳素钢	0.6～0.8
粗车铸铁件	0.8～1.2
低速粗车钢或铸铁大件	1.0～1.5

3. 实际生产中判断刀具磨损的常用方法

实际生产中，较少使用磨钝标准 *VB* 推荐值来判断刀具的磨损情况，而是凭借感观判断，如通过观察工件已加工表面的粗糙度变化、切屑颜色的变化、切屑形态的变化，听噪声的大小，感觉切削时产生的振动等。但在采用数控机床、自动化机床加工及进行大批量生产时，通常根据试验得到的参数（如刀具允许切削作业的时间）来判断刀具的磨损情况，从而考虑是否换刀。

三、刀具耐用度与刀具寿命

刃磨后的刀具从开始切削直到磨损量达到磨钝标准为止的纯切削时间的总和称为刀具耐用度。即刀具两次刃磨间的纯切削时间之和，以“T”表示，单位为 min。刀具耐用度是指纯切削时间，不包括对刀、测量、空行程等非切削时间。

刀具耐用度是表征刀具切削性能优劣的一个综合指标。不同的刀具材料，在相同的切削条件下，耐用度越高，表明刀具材料的耐磨性越好；不同的刀具几何参数，在相同的切削条件下，耐用度越高，表明刀具的几何参数越合理；耐用度相同的刀具，加工效率越高的其切削用量选择越合理。

刀具寿命是指一把新刀从投入切削直到报废为止的总的切削时间，以“t”表示，单位为 min。对于可重磨刀具，刀具寿命等于刀具耐用度的总和，即 $t = nT$（n 为刀具重磨次数）；对于不可重磨的刀具，刀具寿命等于刀具耐用度，即 $t = T$。

四、影响刀具耐用度的因素

影响刀具磨损的因素也就是影响刀具耐用度的因素，也就是说，凡是影响切削温度与机械摩擦的因素都影响刀具耐用度。此外，磨损限度的大小也影响刀具耐用度。

1. 工件材料

工件材料的强度、硬度越高，导热性能越差，致使切削温度升高，使刀具耐用度下降。

2. 切削用量

增大切削用量 a_p、f、v 三个要素都会对刀具耐用度造成影响，这主要是因为增大切削用量都会使切削温度升高。切削用量中，对刀具耐用度影响最大的是切削速度 v，进给量 f 和背吃刀量 a_p 对刀具耐用度的影响要小得多。

因此，要提高切削效率，应当首先从增大背吃刀量 a_p 和进给量 f 着手，而不应盲目追求提高切削速度。下面仅分析切削速度对刀具耐用度的影响。

图 3—25 所示为切削不锈钢时切削速度与刀具耐用度的关系。从图中曲线可看到，在某个切削速度范围内，刀具耐用度最大，在这个范围以外，增大或减小切削速度 v，都将降低刀具耐用度。这可以用切削温度的影响来解释。切削区域的高温同时使工件材料和刀具材料的性质发生变化，在某一切削温度下，工件材料的硬度和塑性降低较多，而刀具材料的性能变化则相对较小，这时刀具相对于工件的优势增强，切削能力相对提高，刀具耐用度也较高。切削速度过高时，使切削区域温度升高，刀具发生软化现象，使刀具耐磨性降低。低速时，切削温度低，工件硬度高，刀具主要受机械磨损。由于硬质合金脆性大，易崩刃，故低速时刀具耐用度较低。高速时，切削温度高，刀具耐磨性降低，磨损加速，故高速时刀具耐用度很低。

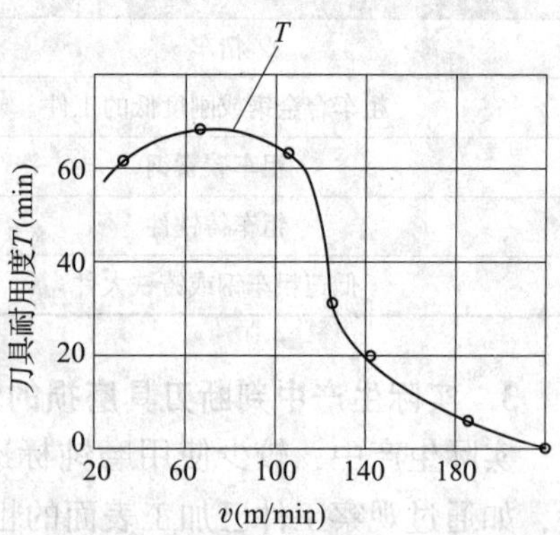

工件材料：1Cr11Ni2W2MoVA，a_p=2 mm，f=0.43 mm/r，VB=0.3 mm

图 3—25　切削速度与刀具耐用度的关系

3. 刀具

（1）刀具材料

刀具材料是影响刀具耐用度的重要因素。合理选用刀具材料，应用新型刀具材料，是提高刀具耐用度的有效途径。通常情况下，刀具材料的耐热性越高，其刀具耐用度就越高。如图 3—26 所示，在切削条件相同时切削合金钢，对高速钢、硬质合金、陶瓷三种刀具材料的 $v-T$ 曲线做比较，高速钢刀具材料允许的切削速度最低。

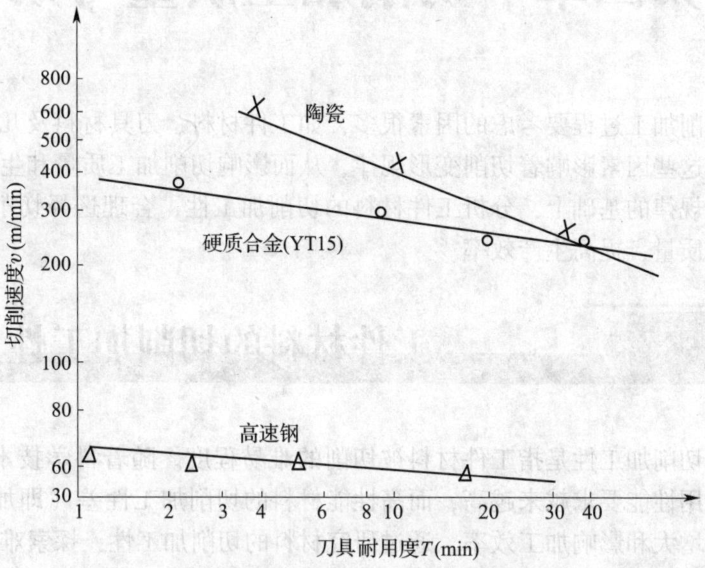

图 3—26　刀具材料对刀具耐用度的影响

（2）刀具几何参数

合理选择刀具几何参数能明显提高刀具耐用度。实际生产中常用刀具耐用度来衡量刀具几何参数的合理性。

1）前角（γ_o）　前角 γ_o 增大，切削变形减小，摩擦减小，切削力减小，切削温度降低，刀具耐用度提高；但过大的前角会使散热条件变差，强度降低，易引起刀具破损，从而使刀具耐用度下降。

2）主偏角（κ_r）　减小主偏角 κ_r 和副偏角 κ_r'，增大刀尖圆弧半径 r_ε，能提高刀尖强度及降低切削温度，从而提高刀具耐用度。

4. 切削液

使用切削液能降低切削温度，减小摩擦，因而刀具耐用度提高。

第四章　切削加工质量与效率

分析研究切削加工过程要考虑的因素很多，如工件材料、刀具材料及几何角度、切削用量和切削液等。这些因素影响着切削变形规律，从而影响切削加工质量和生产效率。本章将在熟悉切削变形规律的基础上，分析工件材料的切削加工性，合理选择切削用量和切削液，以保证切削加工质量，提高生产效率。

第一节　工件材料的切削加工性

工件材料的切削加工性是指工件材料被切削的难易程度。随着科学技术的进步和发展，对工程材料的使用性能要求越来越高，而高性能材料的切削加工性差（即加工难度大），会造成加工成本的增大和影响加工效率。通过研究材料的切削加工性，探索难加工材料的切削规律，以达到提高切削效率、降低加工成本的目的。

一、切削加工性的评定指标

切削加工性涉及切屑形成时刀具、工件、机床等各项要素间大量的相互作用，目前还无法对其量化定义，也没有检测材料切削加工性的标准化检验方法，只能通过多种重复试验确定，即根据切削力、切屑形状、磨损（刀具耐用度）、工件已加工表面质量等因素予以评定。

1. 刀具耐用度指标

用刀具耐用度来衡量工件材料被切削的难易程度。在切削普通金属材料时，用 v_{60} 的高低来评定材料切削加工性的好坏。在切削难加工材料时，则用 v_{20} 来评定。v_{60}、v_{20} 表示刀具耐用度分别达到 60 min、20 min 时允许的切削速度。

［提示］

在相同条件下，v_{60} 或 v_{20} 越高，材料的切削加工性越好。

此外，也可用相对加工性指标，即参照切削 45 钢（170～229HBW，$R_m = 0.637$ GPa），刀具耐用度达到 60 min 时允许的切削速度，记作 v_{060}，其他材料的 v_{60} 与 v_{060} 之比 K_r 称为相对加工性指标，即：

$$K_r = \frac{v_{60}}{v_{060}}$$

当 $K_r > 1$ 时，其切削加工性比 45 钢好，如 $K_r > 3$ 的材料属易切削材料；当 $K_r < 1$ 时，其切削加工性比 45 钢差；当 $K_r \leqslant 0.5$ 时，可称为难加工材料，如高锰钢、不锈钢、钛合金、耐热合金及淬硬钢等。

常用工件材料的相对加工性等级分为 8 级，见表 4—1。

表 4—1　　材料切削加工性等级

加工性等级	名称及种类		相对加工性 K_r	代表性材料
1	很容易切削材料	一般有色金属	>3	铜铅合金、铝铜合金、铝镁合金
2	容易切削材料	易切削钢	2.5～3.0	退火 15Cr，$R_m = 0.373 \sim 0.441$ GPa 自动机钢，$R_m = 0.393 \sim 0.491$ GPa
3		较易切削钢	1.6～2.5	正火 30 钢，$R_m = 0.441 \sim 0.549$ GPa
4	普通材料	一般钢及铸铁	1.0～1.6	45 钢、灰铸铁
5		稍难切削材料	0.65～1.0	2Cr13 调质，$R_m = 0.834$ GPa 85 钢，$R_m = 0.883$ GPa
6	难切削材料	较难切削材料	0.5～0.65	45Cr 调质，$R_m = 1.03$ GPa 65Mn 调质，$R_m = 0.932 \sim 0.981$ GPa
7		难切削材料	0.15～0.5	50CrV 调质、1Cr18Ni9Ti、某些钛合金
8		很难切削材料	<0.15	某些钛合金、铸造镍基高温合金

2. 已加工表面质量指标

在相同的加工条件下，比较已加工表面质量的好坏。表面质量越好，切削加工性越好；反之，切削加工性差。

3. 切屑控制难易指标

观察切削得到的切屑形状是否理想，是否容易断屑，以此来判断材料切削加工性的好坏。相同的切削条件下，越易断屑，得到的切屑形状越理想，也就是切屑越容易控制，切削加工性越好。

4. 切削温度、切削力和切削功率指标

根据切削加工时产生的切削温度的高低、切削力的大小和消耗功率的多少来判断材料的切削加工性。这些数值越大，说明材料的切削加工性越差。

二、切削加工性的评定方法

1. 根据不同加工条件和要求评定

一般工件材料若用上述各项指标进行综合衡量，随着指标的不同，其切削加工性的好坏也不尽相同，甚至相差很大，很难得出其切削加工性的准确结果。因此，实践中往往根据具体的加工情况和要求，以其中某一两项指标为主衡量工件材料的切削加工性。例如，粗加工时，通常采用刀具耐用度和切削力作为指标；精加工时，用已加工表面的表面粗糙度值作为指标；而自动化生产和深孔加工时，工件断屑的难易程度就成为主要指标。但不管哪种加工条件，都必须考虑刀具磨损，因此最常用的是刀具耐用度指标。

2. 材料性能综合评定法

用工件材料的物理、力学性能的高低来衡量材料的切削加工性。分别根据材料的硬度

HBW（HRC）、抗拉强度 R_m、断后伸长率 A、冲击韧度 a_k、导热系数 λ 等将材料的切削加工难易程度划分成 12 等级，从易到难分别表示为 0、1、2、3、…、9、9a、9b，见表 4—2。

表 4—2　　工件材料切削加工性分级表

切削加工性		易切削			较易切削			较难切削			难切削		
等级代号		0	1	2	3	4	5	6	7	8	9	9a	9b
硬度	HBW	≤50	50~100	100~150	150~200	200~250	250~300	300~350	350~400	400~480	480~635	>635	—
硬度	HRC	—	—	—	—	14~24.8	24.8~32.3	32.3~38.1	38.1~43	43~50	50~60	>60	—
抗拉强度 R_m（GPa）		≤0.196	0.196~0.441	0.441~0.588	0.588~0.784	0.784~0.98	0.98~1.176	1.176~1.372	1.372~1.568	1.568~1.764	1.764~1.96	1.96~2.45	>2.45
断后伸长率 A（%）		≤10	10~15	15~20	20~25	25~30	30~35	35~40	40~50	50~60	60~100	>100	—
冲击韧度 a_k（kJ/m²）		≤196	196~392	392~588	588~784	784~980	980~1 372	1 372~1 764	1 764~1 962	1 962~2 450	2 450~2 940	2 940~3 920	—
导热系数 λ[W/(m·K)]		418.68~293.08	293.08~167.47	167.47~83.74	83.74~62.80	62.80~41.87	41.87~33.5	33.5~25.12	25.12~16.75	16.75~8.37	<8.37	—	—

从切削加工性分级表中查出材料性能的加工性等级，可较直观、全面地了解材料切削加工难易程度的特点。例如，正火 45 钢的性能为 229HBW、R_m = 0.598 GPa、A = 16%、a_k = 588 kJ/m²、λ = 50.24 W/(m·K)，从表中查出各项性能的切削加工性等级为“4、3、2、2、4”，因此，综合各项等级分析可知，正火 45 钢是一种较易切削的金属材料。

三、影响材料切削加工性的因素

1. 工件材料物理、力学性能的影响

（1）塑性和韧性

工件材料的塑性和韧性越好，切削变形和加工硬化越严重，与刀具表面的冷焊现象也越强，易发生黏结磨损，且不易断屑，不易获得较好的已加工表面质量，切削加工性差。

（2）硬度和强度

工件材料的硬度和强度越高，切削力越大，切削温度越高，刀具磨损越快，故切削加工性越差。但也不是硬度越低切削加工性越好，如纯铁、纯铝等金属材料，硬度虽低，但塑性很好，切削加工性并不好。

〔提示〕

硬度适中（170~230HBW）的材料，有利于获得较好的表面质量，切削加工性好。

（3）导热系数

工件材料的导热系数越大，由切屑带走的和工件本身传导的热量就越多，有利于降低切

削温度，切削加工性好。

（4）线膨胀系数

工件材料的线膨胀系数越大，加工时热胀冷缩程度越大，工件尺寸变化大，不易控制加工精度，切削加工性差。

2. 工件材料化学成分及组织的影响

（1）碳对钢的切削加工性的影响

低碳钢的塑性和韧性很好，高碳钢的强度和硬度较高，两者的切削加工性都较差。碳的质量分数为0.35%～0.45%的中碳钢切削加工性好。

（2）合金元素对钢和铸铁切削加工性的影响

在钢中加入硅（Si）、镍（Ni）、铬（Cr）、钼（Mo）、钨（W）、矾（V）等元素，可以改善钢的物理、力学性能。大多数合金元素对钢有强化效果，对切削加工不利。但磷（P）既能使钢的强度、硬度提高，又能使塑性和韧性降低，有利于切削。

在钢中加入微量的硫（S）、铅（Pb）、硒（Se）、钙（Ca）等，会在钢中形成夹杂物，使钢脆化或起润滑作用，改善切削加工性。

在铸铁中加入硅（Si）、铝（Al）、镍（Ni）、钽（Ta）等元素，有利于促进碳的石墨化，降低铸铁的硬度，对切削加工性有利。而铬（Cr）、矾（V）、锰（Mn）、钼（Mo）、硫（S）等元素阻碍碳的石墨化，对切削加工不利。

（3）钢的金相组织对切削加工性的影响

钢的金相组织有铁素体、渗碳体、珠光体、索氏体、托氏体、奥氏体等。其中珠光体的硬度、强度和塑性都比较适中，中碳钢的金相组织是珠光体加铁素体，故切削加工性好。灰铸铁中游离石墨比冷硬铸铁多，所以切削加工性好。

金相组织的形状和大小对切削加工性也有直接影响。如片状珠光体硬度高，刀具磨损大，较难加工；而球状珠光体硬度低，较易加工。所以高碳钢常通过球化退火来改善切削加工性。

四、改善材料切削加工性的途径

1. 调整材料的化学成分

这是改变切削加工性的根本措施，但只能在不影响材料使用性能的前提下进行。如在钢中加入一种或几种合金元素，使之成为易切削钢。

2. 通过热处理控制材料的金相组织

例如，低碳钢退火后硬度较低，塑性好，切削加工性差，若改用正火处理，使其硬度略有提高，则改善了切削加工性。

3. 选择切削加工性好的原材料状态

如低碳钢以冷拔及热轧状态最好加工。

第二节 已加工表面质量

表面质量的含义主要包括表面粗糙度、加工硬化、残余应力三个方面。由于零件上所有的磨损、腐蚀和疲劳损坏都发生在零件的表面，或是从零件表层开始的。因此，已加工表面的质量将直接影响零件的使用性能和寿命。为了加工出满足零件使用要求的表面质量，就有必要了解已加工表面质量的变化规律。

一、已加工表面的表面粗糙度

零件表面粗糙度值过大时，会减小配合件之间的实际接触面积，降低其接触刚度和配合精度；增大摩擦副表面的摩擦力和磨损量；容易产生应力集中，降低疲劳强度；容易吸附和积聚周围介质而遭受腐蚀。所以，应适当减小工件的表面粗糙度值。

影响工件表面粗糙度的主要因素有残留面积、积屑瘤、机械振动。

1. 残留面积

车削时，工件上的已加工表面是由刀具主、副切削刃切削后形成的。切削刃在已加工表面上总会留下部分未能被切除，这些未能被切除部分的截面积称为残留面积，如图 4—1 所示。残留面积越大，高度 R_{max} 越大，则表面粗糙度值越大。

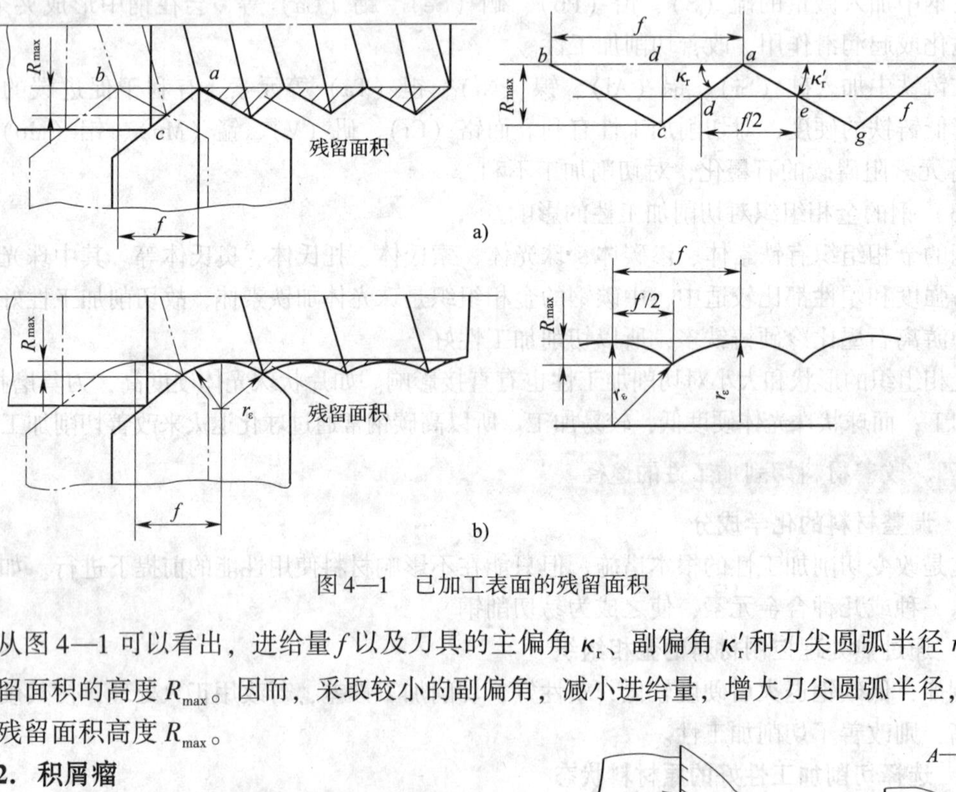

图 4—1　已加工表面的残留面积

从图 4—1 可以看出，进给量 f 以及刀具的主偏角 κ_r、副偏角 κ_r' 和刀尖圆弧半径 r_ε 都影响残留面积的高度 R_{max}。因而，采取较小的副偏角，减小进给量，增大刀尖圆弧半径，均可减小残留面积高度 R_{max}。

2. 积屑瘤

用中等切削速度切削塑性金属材料容易产生积屑瘤。因积屑瘤不稳定，它代替切削刃切削时会留下深浅不一的痕迹；另外，脱落的积屑瘤嵌入已加工表面，使之形成硬点和毛刺，表面粗糙度值变大，如图 4—2 所示。

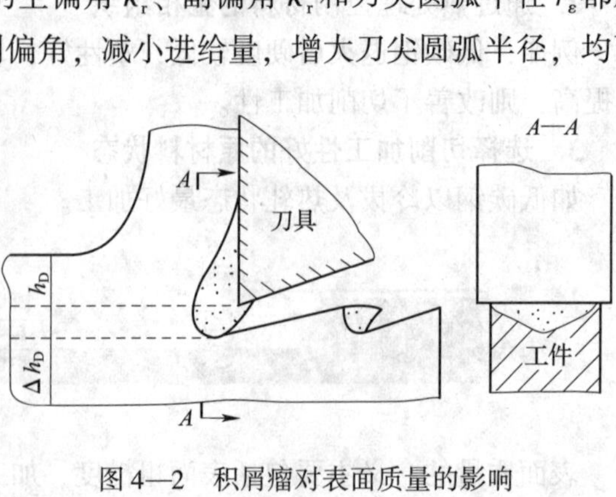

图 4—2　积屑瘤对表面质量的影响

积屑瘤在已加工表面上留下深浅不一

划痕的现象是普遍存在的。当拉削圆孔、键槽等表面时，已加工表面上常常有平行于轴线的划痕；当铰孔时，常在孔壁上出现螺旋形的划痕，多数为积屑瘤的生成所致。

3. 机械振动

在切削过程中产生的振动会使工件表面出现振纹，增大工件表面粗糙度值。

常见表面粗糙度值偏大的现象和解决方法见表4—3。

表4—3　　常见表面粗糙度值偏大的现象和解决方法

现象	影响因素	解决方法
残留面积高度大	（1）主偏角 κ_r （2）副偏角 κ_r' （3）刀尖圆弧半径 r_ε （4）进给量 f	（1）适当减小 κ_r （2）减小 κ_r'，刃磨修光刃 （3）适当增大 r_ε （4）减小 f
工件表面产生毛刺	（1）积屑瘤 （2）刀具严重磨损 （3）切削刃表面粗糙度值大	（1）高速钢刀具选用小于5 m/min的切削速度；硬质合金刀具选用大于70 m/min的切削速度 （2）保持刀具锋利 （3）修研刀具前、后面
磨损亮斑和噪声	刀具严重磨损	及时重磨或换刀
无规则的划痕	（1）切屑拉毛 （2）积屑瘤	（1）采用正值刃倾角并采取卷屑、断屑措施 （2）切削时避开中等切削速度（15～30 m/min）
振纹	（1）机床 （2）刀具 （3）工件 （4）切削用量	（1）调整主轴间隙，提高主轴刚度；调整滑板镶条间隙（间隙小于0.04 mm），使移动平稳、轻便 （2）合理选择刀具几何参数（如增大主偏角），保持切削刃光洁和锋利；提高刀具的刚度 （3）提高工件的装夹刚度 （4）选用较小的背吃刀量和进给量，或降低切削速度

二、已加工表面的加工硬化

1. 加工硬化的成因

经过切削加工，工件已加工表面层的硬度和强度提高的现象称为加工硬化，也叫冷作硬化。

已加工表面在形成过程中，经受了复杂的塑性变形，晶粒发生拉长、扭曲与破碎，从而使金属强化，尤其是最外面极薄一层金属加工硬化最为强烈。但切削温度升高，会使金属弱化。可见，已加工表面的加工硬化是强化和弱化作用的综合结果。

一般来说，表层塑性变形是加工硬化的主要成因，变形程度越大，加工硬化程度越严重，硬化层越深。因此，凡对切削变形、摩擦、切削温度产生影响的因素，均会影响加工硬化。

2. 加工硬化对工件的影响

由于加工硬化的产生，在硬化层的表面会出现细微的裂纹，并在表面层内产生残余应力。因此，加工硬化会降低已加工表面质量，降低材料的疲劳强度。同时，切削加工时出现加工硬化，会给下一道工序的切削带来困难，加剧刀具的磨损，甚至无法加工。但加工硬化也有其有利的一面，它可提高工件表层的强度、硬度、耐磨性，提高其使用性能。这一点特别是对于那些不能以热处理方法提高强度的纯金属和某些合金尤为重要。

3. 影响加工硬化的因素

（1）工件材料

加工硬化程度与工件材料的物理、力学性能紧密相关，材料塑性越好，强化指数越高，加工硬化越严重。

例如，一般碳素结构钢含碳量越少，塑性越好，切削加工时加工硬化越严重；高锰钢（如 Mn12）强化指数很大，塑性变形会使其硬度急剧增大；1Cr18Ni9Ti 不锈钢加工硬化严重，其硬化层深度可达到背吃刀量的 1/3。

（2）切削用量

切削速度 v 提高，刀具与工件接触时间短，会减少刀具对工件的作用时间，塑性变形程度减小；另外，切削速度提高使切削温度升高，有助于表层金属的弱化，故加工硬化程度有所减轻。

进给量 f 增大时，切削力增大，表层塑性变形程度也增大，因此加工硬化现象变得严重。但当进给量 f 过小时，由于刀刃的钝圆部分在已加工表面单位长度上的挤压次数增多，加工硬化现象也会加重。

（3）刀具方面

刀具刃口无论磨得多么锋利，总存在一个钝圆半径，随着刀具的使用磨损，钝圆半径会增大，加工硬化现象也会越来越严重。

［提示］

新刃磨的高速钢车刀刃口钝圆半径为 10 ~ 15 μm，而新刃磨的硬质合金车刀刃口钝圆半径更大，为 18 ~ 32 μm，因此，硬质合金刀具加工时更容易产生加工硬化。

增大刀具前角 γ_o 和主后角 α_o，使切削刃保持锋利，控制刀具磨损以减小后面对工件的挤压与摩擦，均可有效地减轻加工硬化现象。

4. 加工硬化的控制

生产实践中，为达到减轻加工硬化的目的，可采取的措施如下：

（1）提高刃磨质量，减小刀具刃口的钝圆半径，必要时采用高速钢刀具。

（2）尽量增大刀具前角，减小切削变形。

（3）适当增大刀具主后角和副后角，减小摩擦。

（4）提高切削速度，使加工硬化不充分。

（5）避免采用很小的进给量，以减少刀具对工件的挤压作用。

三、残余应力

1. 残余应力的概念

经切削加工后在工件已加工表面层中所残存的内应力叫作残余应力。其大小随表面层深度而变化。残余应力有残余拉应力和残余压应力（见图 4—3）之分。前者会降低零件疲劳强度，甚至会使零件表面产生裂纹；后者有时能提高零件的疲劳强度。

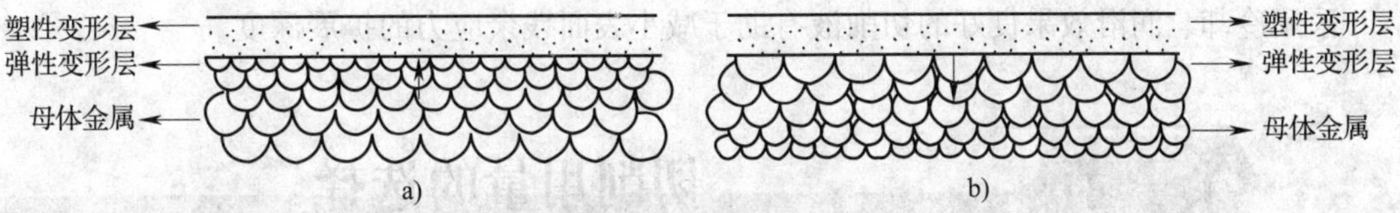

图 4—3 残余应力

a）压应力 b）拉应力

2. 残余应力的成因

（1）弹塑性变形作用

在切削力的作用下，已加工表面发生强烈的塑性变形，而里层则发生弹性变形。切削过后，里层弹性变形趋向恢复，但受到已产生塑性变形的表面层的牵制，恢复不到原状，因而在表面层产生残余应力。此时，残余应力的性质取决于里层弹性变形是拉伸还是压缩。如果里层弹性拉伸，则对表层造成拉应力；如果里层弹性收缩，则对表层造成压应力。

（2）热塑性变形作用

在切削过程中，由于切削热的作用，工件已加工表面层温升较高，而里层温升较低。切削过后，已产生热塑性变形的表层与里层温度均降到室温，因此表层收缩量大，里层收缩量小，表层的收缩受到里层的牵制，因而表层残存拉应力，里层残存压应力。

（3）相变作用

高速切削产生的高温有时高达 600～800℃，表层金属有可能发生相变。例如，碳钢在 723℃时要相变为奥氏体，急剧冷却后又变为马氏体，比热容增大（即密度减小），因而表层金属体积膨胀，但受到里层牵制，结果表层出现压应力，而里层存在拉应力。

已加工表面层内呈现的残余应力是上述诸因素综合作用的结果，最终是拉应力还是压应力，要取决于何种作用占优势。综上所述，凡能减小切削变形和降低切削温度的因素都能减小已加工表面的残余应力。

3. 影响残余应力的因素

（1）工件材料

塑性较大的材料，在切削后容易产生残余拉应力，且塑性越大，残余拉应力越大。切削脆性材料时，刀具后面挤压与摩擦严重，使加工表面产生拉伸变形，其产生的残余应力多为压应力。

（2）刀具

刀具前角由正值减小到负值时，表层拉应力减小，当 $\gamma_o < -30°$ 时表层甚至形成压应力，同时应力扩展深度增大；切削刃钝圆半径和后面磨损量增大时，残余拉应力与扩展深度均随之增大。

（3）切削用量

切削速度提高时，因热塑性变形作用而产生的残余拉应力增大，但扩展深度减小；进给量增大时，表层残余拉应力与扩展深度均有所增大。

（4）切削液

采用冷却、润滑效果良好的切削液有助于减小表面残余应力的扩展深度。

第三节 切削用量的选择

一、合理选择切削用量的意义

合理选择切削用量是指在加工对象、刀具材料和刀具几何形状及其他切削条件已经确定的情况下，选择最佳的切削用量要素进行切削加工，在保证加工质量的前提下，充分发挥刀具的切削性能和机床性能，获得较高的切削效率和较低的加工成本。

在相同的条件下，选用不同的切削用量，会产生不同的切削效果。选择较低的切削用量，会降低生产效率，增加生产成本；切削用量选得过高，刀具磨损加快，增加了磨刀时间和刀具消耗，也会影响生产效率和加工成本。因此，能否选择合理的切削用量进行切削，是衡量操作者技能水平高低的一个重要方面。在大批量生产，自动、半自动化机床，自动生产线和数控机床的加工中，合理选择切削用量的意义就更显重要了。

二、切削用量的选择原则

1. 切削用量与生产效率的关系

衡量生产效率高低的指标之一是基本（机动）时间（t_m）。

由图4—4可知，车削外圆时基本时间 t_m 可由下式计算：

$$t_m = \frac{l}{nf} \times \frac{A}{a_p} = \frac{\pi A d l}{1\,000 v f a_p}$$

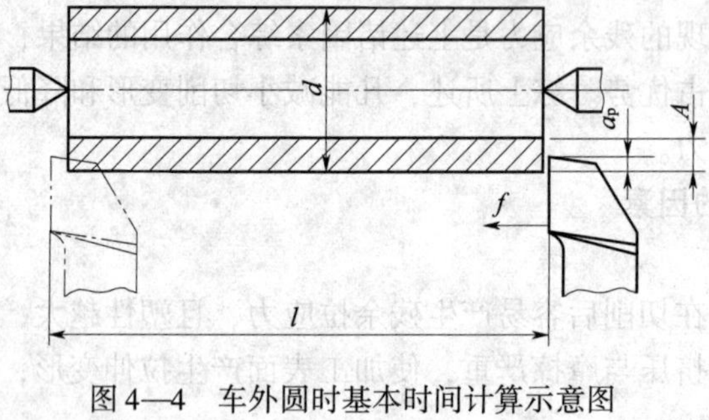

图4—4　车外圆时基本时间计算示意图

式中　t_m——基本时间，min；

A——单边加工余量，mm；

d——工件直径，mm；

l——刀具行程长度，mm；

n——工件转速，r/min；

v——切削速度，m/min；

f——进给量，mm/r；

a_p——背吃刀量，mm。

由上式可知，在工件毛坯确定的情况下，提高切削用量 v、f、a_p 中任何一个要素，都可以缩短基本时间，提高生产效率。但在提高切削用量时必须考虑机床功率、工艺系统刚度和刀具耐用度等因素。

例 4—1　车削一直径为 60 mm 的轴，车刀行程长度 $l=1\ 000$ mm，切削速度 $v=60$ m/min，进给量 $f=0.5$ mm/r，背吃刀量 $a_p=3$ mm，一次进给车成，求加工此工件需要的基本时间。

解：因为需要一次进给车成

所以
$$\frac{A}{a_p}=1$$

即
$$t_m=\frac{l}{nf}\times\frac{A}{a_p}=\frac{\pi dl}{1\ 000vf}\times\frac{A}{a_p}=\frac{3.14\times60\times1\ 000}{1\ 000\times60\times0.5}\times1=6.28(\text{min})$$

故加工此工件需要的基本时间为 6.28 min。

〔提示〕

掌握计算基本时间 t_m 的公式时只需记住计算分两步：一是车刀每次进给所需的时间 $\frac{l}{nf}$；二是将加工余量全部切除所需的进给次数 $\frac{A}{a_p}$。

2. 粗加工时切削用量的选择

粗加工时的切削用量以提高生产效率为主，并应考虑加工成本。从式中可知，提高切削速度 v，加大进给量 f 和背吃刀量 a_p 都能提高生产效率。但对刀具耐用度影响最小的是背吃刀量 a_p，其次是进给量 f，影响最大的是切削速度 v。因此，粗加工时选择切削用量的基本原则如下：首先选择尽可能大的背吃刀量 a_p；其次选择较大的进给量 f；最后根据已选定的 a_p 和 f，并在工艺系统刚度、刀具耐用度和机床功率许可的条件下选择一个合理的切削速度 v。

(1) 背吃刀量（a_p）的选择

背吃刀量 a_p 应根据加工余量来确定，除留出必要的精加工余量外，其余的应尽可能一次切除。当余量太大时，应分两次或多次切除。工艺系统刚度较低时，则应相应减小背吃刀量 a_p，以减小切削力，单边加工余量 A 可多次切除。但应把第一次进给的背吃刀量 a_p 选得大些，最后一次选得小些。

(2) 进给量（f）的选择

粗加工时，进给量的选择受工艺系统所能承受的切削力的限制。工艺系统刚度较高时，可选用较大的进给量，一般取 $f=0.3\sim0.9$ mm/r。表 4—4 所列为硬质合金及高速钢车刀粗车外圆和端面时的进给量参考值。

(3) 切削速度（v）的选择

在 a_p 和 f 确定之后，在保证合理刀具耐用度的前提下，选择合理的切削速度。

表 4—4　　硬质合金及高速钢车刀粗车外圆和端面时的进给量参考值

工件材料	刀柄截面尺寸 $B \times H$（mm × mm）	工件直径 d_w（mm）	背吃刀量 a_p（mm）				
			≤3	3 ~ 5	5 ~ 8	8 ~ 12	12 以上
			进给量 f（mm/r）				
碳素结构钢和合金结构钢	16 × 25	20	0.3 ~ 0.4	—	—	—	—
		40	0.4 ~ 0.5	0.3 ~ 0.4	—	—	—
		60	0.5 ~ 0.7	0.4 ~ 0.6	0.3 ~ 0.5	—	—
		100	0.6 ~ 0.9	0.5 ~ 0.7	0.5 ~ 0.6	0.4 ~ 0.5	—
		400	0.8 ~ 1.2	0.7 ~ 1.0	0.6 ~ 0.8	0.5 ~ 0.6	—
	20 × 30 25 × 25	20	0.3 ~ 0.4	—	—	—	—
		40	0.4 ~ 0.5	0.3 ~ 0.4	—	—	—
		60	0.6 ~ 0.7	0.5 ~ 0.7	0.4 ~ 0.6	—	—
		100	0.8 ~ 1.0	0.7 ~ 0.9	0.5 ~ 0.7	0.4 ~ 0.7	—
		600	1.2 ~ 1.4	1.0 ~ 1.2	0.8 ~ 1.0	0.6 ~ 0.9	0.4 ~ 0.6

注：1. 加工断续表面及带冲击的工件时，表内的进给量应乘以系数 0.75 ~ 0.85。
2. 加工耐热钢及其合金时，不采用大于 1.0 mm/r 的进给量。
3. 加工淬硬钢时，表内进给量应乘以系数 0.8（当材料硬度为 44 ~ 56HRC 时）或 0.5（当材料硬度为 57 ~ 62HRC 时）。

3. 精加工时切削用量的选择

精加工时首先要保证工件的加工质量，同时兼顾刀具耐用度和生产效率。

（1）切削速度（v）

精加工时的 a_p 和 f 较小，可忽略切削力对工艺系统刚度的影响，故切削速度 v 主要受刀具耐用度和已加工表面质量的限制。在保证刀具耐用度的前提下，硬质合金刀具通常应选用较高的切削速度（大于 70 m/min），而高速钢刀具则应选用较低的切削速度（小于 5 m/min），以尽量减小和避免积屑瘤的产生。

（2）进给量（f）

精加工时限制进给量提高的因素主要是表面粗糙度。为了减小工艺系统的弹性变形和降低已加工表面残留面积的高度，一般选用较小的进给量，常取 $f = 0.08 \sim 0.30$ mm/r。普通硬质合金外圆车刀精车、半精车时的进给量选取可参考表 4—5。

表 4—5　　普通硬质合金外圆车刀精车、半精车时的进给量

工件材料	表面粗糙度 Ra（μm）	切削速度（m/min）	刀尖圆弧半径 r_ε（mm）		
			0.5	1.0	2.0
			进给量 f（mm/r）		
铸铁、青铜、铝合金	6.3	不限	0.25 ~ 0.40	0.40 ~ 0.50	0.50 ~ 0.60
	3.2		0.15 ~ 0.25	0.25 ~ 0.40	0.40 ~ 0.60
	1.6		0.10 ~ 0.15	0.15 ~ 0.20	0.20 ~ 0.35

续表

工件材料	表面粗糙度 Ra（μm）	切削速度（m/min）	刀尖圆弧半径 r_ε（mm）		
			0.5	1.0	2.0
			进给量 f（mm/r）		
碳钢、合金钢	6.3	<50	0.30~0.50	0.45~0.60	0.55~0.70
		>50	0.40~0.55	0.55~0.65	0.65~0.70
	3.2	<50	0.20~0.25	0.25~0.30	0.30~0.40
		>50	0.25~0.30	0.30~0.35	0.35~0.40
	1.6	<50	0.10	0.11~0.15	0.15~0.22
		50~100	0.11~0.16	0.16~0.25	0.25~0.35
		>100	0.16~0.20	0.20~0.25	0.25~0.35

（3）背吃刀量（a_p）

精加工时的背吃刀量 a_p 通常由上一工序合理留下，并应于一次进给切除掉。例如，采用硬质合金车刀精车，由于刀具的刃磨性能较差，锋利程度受到限制，a_p 不宜过小，一般应取0.3~0.5 mm。

第四节　切削液

一、切削液的作用

切削液是大部分切削加工中必须采用的辅助材料，它不仅能冷却及润滑工件和刀具，而且还能起清洗、排屑和防锈等作用。

1. 冷却作用

切削液能够吸收并带走切削区域大量的热量，达到降低切削温度、延长刀具寿命的作用，并能减少工件因热变形而产生的尺寸误差，也为提高生产效率创造有利条件。

2. 润滑作用

切削液能渗透到工件、刀具和切屑之间，在刀具与工件、刀具与切屑的微小间隙中形成一层很薄的吸附膜。可以减小工件、刀具、切屑间的摩擦，降低切削力和切削热，减少刀具的磨损，使排屑顺利，并提高工件的表面质量。因此，对于精加工润滑作用就更显重要了。

3. 清洗与排屑作用

当金属切削加工中产生碎屑或粉末时，要求切削液具有良好的冲洗作用。切削液冲走碎屑、粉末，可起到防止研伤加工表面和机床导轨面的作用。在磨削、自动生产线和深孔加工中，加入一定压力和流量的切削液，可起到排屑的作用。

4. 防锈作用

切削液还能减轻工件、机床、刀具受周围介质（空气、水分等）的腐蚀作用。

实践证明，选用合适的切削液，能降低切削温度60~150℃，提高表面粗糙度等级1~2级，减小切削阻力15%~30%，能成倍延长刀具寿命，并能把切屑和杂质从切削区域冲走，能提高生产效率和产品质量。故切削液在金属切削加工中应用极为广泛。

二、切削液添加剂及切削液种类

1. 切削液添加剂

现用的切削液大都是以水或油为基体加入适量的添加剂而制成的。添加剂的作用是提高切削液的性能，常用切削液添加剂见表4—6。

表4—6 常用切削液添加剂

名称	说明
油性添加剂	单纯的矿物油与金属的吸附能力差，润滑效果不好，在矿物油中加入油性添加剂能改善其润滑性能。例如，动物油、植物油和脂肪酸、皂类、胺类等，由于其分子具有极性基，与金属吸附能力强，形成的物理吸附油膜较牢固，是较理想的油性添加剂。因此，一般的切削油都是在矿物油中加入油性添加剂的混合油。但物理吸附油膜在切削温度升高时便失去吸附能力，因此混合油只适宜在200℃以下使用
极压添加剂	极压添加剂具有一定的活性，在高温下能快速与金属发生反应，生成氯化铁、硫化铁等化学吸附膜，这些生成物能起到固体润滑剂的作用，因而能减小刀具与工件材料间的摩擦。由于化学吸附膜与金属的结合较牢固，在400～800℃的高温时仍能起润滑作用。目前使用的极压添加剂有氯、硫和磷的化合物（氯化物不如硫化物反应快，若同时添加效果更佳），但含硫和氯的极压切削油分别对有色金属和钢铁有腐蚀作用，应注意合理选用
乳化剂	乳化剂（如石油磺酸钠、磺化蓖麻油等）是一种表面活性剂，它的分子由极性基团和非极性基团两部分组成。前者亲水，可溶于水；后者亲油，可溶于油。把油在水中搅拌成细粒时，乳化剂分子能定向地排列吸附在油水两界面上，把油和水连接起来，使分离的细粒不再因凝聚而浮游在水中，成为浮浊液

〔提示〕

切削液还可根据需要选用防锈添加剂、抗泡沫添加剂、防霉添加剂等。

2. 切削液种类

生产中常用的切削液有水溶液、乳化液和切削油三大类。

(1) 水溶液

水溶液的主要成分是水，冷却性能好。常加入一定的添加剂（如亚硝酸钠、硅酸钠、皂类等），使其具有良好的防锈性能和一定的润滑性能。常用的水溶液有电介质水溶液和表面活性水溶液，电介质水溶液是在水中加入电介质作为防锈剂，主要用于磨削、钻孔和粗车等加工；表面活性水溶液中加入了皂类、硫化蓖麻油等表面活性物质，以增加水溶液的润滑作用，主要用于精车、精铣和铰孔等。

(2) 乳化液

乳化液是用矿物油、乳化剂及添加剂预先配制好的乳化油加水稀释而成的。因为油不溶于水，为了使两者混合，所以必须加入乳化剂。浓度低（如浓度为3%～5%）的乳化液冷却和清洗作用较好，适用于粗加工和磨削；浓度高（如浓度为10%～20%）的乳化液润滑作用较好，适用于精加工（如拉削和铰孔等）。为了进一步提高乳化液的润滑性能，还可加入一定量的氯、硫、磷等极压添加剂，配制成极压乳化液。乳化液具有一定的润滑性、冷却性、清洗性和防锈性，因此是目前生产中使用最广泛的一种切削液。

（3）切削油

切削油主要起润滑作用。一类是以矿物油为基体加入油性添加剂的混合油；另一类是极压切削油，它是在矿物油或混合油中加入极压添加剂而制成的。常用的有 L－AN15 和 L－AN32 号全损耗系统用油、轻柴油、煤油等。由于切削油的导热性能较差，故冷却效果不如水溶液和乳化液。

三、切削液的合理选用

切削液种类繁多，性能各异，应根据工件材料、刀具材料、加工性质和加工方法等具体情况合理选用，若选择不当，则达不到应有的效果。常用切削液的选用见表 4—7。

表 4—7　　常用切削液的选用

加工种类		工件材料 碳钢	合金钢	不锈钢及耐热钢	铸铁与黄铜	青铜	纯铜	铝合金
		切削液						
车削、铣削、镗孔、扩孔	粗加工	3%～5%的乳化液	（1）5%～15%的乳化液 （2）5%的石墨化或硫化乳化液 （3）5%氧化石蜡油制成的乳化液	（1）10%～30%的乳化液 （2）10%的硫化乳化液	（1）一般不用 （2）3%～5%的乳化液	一般不用	（1）3%～5%的乳化液 （2）煤油	（1）一般不用 （2）中性或含游离酸小于 4 mg 的弱酸性乳化液
	精加工	（1）石墨化或硫化乳化液 （2）低速用10%～15%的乳化液，高速用5%的乳化液		（1）氧化煤油 （2）煤油75%，油酸或植物油 25% （3）煤油60%，松节油 20%，油酸 20%	（1）黄铜一般不用 （2）铸铁用煤油	7%～10%的乳化液	（1）煤油 （2）煤油与矿物油的混合物	（1）煤油 （2）松节油 （3）煤油与矿物油的混合物 （4）加工硬铝一般不用切削液
钻孔与镗孔		（1）3%～5%的乳化液 （2）5%～10%的极压乳化液		（1）3%肥皂、2%亚麻油水溶液（不锈钢钻孔） （2）硫化切削油（不锈钢镗孔） （3）19%～20%的极压乳化液	（1）一般不用 （2）煤油（铸铁） （3）菜籽油（黄铜） （4）3%～5%的乳化液（青铜）		（1）3%～5%的乳化液 （2）煤油 （3）煤油与矿物油的混合物	（1）一般不用 （2）煤油 （3）煤油与菜籽油的混合物
磨削		（1）苏打水 Na_2CO_3 0.7%，$NaNO_2$ 0.25%，其余为水 （2）豆油＋硫黄粉 （3）乳化液			3%～5%的乳化液		—	磺化蓖麻油 1.5%，浓度为 30%～40%的 NaOH 加至微碱性，煤油 9%，其余为水

续表

<table>
<tr><th rowspan="2">加工种类</th><th colspan="7">工 件 材 料</th></tr>
<tr><th>碳钢</th><th>合金钢</th><th>不锈钢及耐热钢</th><th>铸铁与黄铜</th><th>青铜</th><th>纯铜</th><th>铝合金</th></tr>
<tr><th></th><th colspan="7">切 削 液</th></tr>
<tr><td>车螺纹</td><td colspan="2">（1）硫化乳化液
（2）氧化煤油
（3）煤油 75%，油酸或植物油 25%
（4）硫化切削油
（5）变压器油 70%，氯化石蜡 30%</td><td>（1）氧化煤油
（2）硫化切削油
（3）煤油 60%，松节油 20%，油酸 20%
（4）硫化油 60%，煤油 25%，油酸 15%
（5）四氯化碳 90%，猪油或菜籽油等
（6）19%～20% 的极压乳化液</td><td colspan="2">（1）一般不用
（2）煤油（铸铁）
（3）菜籽油（黄铜、青铜）</td><td>—</td><td>（1）硫化油 30%，煤油 15%，2 号或 3 号锭子油 55%
（2）硫化油 30%，煤油 15%，油酸 30%，2 号或 3 号锭子油 25%</td></tr>
<tr><td>拉削、铰削、攻螺纹</td><td colspan="2">（1）10%～20% 的极压乳化液
（2）含硫、氯的切削油
（3）含硫化棉籽油的切削油
（4）含硫、氯、磷的切削油</td><td>（1）15%～20% 的极压乳化液
（2）含氯的切削油
（3）含氯、硫的切削油
（4）含硫、氯、磷的切削液</td><td rowspan="2">（1）不用切削液（黄铜）
（2）粗加工铸铁用 10%～15% 的乳化液或 10%～20% 的极压乳化液
（3）精加工铸铁用煤油或煤油与矿物油的混合物</td><td rowspan="2">（1）10%～20% 的乳化液
（2）10%～15% 的极压乳化液
（3）含氯的切削油</td><td>—</td><td rowspan="2">（1）10%～25% 的乳化液
（2）10%～20% 的极压乳化液
（3）煤油
（4）煤油与矿物油的混合物</td></tr>
<tr><td>滚齿与插齿</td><td colspan="3">（1）20%～25% 的极压乳化液
（2）含氯的切削油
（3）含硫化棉籽油的切削油
（4）含硫、氯的切削油
（5）含硫、氯、磷的切削油</td><td>（1）10%～20% 的乳化液
（2）10%～15% 的极压乳化液
（3）煤油
（4）煤油与矿物油的混合物</td></tr>
</table>

选择切削液的一般原则有以下三点：

1. 根据加工性质选用

（1）粗加工时，加工余量和切削用量较大，产生大量的切削热，因而会使刀具磨损加快，这时使用切削液的目的是降低切削温度，所以应选用以冷却为主的乳化液或水溶液，以降低切削温度，提高刀具耐用度。

（2）精加工时，主要是为了保证工件的精度和表面质量，延长刀具寿命，最好选用以润滑为主的切削油或浓度较高的极压乳化液。

（3）钻削、铰削和深孔加工时，因刀具在半封闭状态下工作，排屑困难，切削热不易传散，容易使切削刃烧伤并严重影响工件表面质量。这时应选用黏度较低的乳化液或切削油，并应增大压力和流量，一方面进行冷却、润滑，另一方面将切屑冲刷出来。

2. 根据工件材料选用

（1）钢件粗加工一般用乳化液，精加工用极压切削油。

（2）切削铸铁等脆性材料时，由于切屑碎末会堵塞冷却系统，容易使机床导轨磨损，一般不使用切削液。但精加工时为了得到较高的表面质量，可采用黏度较低的乳化液或煤油。

（3）切削铜及其合金时，不能用含硫的切削液，以免发生腐蚀。

（4）镁与水作用会产生氢气，为了防止在切削高温中燃烧，甚至爆炸，切削镁合金时不能用水溶液和乳化液，一般用矿物油。

3. 根据刀具材料选用

（1）硬质合金刀具

硬质合金刀具一般不加切削液。但在加工某些硬度和强度高、导热性差的特种材料和细长轴工件时，可选用以冷却为主的切削液。

（2）高速钢刀具

高速钢刀具粗加工时用极压乳化液，精加工时用极压乳化液或极压切削油。

（3）陶瓷刀具

由于陶瓷刀具对热裂很敏感，所以一般不用切削液。

〔提示〕

1. 油状乳化液必须用软化水稀释后才能使用。
2. 切削液必须浇注在切削区域。
3. 控制好切削液的流量。
4. 硬质合金刀具切削时，若要加切削液，则必须一开始就使用，并应连续、充分地浇注。

四、切削液的使用方式

常见切削液的使用方式有浇注法、高压冷却法和喷雾冷却法，应用最多的是浇注法。

使用时应注意保证流量充足，浇注位置尽量接近切削区域，并应根据刀具的形状和切削刃数目，相应改变浇注口的形式和数目，如图 4—5 所示。

高压冷却法是将切削液以高压力（1 ~ 10 MPa）、大流量喷向切削区域，常用于深孔加工。

喷雾冷却法是利用压力为 0.3 ~ 0.6 MPa 的压缩空气使切削液雾化，并高速喷向切削区域，如图 4—6 所示。此方法多应用于难加工材料的切削。

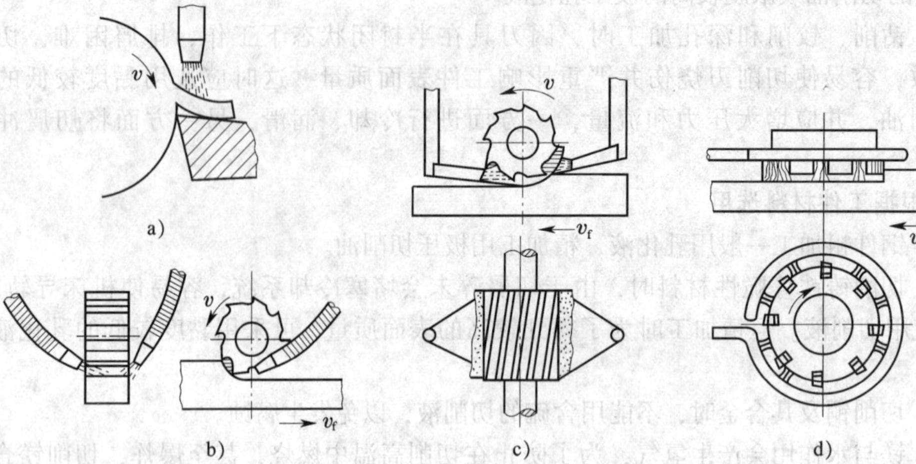

图 4—5　几种常见的浇注方法

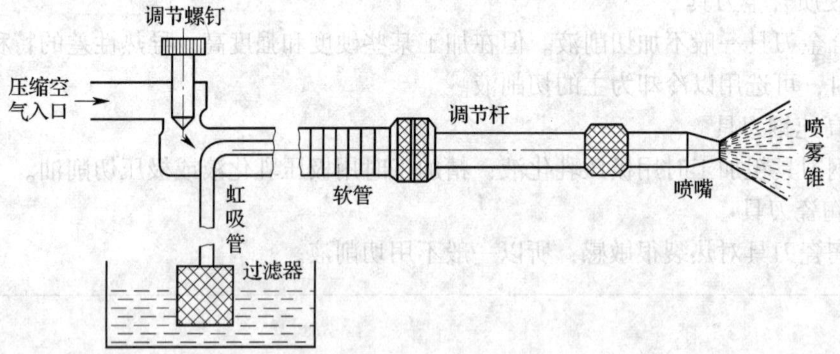

图 4—6　喷雾冷却装置原理图

〔提示〕

接触切削液时必须采取防护措施，以免对人身健康造成危害或污染环境。例如，应在机床上安装尽可能完整的防护罩和切削液蒸气抽吸设备；必须定期检查乳化液浓度；应避免皮肤与切削液长时间接触等。

第五章 车 刀

车刀是结构简单、应用最广泛的一种加工回转体表面的刀具，也是学习、分析各类刀具的基础。它可用于卧式车床、转塔车床、自动车床和数控车床上，用于加工外圆、端面、内孔，车槽、切断、车螺纹等，如图 5—1 所示。

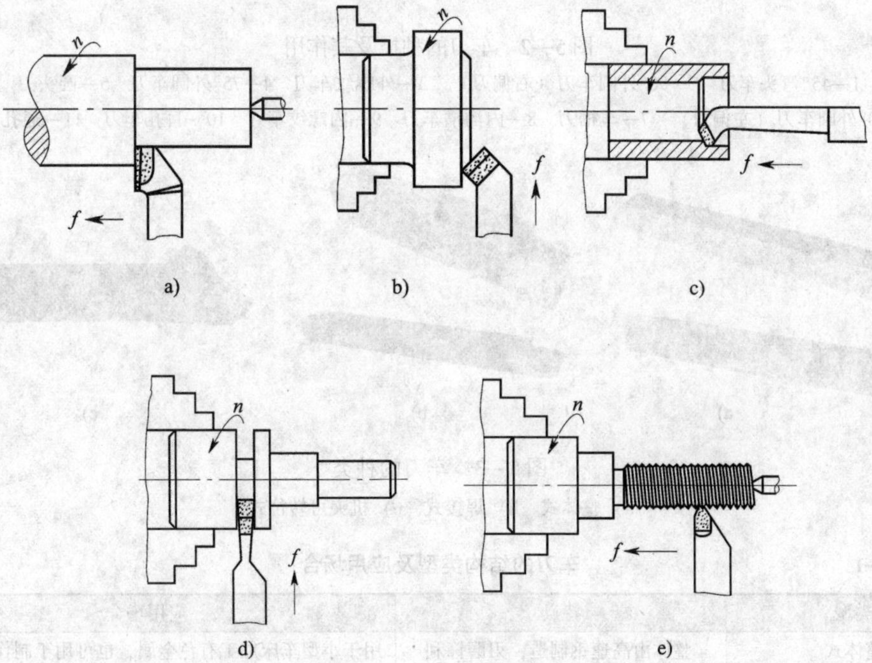

图 5—1 车削的主要内容

a）车外圆 b）车端面 c）车内孔 d）车槽、切断 e）车螺纹

车刀的种类很多，以车刀所车削的表面特征来划分，车刀有外圆车刀、端面车刀、切断（车槽）刀、内孔车刀、成形车刀、螺纹车刀等，如图 5—2 所示。

车刀按结构不同主要分为整体式车刀、焊接式车刀、机夹可转位车刀，如图 5—3 所示。目前常用的车刀多为焊接式车刀和机夹可转位车刀。车刀的结构类型及应用场合见表 5—1。

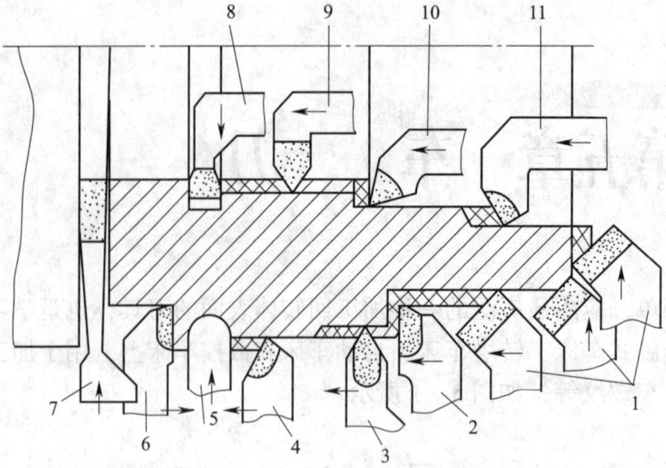

图5—2　车刀的种类及其作用

1—45°弯头车刀　2—90°外圆车刀（右偏刀）　3—外螺纹车刀　4—75°外圆车刀　5—圆头刀
6—90°外圆车刀（左偏刀）　7—车槽刀　8—内沟槽车刀　9—内螺纹车刀　10—盲孔车刀　11—通孔车刀

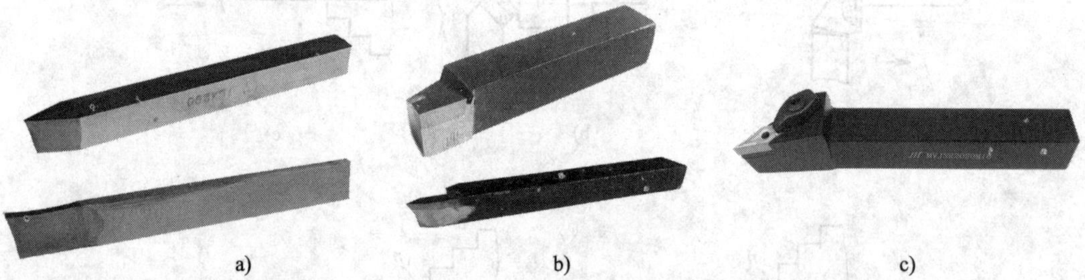

a)　　b)　　c)

图5—3　车刀的种类

a）整体式　b）焊接式　c）机夹可转位式

表5—1　　车刀的结构类型及应用场合

类型		特点	应用场合
整体式		整体由高速钢制造，刃磨锋利	用于小型车床加工有色金属，也可用于制作成形车刀
焊接式		焊接硬质合金刀片，结构紧凑，使用灵活	各类车刀，特别是小刀具
机械夹固式	机夹重磨式	避免了焊接式车刀的缺点，使用灵活、方便	各类车刀
	机夹可转位式	避免了焊接式车刀的缺点，效率高	特别适用于数控机床

第一节　焊接式车刀

焊接式车刀是由一定形状的刀片和刀柄通过焊接方式连接而成的。刀片一般选用各种不同牌号的硬质合金材料，刀柄材料常选用45钢，使用时根据具体需要进行刃磨。焊接式车刀的质量好坏及使用是否合理，与刀片牌号、刀片的型号、刀具的几何参数、刀柄槽的形状和尺寸、焊接工艺及刃磨质量等有着密切的关系。

一、焊接式车刀的特点

焊接式车刀的特点主要有以下几点：

1．结构简单，制造方便，刀具刚度高。

2．使用灵活，可根据使用要求随意刃磨。

3．刀片利用较充分。

4．切削性能较差。刀片经过高温焊接，切削性能有所下降。又由于硬质合金刀片与刀柄材料的线膨胀系数差别较大，刀片经焊接和刃磨的高温作用，因热应力的影响导致刀片产生微裂纹，容易造成崩刃。

5．辅助时间长。焊接式车刀换刀和对刀的时间较长，不适合自动机床、数控机床等自动化程度高的机床使用。

6．切削性能主要取决于刃磨的技术水平，与现代化生产不相适应。

7．刀柄不能重复使用，刀柄材料消耗较大。

目前焊接式车刀仍在普遍使用。

二、硬质合金焊接刀片型号和刀柄槽的形式

1．硬质合金焊接刀片型号

硬质合金焊接刀片型号（形状和尺寸）已标准化，制造企业按《硬质合金焊接车刀片》（YS/T 253—1994）和《硬质合金焊接刀片》（YS/T 79—2006）生产。使用时，应根据不同用途，选用合适的硬质合金牌号和刀片型号。表5—2所列为部分常用硬质合金焊接刀片的形式。

表5—2　常用硬质合金焊接刀片的形式

类型	刀片简图	主要尺寸（mm）	主要用途
A1	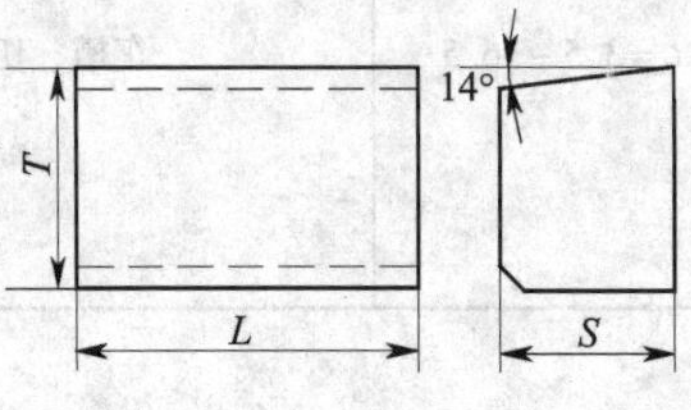	$L=6\sim70$	$\kappa_r<90°$的外圆车刀和内孔车刀、宽刃刀
A2	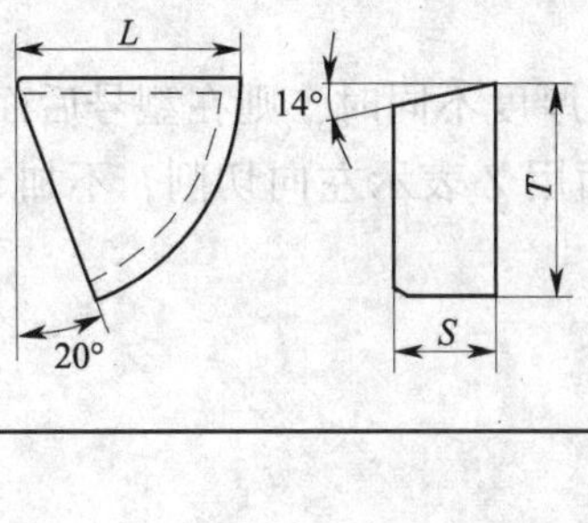	$L=8\sim25$	端面车刀、盲孔车刀

续表

类型	刀片简图	主要尺寸（mm）	主要用途
A3	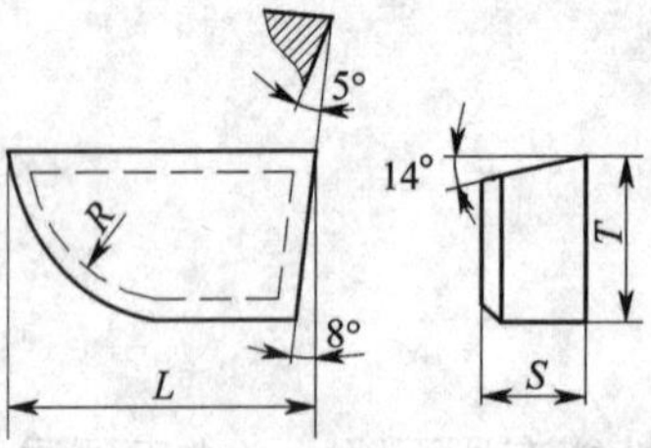	$L=10\sim40$	90°外圆车刀、端面车刀
A4	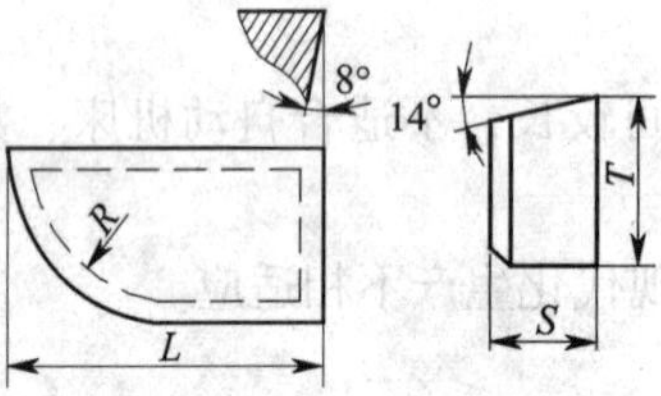	$L=6\sim50$	端面车刀、直头外圆车刀、内孔车刀
C1	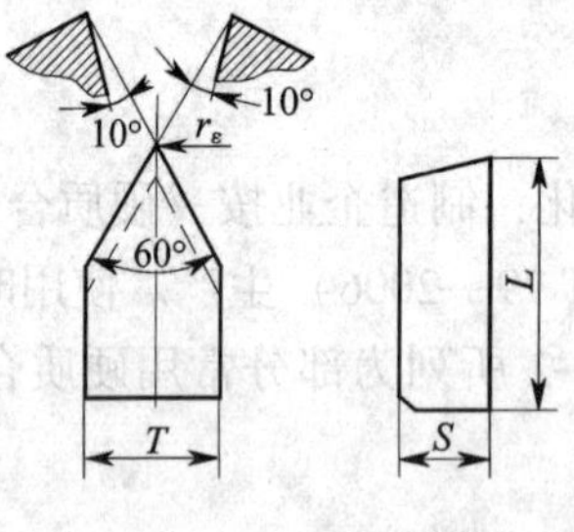	$L=10\sim25$	螺纹车刀
C3	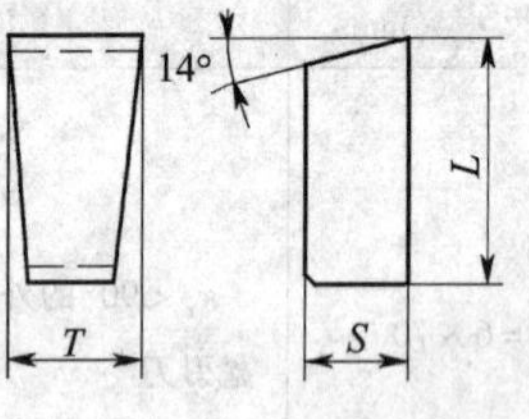	$L=3.5\sim16.5$	车槽、切断刀

焊接刀片型号由表示焊接刀片形式的大写英文字母和表示形状的数字代号与长度参数的两位整数（不足两位整数时前面加0）组成。

当焊接刀片长度参数相同，其他参数如宽度、厚度不同时，则在型号后面分别加 A、B 以示区别；当刀片分左、右向切削时，在型号后面用 Z 表示左向切削，不加 Z 则表示右向切削。

例：A320Z

表示 A3 型，$L=20$ mm，左向切削。

2. 刀柄槽的形式

焊接式车刀刀柄应根据刀片的形状和尺寸开出刀片安装槽，即刀柄槽。刀柄槽的形式主要有开口式、半封闭式和封闭式等，如图 5—4 所示。

图 5—4　刀柄槽的形式

a）开口式　b）半封闭式　c）封闭式

开口式刀柄槽制造简单，焊接面最小，焊接应力较小，应用广泛。用于 A1 等矩形刀片，易加工。

半封闭式刀柄槽用于 A2、A3、A4 等带圆弧的刀片。

封闭式刀柄槽焊接面积大，强度高，但焊接应力大，适用于 C1、C3 等底面积相对较小的刀片。

对于底平面积较小的刀片，刀柄槽还可以采用切口槽形式，如嵌入槽、V 形槽、燕尾槽形式等，以增加焊接面，提高结合强度。

三、刀片钎焊工艺简介

硬质合金刀片的焊接多采用钎焊工艺，其工艺过程是将焊接件和钎料加热到高于钎料熔点而低于母材熔点的温度，利用熔化后的钎料扩散渗透到焊接件，冷却后将焊接件牢固地连接在一起。

常用的钎料主要有以下几种：

1. 铜镍合金或纯铜

熔点为 1 000 ~ 1 200℃，允许的切削温度为 700 ~ 900℃，可用于大负荷切削的刀具焊接。

2. 铜锌合金或 105# 钎料

熔点为 900 ~ 950℃，允许的切削温度为 500 ~ 600℃，可用于中等负荷切削的刀具焊接。

3. 银铜合金或 106#、107# 钎料

熔点为 670 ~ 820℃，允许的切削温度不超过 400℃，适用于低钴高钛合金刀具的焊接。

焊接时还需用焊剂清除待焊表面的氧化物，改善润湿性，并保护焊层不被氧化。常用的焊剂有工业硼砂。

刀片焊接后应进行保温处理，以减小热应力的影响。通常将刀具置于 280 ~ 320℃ 的保温炉中保温 3 h，然后随炉或放入石灰粉中缓慢冷却。

〔工程应用〕

车削加工选刀实例

如图 5—5 所示的工件是一个回转体零件，需要加工的表面有球、外圆、外螺纹和倒角，适合用车削完成全部表面的加工。

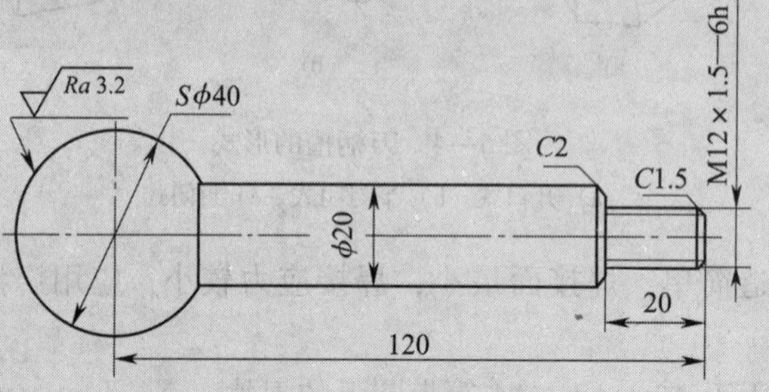

毛坯材料：45 钢；数量：1 件

图 5—5　车削典型工件

选刀：由于工件只有 1 件，所以车刀不分粗、精车；毛坯材料为 45 钢，考虑生产效率和刀具成本，选用硬质合金焊接式车刀，牌号为 YT 类；车刀种类根据工件表面形状选择，不同的表面采用不同的车刀，见表 5—3。

表 5—3　　刀具选用表

序号	工件表面	车刀名称	刀片型号	刀柄槽
1	球	圆头刀	B208	切口槽
2	外圆	外圆车刀	A340（粗、精车）	半封闭式
3	外螺纹	普通螺纹车刀	C116（粗、精车）	封闭式
4	倒角	45°弯头刀	A116	开口式

说明：结合前面所学的刀具知识，可以选定外圆车刀几何角度。

前角：$\gamma_o=10°$；主后角：$\alpha_o=8°$；副后角：$\alpha_o'=8°$。

主偏角：$\kappa_r=90°$；副偏角：$\kappa_r'=8°$。

刃倾角：$\lambda_s=0°$。

刃磨圆弧型断屑槽，及时断屑，保证车削顺利进行。

第二节 可转位车刀

一、可转位车刀的组成

可转位车刀是使用可转位刀片的机夹式车刀，由刀柄、夹紧机构、刀片及刀垫组成，如图 5—6 所示。刀片用钝后不重磨，只需松开夹紧装置，将刀片转过一个位置，重新夹紧后便可用新的刀刃继续进行切削。当全部刀刃都用钝后才更换新刀片。

图 5—6 可转位车刀的组成

1—刀柄 2—夹紧机构

3—刀片 4—刀垫

二、可转位车刀的优点

与焊接式车刀相比较，可转位车刀具有下列主要优点：

1. 刀具耐用度高

可转位车刀避免了焊接、刃磨过程中产生的热应力影响，硬质合金原有的切削性能不变，刀具耐用度比焊接车刀高一倍左右。

2. 生产效率高

刀片转位、更换方便，缩短了换刀、磨刀和调整刀具的时间。

3. 有利于新材料与新技术的研制、推广和应用

刀具减少了焊接环节，避免了焊接过程中高温作用的影响，为新型硬质合金的研制、开发和应用创造了条件，涂层刀片也得到了广泛应用。

4. 切削性能稳定，适合现代化生产的要求

刀具几何参数完全由刀片和刀柄上的刀槽保证，可有针对性地设计及制造出具有较佳几何参数的刀具，应用于自动化程度高的机床和数控机床上，能获得较佳的切削效果和较高的切削效率，并且不受操作者技术水平的影响。

5. 节省刀柄材料，降低刀具成本

焊接车刀一把刀柄只能焊接一次刀片，而一把可转位车刀的刀柄可使用几十片刀片，可节约大量刀柄材料。

由于具有上述优点，可转位刀具已成为刀具发展的一个重要方向，并得到广泛的应用。

三、可转位刀片型号与断屑槽类型

1. 可转位刀片型号

国家标准《切削刀具用可转位刀片型号表示规则》（GB/T 2076—2007）中规定：用九个代号表征刀片的尺寸及其他特性，代号由字母或数字按一定顺序排列组成。可转位刀片型号的表示规则及含义见表 5—4。

（1）刀片形状

刀片形状包括五种类别，即等边等角、等边不等角、不等边不等角、等角不等边、圆形。表示刀片形状的字母代号规定见表 5—5。

表 5—4　　可转位刀片型号的表示规则及含义

代号	1	2	3	4	5	6	7	8	9
表达特性	刀片形状	刀片 法后角	允许偏 差等级	夹固形式及 有无断屑槽	刀片长度	刀片厚度	刀尖角 形状	切削刃 截面形状	切削方向
说明	字母	字母	字母	字母	数字	数字	数字	字母	字母
示例	T	P	G	N	15	03	08	E	N
示例说明	正三角形	11°	精密级	有固定孔 无断屑槽	15.5 mm	3.18 mm	刀尖圆弧 半径 0.8 mm	倒圆刀刃	双向切削

表 5—5　　可转位刀片形状字母代号规定

刀片形状类别	代号	形状说明	刀尖角	示意图	刀片形状类别	代号	形状说明	刀尖角	示意图
等边等角	H	正六边形	120°		等边不等角	C		80°	
	O	正八边形	125°	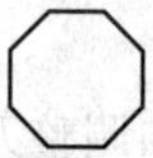		D		55°	
	P	正五边形	108°			E	菱形	75°	（刀尖角指较小的角）
	S	正方形	90°			M		86°	
	T	正三角形	60°			V		35°	
不等边不等角	P	不等边不等角六边形	82°	（刀尖角指最小的角）		W	等边不等角的六边形	80°	
	A	平行四边形	85°	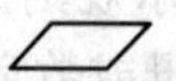（刀尖角指较小的角）	等角不等边	L	矩形	90°	
	B		82°						
	K		55°		圆形	R	圆形	—	

刀片边数多，则刀尖角大，强度高，散热条件好，同时切削刃也多，刀片利用率高。选用刀片时应根据不同的使用要求进行选择。例如，一般外圆车削常用80°等边不等角六边形和80°菱形刀片。仿形加工常用55°、35°菱形刀片或圆形刀片。在机床刚性、功率允许的条件下，大余量、粗加工时应选择刀尖角较大的刀片；反之，选择刀尖角较小的刀片。

(2) 法后角

表示刀片法后角大小的字母代号应符合表5—6的规定。

刀具后角靠刀片的倾斜安装形成。最常用的是N型刀片（$\alpha_n=0°$），0°法后角一般用于粗车、半精车；5°、7°、11°法后角一般用于半精车、精车、仿形加工及内孔加工。

表5—6　　　　可转位车刀刀片法后角

示意图	代号	法后角
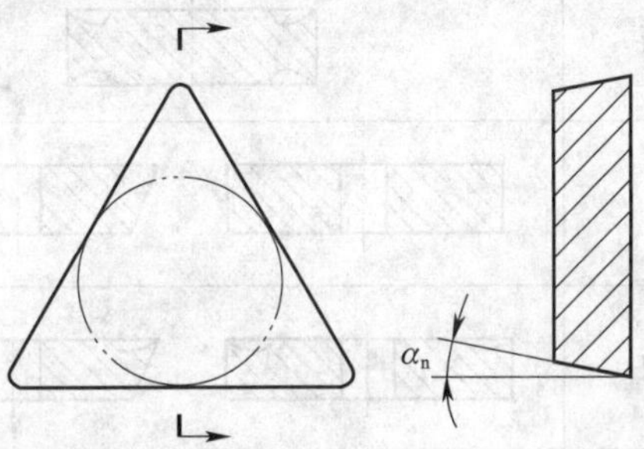	A	3°
	B	5°
	C	7°
	D	15°
	E	20°
	F	25°
	G	30°
	N	0°
	P	11°
	O	其他需专门说明的法后角

需要指出的是，如果所有的切削刃都用作主切削刃，不管法后角是否相同，则用较长一段切削刃的法后角来选择法后角代号。这段切削刃也作为主切削刃，表示刀片长度。

(3) 允许偏差等级

刀片主要尺寸包括d（刀片内切圆直径）、s（刀片的厚度）和m（刀尖位置尺寸）。需要注意的是，不同情况下的刀尖位置尺寸m值有所不同，如图5—7所示。

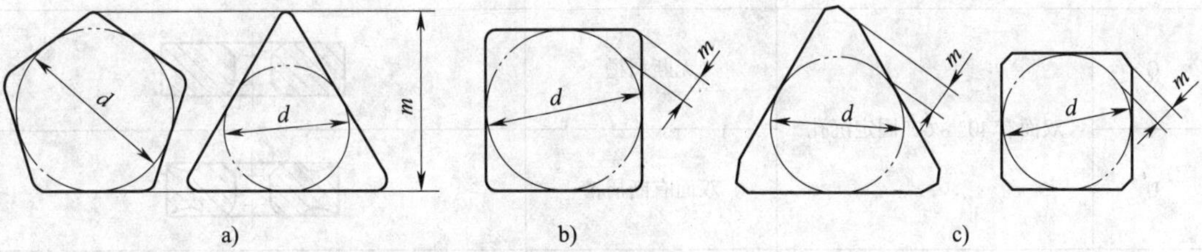

图5—7　不同情况下的刀尖位置尺寸m

a）刀片边为奇数，刀尖为圆角　b）刀片边为偶数，刀尖为圆角　c）带修光刃的刀片

可转位刀片主要尺寸允许偏差分为12个等级，代号分别为A、F、C、H、E、G、J、K、L、M、N、U，相关内容可查阅GB/T 2076—2007。其中U级为普通级，J、K、L、M、N级为中等级，A、F、C、H、E、G都为精密级；M级使用较多。

普通车床粗加工、半精加工用U级，对刀尖位置要求较高的或数控车床用M级，要求更高的用G级。

（4）夹固形式及有无断屑槽

根据夹固形式及有无断屑槽，刀片类型共有15种，见表5—7。带孔刀片一般利用孔来夹紧，无孔刀片则采用上压式夹紧，其示意图如图5—8所示。

表5—7　　可转位车刀刀片类型及代号

代号	固定方式	断屑槽	示意图
N	无固定孔	无断屑槽	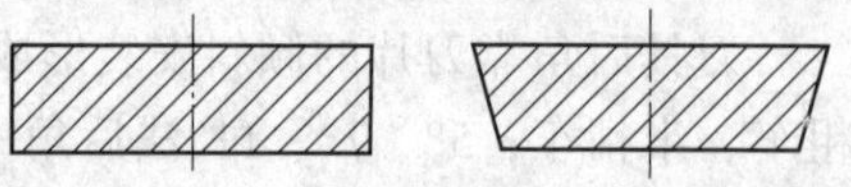
R	无固定孔	单面有断屑槽	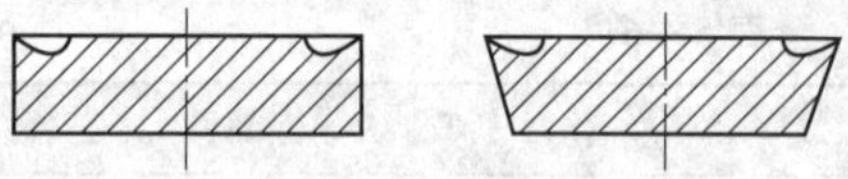
F	无固定孔	双面有断屑槽	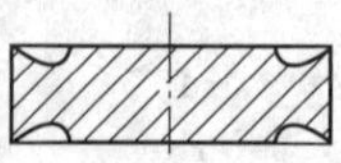
A	有圆形固定孔	无断屑槽	
M	有圆形固定孔	单面有断屑槽	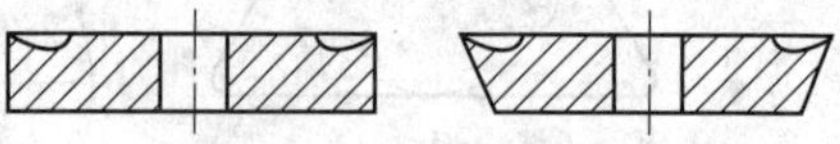
G	有圆形固定孔	双面有断屑槽	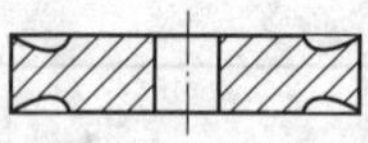
W	单面有40°～60°固定沉孔	无断屑槽	
T	单面有40°～60°固定沉孔	单面有断屑槽	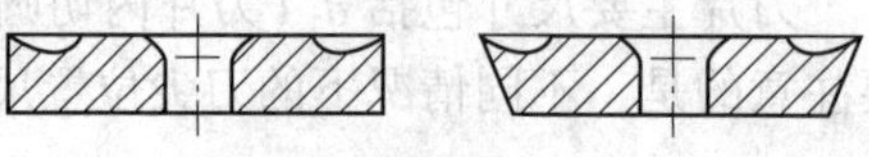
Q	双面有40°～60°固定沉孔	无断屑槽	
U	双面有40°～60°固定沉孔	双面有断屑槽	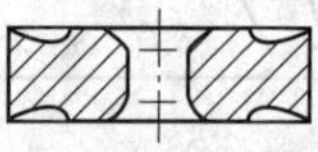
B	单面有70°～90°固定沉孔	无断屑槽	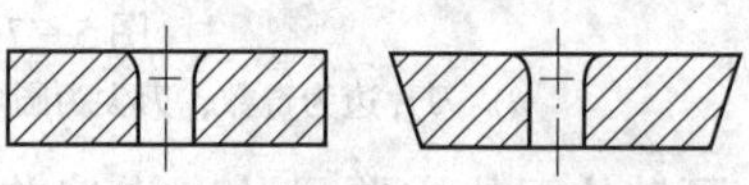
H	单面有70°～90°固定沉孔	单面有断屑槽	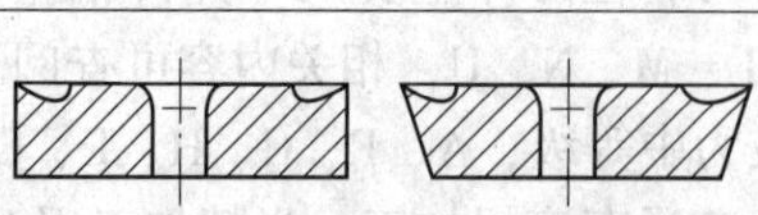

续表

代号	固定方式	断屑槽	示意图
C	双面有 70°～90°固定沉孔	无断屑槽	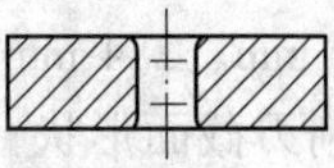
J	双面有 70°～90°固定沉孔	双面有断屑槽	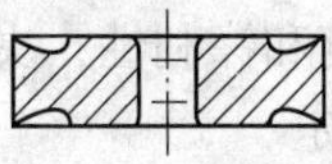
X	其他固定方式和断屑槽形式，需附图形或加以说明		—

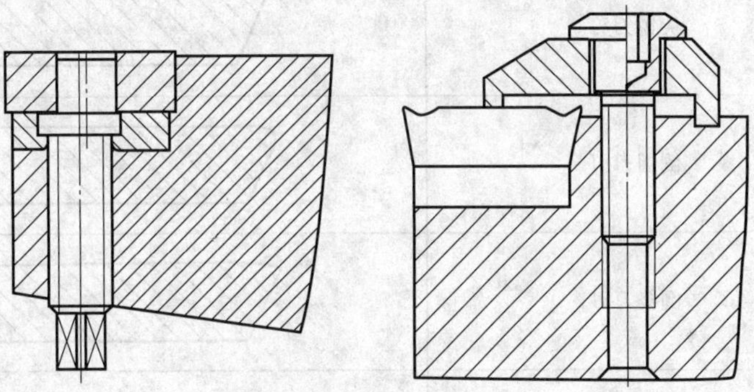

图 5—8　带孔刀片和无孔刀片的夹紧示意图

a）带孔刀片　b）无孔刀片

（5）刀片长度

刀片长度用两位数字表示，选取舍去小数部分的刀片切削刃长度或较长边的尺寸值作为代号，例如，切削刃长度为 16. 5 mm，则数字代号为 16。若舍去小数部分后只剩下一位数字，则必须在数字前加“0”。例如，切削刃长度为 9. 525 mm，则数字代号为 09。

刀片长度应根据背吃刀量进行选择，一般开口式刀片切削刃长度应大于等于 $1.5a_p$，封闭式刀片切削刃长度应大于等于 $2a_p$。

（6）刀片厚度

刀片厚度是指刀尖切削面与对应的刀片支撑面之间的距离。刀片厚度用两位数字表示，选取舍去小数部分的刀片厚度值表示。若舍去小数部分后只剩下一位数字，则必须在数字前加“0”。例如，刀片厚度为 3. 18 mm，则代号为 03。

刀片厚度的选用原则是使刀片有足够的强度来承受切削力，通常是根据工件材料的强度、背吃刀量和进给量的大小来选用，即根据切削力的大小确定。当切削力较大时刀片厚度相应大些。

（7）刀尖角形状

刀尖角形状用两位数字表示，即用省去小数点的圆弧半径毫米数表示。例如，刀尖圆弧半径为 0. 3 mm，代号为 03；刀尖圆弧半径为 1. 2 mm，代号为 12；若为尖角或圆形刀片，则代号为00。

粗车时只要刚度允许，应尽可能采用较大的刀尖圆弧半径，精车时一般用较小的刀尖圆弧半径，不过当刚度允许时也应选取较大值，常用的压制成形的刀尖圆弧半径有0.4 mm、0.8 mm、1.2 mm、2.4 mm等。

（8）切削刃截面形状

可转位刀片切削刃截面形状反映了刀具刃口形状，它是前面和后面之间的过渡段，影响着刀刃的强度和锋利性，决定着刀具的耐用度。表示刀片切削刃截面形状的字母代号应符合表5—8的规定。

表5—8　　可转位刀片切削刃截面形状的字母代号

代号	刀片切削刃截面形状	示意图
F	尖锐刀刃	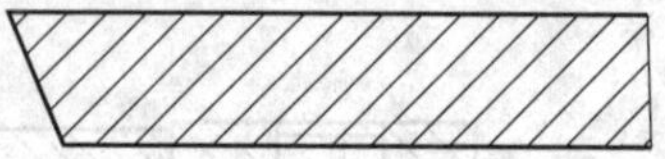
E	倒圆刀刃	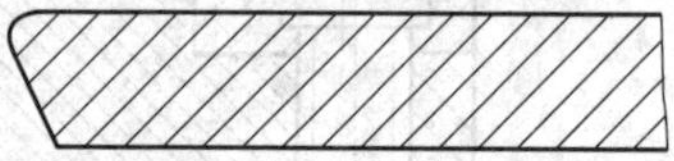
T	倒棱刀刃	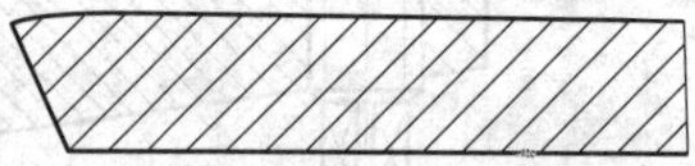
S	既倒棱又倒圆刀刃	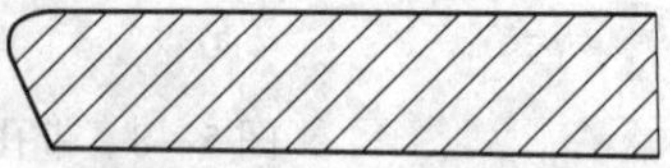
Q	双倒棱刀刃	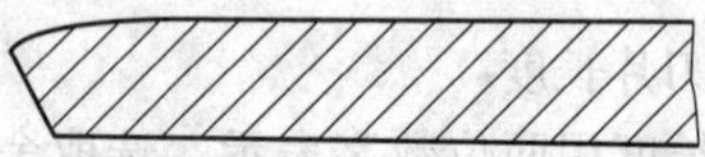
P	既双倒棱又倒圆刀刃	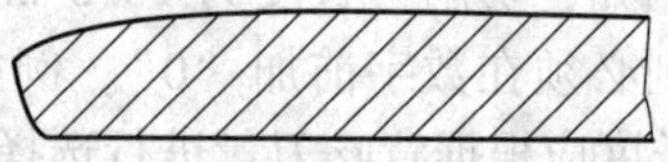

对于不同用途应采用不同的切削刃截面形状。例如，尖锐刀刃（F）切削力最小，但强度最低，常用于切削塑性材料及精整加工；倒圆刀刃（E）刀具材料表面薄涂层后保护切削刃，常用于有中断钢件的切削；倒棱刀刃（T）具有较大稳定性，能承受较大切削力，可用于切削淬火钢和硬铸件等；既倒棱又倒圆刀刃（S）加工安全性最高，可用于疑难切削。

（9）切削方向

可转位刀片的切削方向决定着刀具的进给方向和具体应用，包括右切（R）、左切（L）和双向（N）三种。

2. 断屑槽类型

断屑槽直接影响切屑的卷曲和折断，刀片断屑槽形式较多（见表5—9），各种断屑槽刀片的使用情况不尽相同。

表 5—9　　　　　　　　　　可转位刀片断屑槽类型

代号	断屑槽类型举例	代号	断屑槽类型举例	代号	断屑槽类型举例	代号	断屑槽类型举例	备注
A		Y		K		H	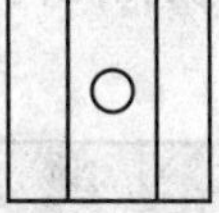	
J	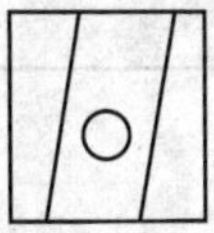	U		Z		V	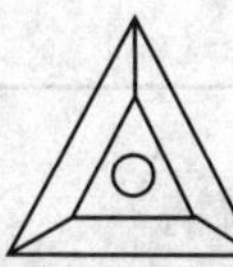	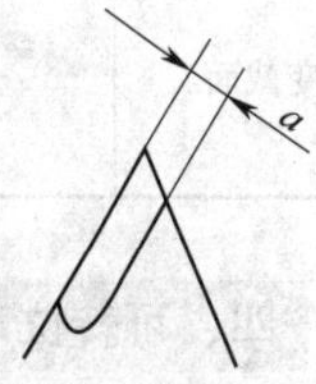
M		W	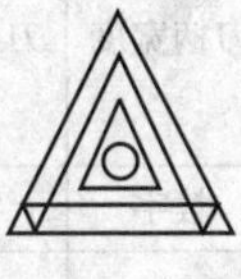	G	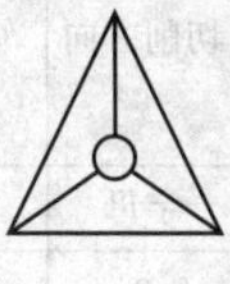	P		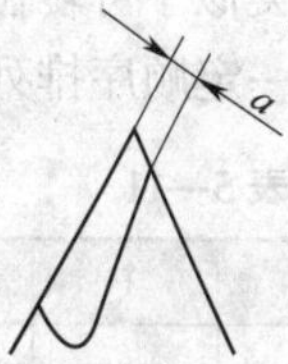 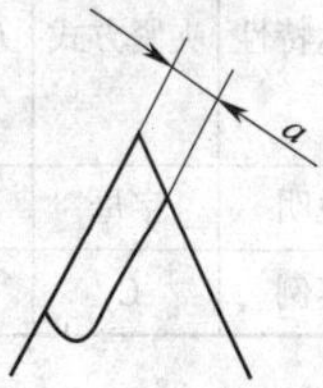 $a=1$、2、3、4、5、6、7
B		O	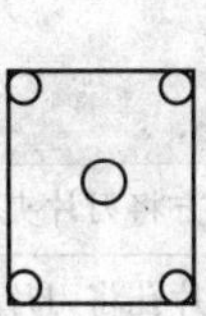	D	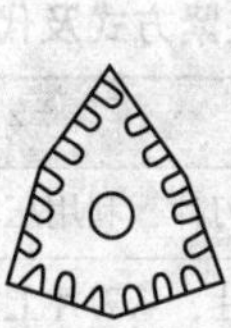	C		

根据结构特点，断屑槽可分为开口式和封闭式两大类。其中 A、Y、K、H 等为开口槽型，主要特点是断屑槽一端或两端开通，保证主切削刃获得较大前角，但刀尖强度较低，断屑范围较窄，多用于切削用量变化不大的场合，且左切、右切两种刀片不能混用。V、M、W、G 等为封闭式槽型，其主要特点是断屑槽不开通，刀尖强度高，左、右切削刃角度相等，断屑范围宽，但切削力较大，要求机床精度高。

根据断屑槽截面形状和几何角度特点，断屑槽又可分为三种，其特点见表 5—10。

表 5—10　　三种断屑槽槽型

槽型	代　号	特　点
正前角、零刃倾角	A、Y、K、V、M、W 型等	切削刃上各点前角相同，槽型简单，常用槽型
正前角、正刃倾角	C 型	刀片制出 6°刃倾角，减小了背向力
变截面	U、P、B 型等	切削刃上各点槽深、槽宽、刃倾角不同，槽型复杂，但能改善断屑效果，切屑不飞溅，断屑稳定，应用范围较广泛

四、可转位车刀刀柄

类似于可转位车刀刀片，其刀柄的型号有 10 个号位，同样由代表一定意义的字母和数字按一定顺序排列而成，见表 5—11。

表 5—11　　刀柄型号

号位	1	2	3	4	5	6	7	8	9	10
表达特性	夹紧方式	刀片形状	车刀头部形式	刀片法后角	切削方向	车刀高度	刀柄宽度	刀柄长度	刀刃边长	精密级车刀的测量基准
说明	字母	字母	字母	字母	字母	数字	数字	字母	数字	字母
实例	C	T	G	N	R	32	25	M	16	Q

刀柄型号的第二号位、第四号位、第五号位、第九号位与刀片型号中有关代号意义相同。

第一号位用一个字母表示车刀或刀夹上刀片的夹紧方式，见表 5—12。

表 5—12　　夹紧方式及代号

代号	夹紧方式
C	装无孔刀片，利用压板从刀片上方将刀片夹紧
M	装圆孔刀片，从刀片上方并利用刀片孔将刀片夹紧
P	装圆孔刀片，利用刀片孔将刀片夹紧
S	装沉孔刀片，用螺钉直接穿过刀片孔将刀片夹紧

第三号位用一个字母表示车刀或刀夹的头部形式，共20种，见表5—13。

表5—13　　车刀头部形式

代号	头部形式	代号	头部形式	代号	头部形式	代号	头部形式
A	90°直头侧切	F	90°偏头端切	L	95°偏头侧切及端切	T	60°偏头侧切
B	75°直头侧切	G	90°偏头侧切	M	50°直头侧切	U	93°偏头端切
C	90°直头端切	H	107.5°偏头侧切	N	63°直头侧切	V	72.5°直头侧切
D	45°直头侧切	J	93°偏头侧切	R	75°偏头侧切	W	60°偏头端切
E	60°直头侧切	K	75°偏头端切	S	45°偏头侧切	Y	85°偏头端切

第六号位、第七号位均由两位数分别表示车刀高度和刀柄宽度，如果数值不足两位数，则在该数前加“0”。

第八号位用一个字母表示车刀刀柄长度，共23种，见表5—14。

表5—14　　刀柄长度　　mm

代号	A	B	C	D	E	F	G	H	J	K	L	M
长度	32	40	50	60	70	80	90	100	110	125	140	150
代号	N	P	Q	R	S	T	U	V	W	X		Y
长度	160	170	180	200	250	300	350	400	450	特殊尺寸		500

第十号位用一个字母表示不同测量基准的精密级车刀，共3种，见表5—15。

表5—15　　不同测量基准的精密级车刀代号

代号	Q	F	B
测量基准	外侧面和后端面	内侧面和后端面	内、外侧面和后端面
图示	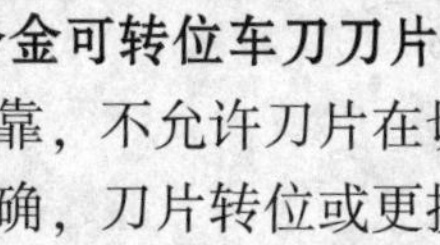	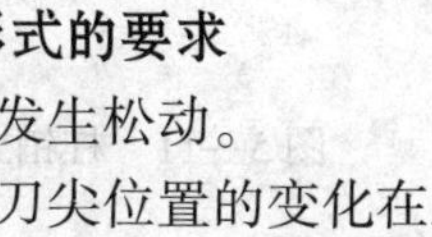	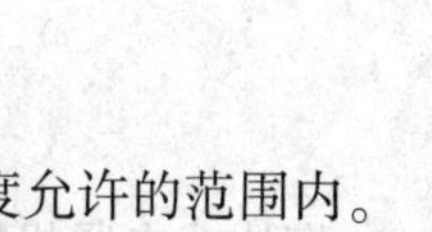

五、可转位车刀刀片的夹紧形式

1. 对硬质合金可转位车刀刀片夹紧形式的要求

(1) 夹紧可靠，不允许刀片在切削时发生松动。

(2) 定位精确，刀片转位或更换时，刀尖位置的变化在工作精度允许的范围内。

(3) 结构简单，操作方便，以减少转位或更换刀片的时间。

(4) 夹紧元件不应妨碍切屑的流出及切屑流出时不会擦坏夹紧元件。

2. 常见的刀片夹紧机构

为适应不同的应用范围，人们设计了各种不同的刀片装夹方式。常见的夹紧机构有偏心式、杠杆式、杠销式、楔块式、上压式。

（1）偏心式夹紧机构（见图5—9）

此机构采用了螺纹偏心销。工作原理是以螺钉部分为转轴，利用螺钉上端的偏心圆柱压紧刀片。特点是元件少，结构简单、紧凑，但制造精度要求较高。

（2）杠杆式夹紧机构（见图5—10）

此机构利用压紧螺钉挤压杠杆，杠杆压紧刀片。特点是夹紧可靠，拆卸方便，但杠杆制造难度较大。

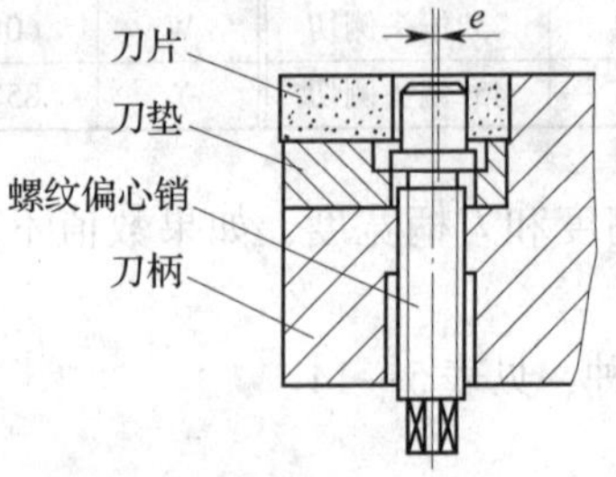

图5—9　偏心式夹紧

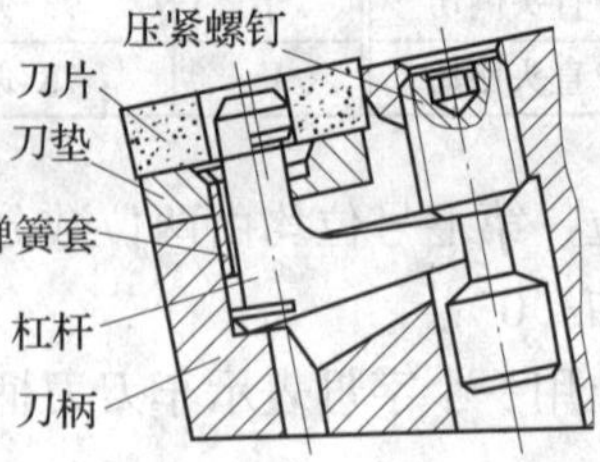

图5—10　杠杆式夹紧

（3）杠销式夹紧机构（见图5—11）

此机构在杠销下端用螺钉加力，使杠销绕支点旋转将刀片夹紧。特点是结构简单，易于制造，但装卸刀片不如杠杆式方便。

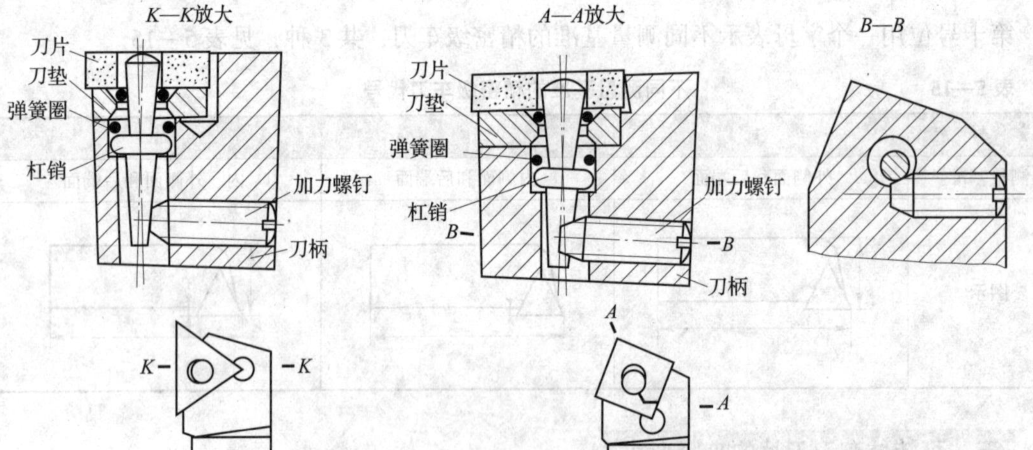

图5—11　杠销式夹紧

（4）楔块式夹紧机构（见图5—12）

此机构用螺钉压楔块，通过楔块将刀片挤压在圆柱销上，松开螺钉时，弹簧垫圈将楔块抬起。特点是结构简单，制造容易，但定位精度较差。

（5）上压式夹紧机构（见图5—13）

此机构用于不带孔刀片的夹紧。特点是夹紧可靠，装卸容易，但排屑会受一定的影响。

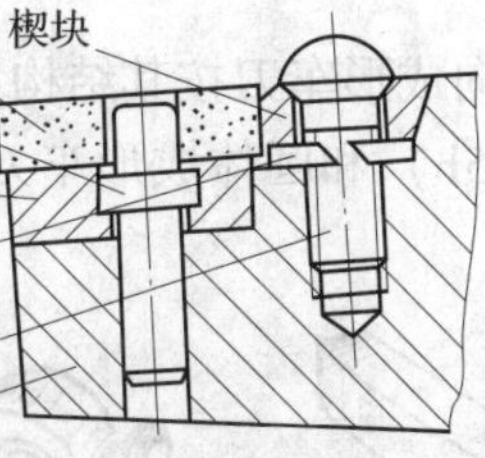

图 5—12　楔块式夹紧

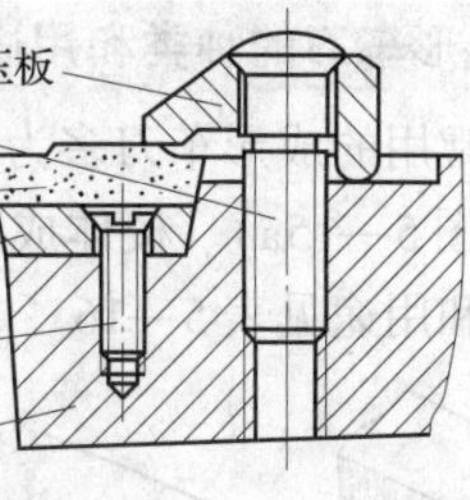

图 5—13　上压式夹紧

六、使用硬质合金可转位车刀的注意事项

1. 正确装夹刀片

安装刀片时应使刀片底面与刀垫接触良好；否则，切削时刀片因受力不均匀而容易碎裂。另外，由于夹紧机构设计时多考虑了切削力对夹紧的作用，因此，夹紧刀片时夹紧力不必太大，否则，会将刀片夹碎裂并损坏夹紧元件。

2. 合理选择切削用量

可转位刀片的几何参数是根据一定的切削用量设计及制造的，使用时应注意满足刀片的使用条件，以达到最佳的切削效果和断屑效果。

3. 合理修研刀刃和刀尖

可转位刀片通常不重磨，但使用时可根据刀片状况、切削条件与情况对刀刃和刀尖做适当的修研，以保证切削效果和提高刀具耐用度。

第三节　成形车刀

成形表面的加工按所使用的刀具不同，通常有两种方法，一种是采用普通车刀车削，如图 5—14a 所示；另一种是采用成形车刀车削，如图 5—14b 所示。

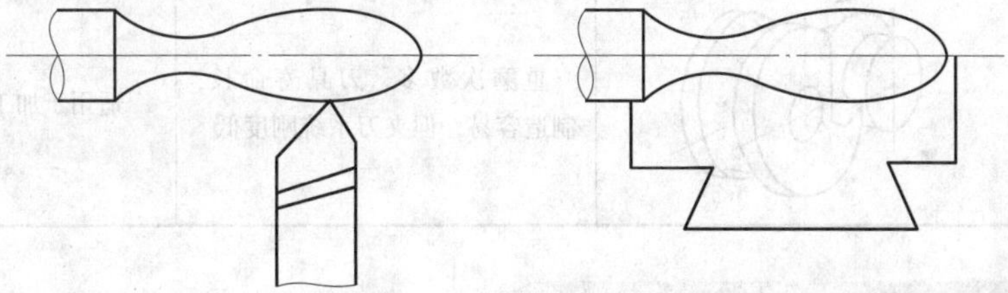

图 5—14　成形面的车削方法

根据工件形状、尺寸专门设计及制造切削刃形的车刀称为成形车刀，也称为样板刀。

应用成形车刀能一次进给车出成形表面，易于保证稳定的形状精度，操作简便，对操作者的技术水平要求不高，刀具刃磨简单，生产效率高。但刀具制造成本较高。

当然，目前成形表面的加工通常采用数控机床来完成，但在某些条件下，成形车刀仍能发挥其特殊的作用。

一、成形车刀的种类和用途

生产中常用的成形车刀多为径向成形车刀。径向成形车刀按其结构和形状可分为平体成形车刀（见图5—15a）、棱体成形车刀（见图5—15b）和圆体成形车刀（见图5—15c）三种，其特点和用途见表5—16。

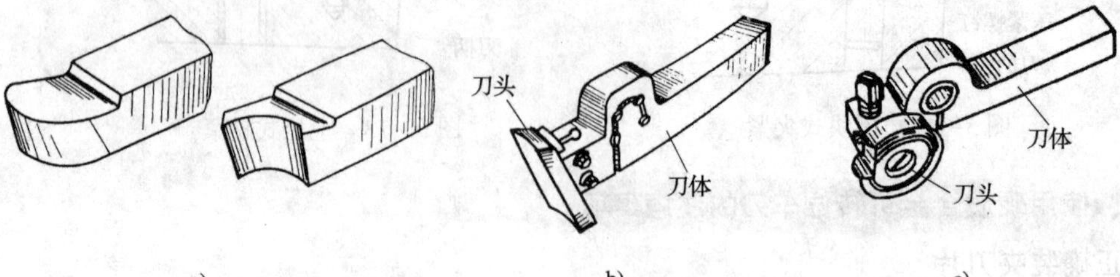

a)　　b)　　c)

图5—15　成形车刀的种类

a）平体成形车刀　b）棱体成形车刀　c）圆体成形车刀

表5—16　　**成形车刀的类型、特点和用途**

类型	简图	特点	用途
平体成形车刀	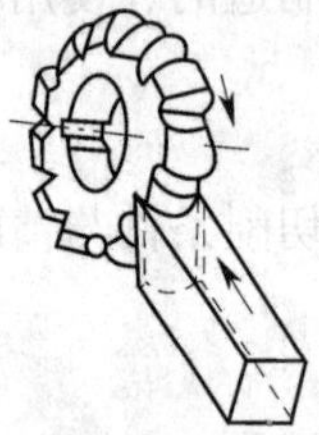	制造简单，但重磨次数少	适用于加工较简单的成形表面
棱体成形车刀	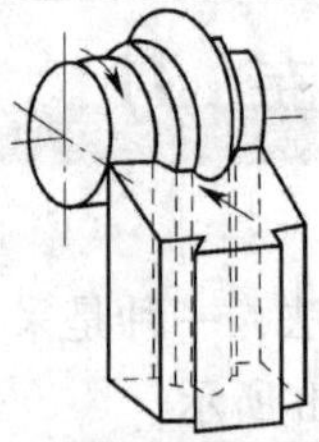	刀刃强度高，散热条件好，加工精度高	适用于加工外成形面和锥面
圆体成形车刀	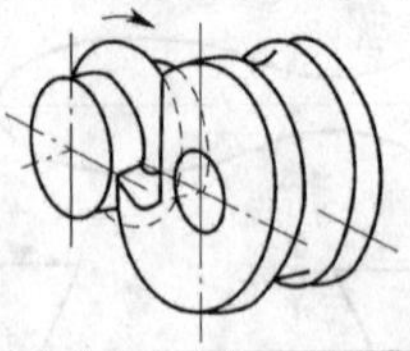	重磨次数多，刀具寿命长，制造容易，但夹刀系统刚度低	适用于加工内、外成形面

二、成形车刀前角、后角的表示和形成

和普通车刀一样，成形车刀应具有合理的几何角度才能有效地工作。鉴于结构的原因，成形车刀主要考虑的角度是前角和后角。

1. 前角、后角的表示

由于成形车刀的刀刃复杂，为了方便角度的测量、制造、刃磨，并使角度大小不受复杂刃形的影响，规定以进给平面内的角度（γ_f和α_f）来表示，并以刀刃上与工件中心等高且距工件中心最近一点（基准点A）处的前角和后角作为刀具的名义前角和后角，如图5—16所示。

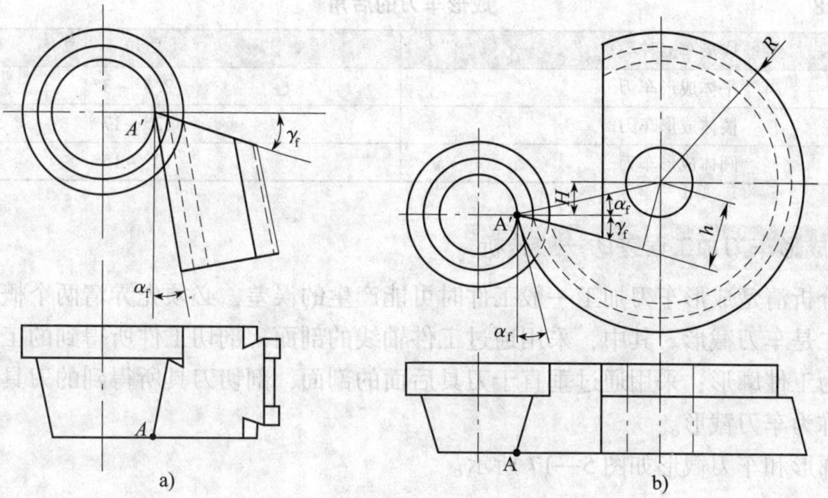

图 5—16　成形车刀的前角和后角
a) 棱体形　b) 圆体形

2. 前角、后角的形成

成形车刀的前角和后角是由制造时保证，并通过正确安装形成的。

对于棱体成形车刀，制造时将前面磨出（$\gamma_f+\alpha_f$）的斜面；安装时，将棱体成形刀的刀体倾斜 α_f，便得到所需的前角、后角，如图 5—16a 所示。

对于圆体成形车刀，制造时将车刀的前面制成与其中心相距 h [$h=R\sin(\gamma_f+\alpha_f)$]，安装时使车刀中心高于工件中心 $H=R\sin\alpha_f$ 即可，如图 5—16b 所示。

成形车刀前角和后角的大小不仅影响刀具的切削性能，而且还影响工件廓形的加工精度。因此，确定了前角和后角后，在制造、重磨、安装时均不得随意变动。成形车刀前角的大小可根据工件材料选择，见表 5—17；后角则根据刀具类型而定，见表 5—18。

表 5—17　　成形车刀的前角

工件材料		前角 γ_f	
		高速钢	硬质合金
碳钢	$R_m<0.49$ GPa	15°~20°	10°~15°
	$R_m=0.49\sim0.7849$ GPa	10°~15°	5°~10°
	$R_m=0.7849\sim1.176$ GPa	5°~10°	0°~5°
铸铁	<150HBW	15°	10°
	150~200HBW	12°	7°
	200~250HBW	8°	4°
铜	黄铜	3°~10°	0°~5°
	青铜	2°~5°	0°~3°
	纯铜	20°~25°	15°~20°

表 5—18　　　　成形车刀的后角

成形车刀种类	后角 α_f
平体成形车刀	2. 5° ~3°
棱体成形车刀	12° ~17°
圆体成形车刀	10° ~15°

三、成形车刀加工误差的一般分析

要想分析清楚成形车刀加工一般工件时可能产生的误差，必须先弄清两个概念：一是工件廓形，二是车刀截形。其中，采用通过工件轴线的剖面，剖切工件所得到的工件的形状和尺寸，称为工件廓形；采用通过垂直于刀具后面的剖面，剖切刀具所得到的刀具截面的形状和尺寸，称为车刀截形。

工件廓形和车刀截形如图 5—17 所示。

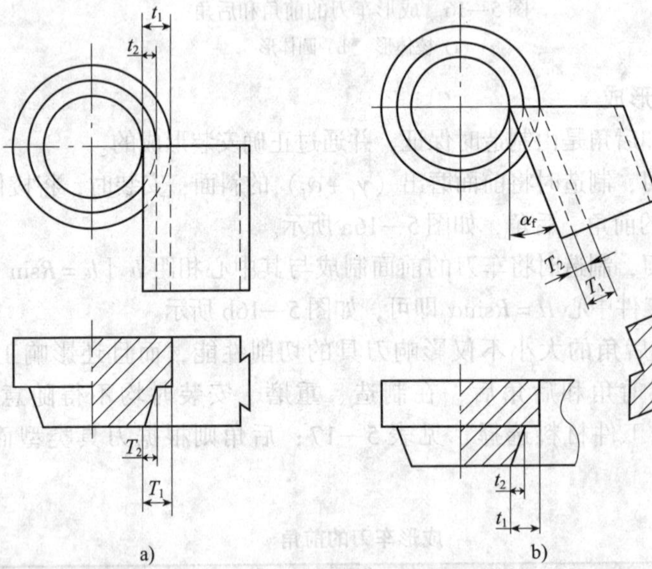

图 5—17　工件廓形与车刀截形间的关系

a）$\gamma_f=0°$、$\alpha_f=0°$　b）$\gamma_f=0°$、$\alpha_f>0°$

由图 5—17 不难看出，成形车刀的前角、后角不同时为零时，工件的廓形深度（t）和刀具的截形深度（T）不等，工件的廓形深度大于刀具的截形深度，且前角、后角越大，这两个深度尺寸相差越大。

当成形车刀的前角、后角同时为零时，工件的廓形和刀具的截形完全相同，但这种成形车刀不能正常工作，只有后角大于 0°的成形车刀才能工作。只有前角、后角合理的成形车刀才能有效地进行工作。

因此，为了保证能切出正确的工件廓形，必须对成形车刀的截形进行逐点修正计算。而实际设计时，往往为了简化计算，做了近似处理。例如，加工带有锥体的成形车刀，若刀刃直接采用直线截形，而未采用应有的内凹双曲线，则在切削加工时，工件上被多切去一部分材料，使原本应为直线的母线，变成了内凹双曲线，产生了双曲线误差。

四、成形车刀的使用

1. 成形车刀安装的注意事项

成形车刀安装的正确与否会影响零件的加工精度，因此安装时应注意以下四点：

(1) 车刀装夹必须牢固。

(2) 刀刃上外缘点（刀具基准点）应对准工件中心。

(3) 成形车刀的定位基准应与零件轴线平行。

(4) 刀具安装后获得的前角和后角应符合设计时所规定的参数。

2. 成形车刀的安装

(1) 棱体成形车刀的安装（见图5—18a）

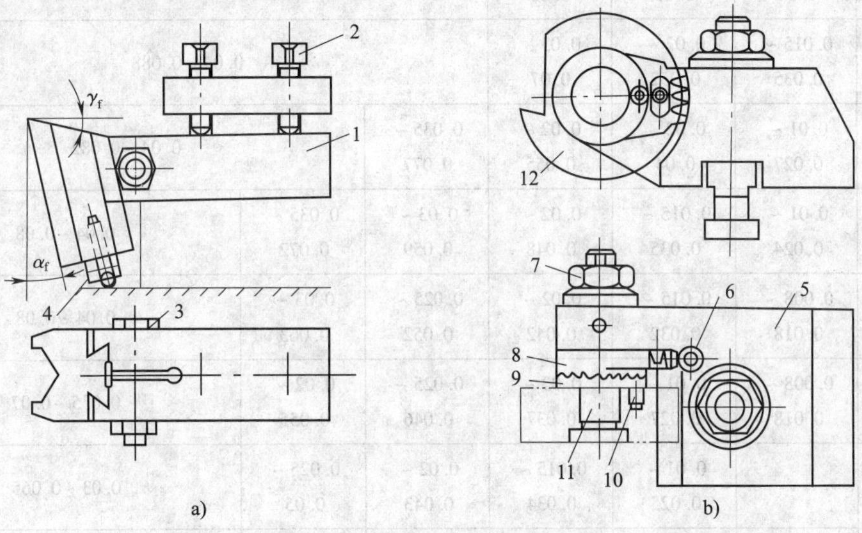

图5—18　成形车刀的装夹

a）棱体成形车刀的安装　b）圆体成形车刀的安装

1—刀柄　2、3—夹紧螺钉　4—螺钉　5—刀体　6—蜗杆　7—锁紧螺母　8—扇形板　9—齿环　10—定位销　11—螺杆　12—圆体成形车刀

棱体成形车刀以其燕尾的底面和侧面作为定位基准面，安装在倾斜角度为 α_f 的刀夹燕尾槽内，用刀具下端的螺钉4将刀尖（刀刃上最外缘的一点）调整到与工件中心等高，拧紧螺钉3即可将刀具夹紧在刀夹上。

(2) 圆体成形车刀的安装（见图5—18b）

圆体成形车刀以内孔为定位基准安装在刀夹的螺杆11上，刀具的一端制有径向端面齿环9。齿环9与扇形板8的端面齿相啮合，转动端面齿可以粗调刀尖的高低，还可防止车刀因受切削力作用而发生转动。转动与扇形板相啮合的蜗杆6，扇形板使车刀绕心轴旋转，实现刀尖高度的精调。锁紧螺母7用于将车刀夹紧。

3. 切削用量的选择

成形车刀车削时，切削用量的选择主要是考虑进给量和切削速度的合理选择，以免造成振动及刀具耐用度下降。切削速度的选择见表5—19，进给量的选择可参考表5—20。

表 5—19　　成形车刀切削速度的参考数值　　m/min

碳钢			不锈钢	黄铜	铝
15 钢	35 钢	45 钢	1Cr18Ni9Ti		
30 ~ 45	25 ~ 40	25 ~ 35	10 ~ 15	70 ~ 120	100 ~ 180

表 5—20　　成形车刀进给量的参考数值

车刀宽度（mm）	工件直径（mm）							
	10	15	20	25	30	40	50	60 ~ 100
	进给量 *f*（mm/r）							
8	0.02 ~ 0.04	0.02 ~ 0.06	0.03 ~ 0.08	0.04 ~ 0.09				
10	0.015 ~ 0.035	0.02 ~ 0.052	0.03 ~ 0.07	0.04 ~ 0.088				
15	0.01 ~ 0.027	0.02 ~ 0.04	0.02 ~ 0.055	0.035 ~ 0.077	0.04 ~ 0.082			
20	0.01 ~ 0.024	0.015 ~ 0.035	0.02 ~ 0.048	0.03 ~ 0.059	0.035 ~ 0.072	0.04 ~ 0.08		
25	0.008 ~ 0.018	0.015 ~ 0.032	0.02 ~ 0.042	0.025 ~ 0.052	0.03 ~ 0.063	0.04 ~ 0.08		
30	0.008 ~ 0.018	0.01 ~ 0.027	0.02 ~ 0.037	0.025 ~ 0.046	0.02 ~ 0.055	0.035 ~ 0.07		
35	—	0.01 ~ 0.025	0.015 ~ 0.034	0.02 ~ 0.043	0.025 ~ 0.05	0.03 ~ 0.065		
40	—	0.01 ~ 0.023	0.015 ~ 0.031	0.02 ~ 0.039	0.02 ~ 0.046	0.03 ~ 0.06		
50	—	—	0.01 ~ 0.027	0.015 ~ 0.034	0.02 ~ 0.04	0.025 ~ 0.055		
60	—	—	0.01 ~ 0.025	0.015 ~ 0.031	0.02 ~ 0.07	0.025 ~ 0.05		
75	—	—	—	—	0.015 ~ 0.031	0.02 ~ 0.042	0.025 ~ 0.048	0.025 ~ 0.05
90	—	—	—	—	0.01 ~ 0.028	0.015 ~ 0.038	0.02 ~ 0.048	0.025 ~ 0.05
100	—	—	—	—	0.01 ~ 0.025	0.015 ~ 0.034	0.02 ~ 0.042	0.025 ~ 0.05

4. 成形车刀的重磨

成形车刀磨损后，一般通过夹具在工具磨床上沿前面进行重磨。重磨的基本要求是保持设计时的前角和后角数值。

重磨时，棱体成形车刀在夹具中的安装位置应使它的前面与碗形砂轮的工作端面平行，圆体成形车刀应使其中心与砂轮工作端面偏移 h，且 $h = R\sin(\gamma_f + \alpha_f)$，如图 5—19 所示。

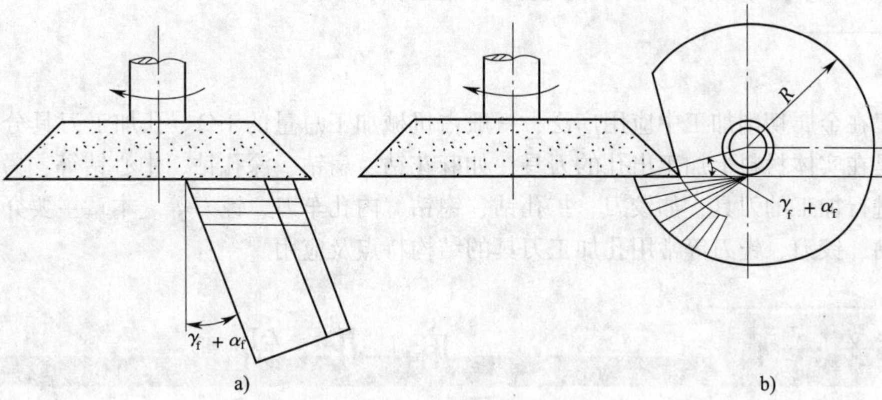

图 5—19　成形车刀重磨

a）重磨棱体成形车刀　b）重磨圆体成形车刀

［提示］

一般来说，成形车刀、成形铣刀、拉刀、齿轮滚刀、插齿刀成形刀具磨损后的重磨均沿前面进行。

第六章 孔加工刀具

孔加工在金属切削加工中应用广泛，一般占机械加工总量的1/3。孔加工刀具分为两大类：一类是在实体材料上加工出孔的刀具，如麻花钻、扁钻、深孔钻、中心钻等；另一类是对已有孔进行加工的刀具，如铰刀、扩孔钻、锪钻、内孔车刀、镗刀等。本章主要介绍麻花钻、深孔钻、铰刀、镗刀等常用孔加工刀具的结构特点及应用。

第一节 麻 花 钻

麻花钻是应用最为广泛的孔加工刀具，可用来钻孔和扩孔。由于具有良好的导向性能，麻花钻可在车床、铣床和钻床上使用。麻花钻一般由高速钢或硬质合金制作。高速钢麻花钻加工精度可达 IT13 ~ IT11，表面粗糙度为 *Ra*25 ~ 6. 3 μm；硬质合金麻花钻加工精度可达 IT11 ~ IT10，表面粗糙度为 *Ra*12. 5 ~ 3. 2 μm。

一、麻花钻的结构组成及作用

1. 麻花钻的组成及作用

麻花钻的形状为螺旋状。标准麻花钻由柄部、颈部、工作部分组成，如图 6—1 所示。

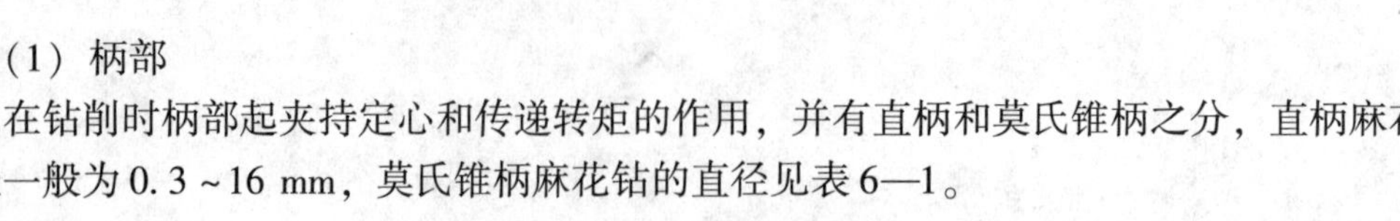

图 6—1 麻花钻的组成

a）直柄麻花钻 b）锥柄麻花钻

（1）柄部

在钻削时柄部起夹持定心和传递转矩的作用，并有直柄和莫氏锥柄之分，直柄麻花钻的直径一般为 0. 3 ~ 16 mm，莫氏锥柄麻花钻的直径见表 6—1。

表 6—1 莫氏锥柄麻花钻的直径 mm

莫氏锥柄号	1	2	3	4	5	6
钻头直径	3 ~ 14	14 ~ 23. 02	23. 02 ~ 31. 75	31. 75 ~ 50. 8	50. 8 ~ 75	75 ~ 80

（2）颈部

直径较大的麻花钻在颈部标有钻头直径、材料牌号和商标，直径小的直柄麻花钻没有明显的颈部。

（3）工作部分

这是麻花钻的主要部分，由切削部分和导向部分组成。切削部分主要起切削作用；导向部分在钻削过程中能起到保持钻削方向、修光孔壁的作用，同时也是切削部分的后备部分。

2. 麻花钻工作部分的组成及作用

如图 6—2 所示，麻花钻的工作部分由“五刃六面”组成。

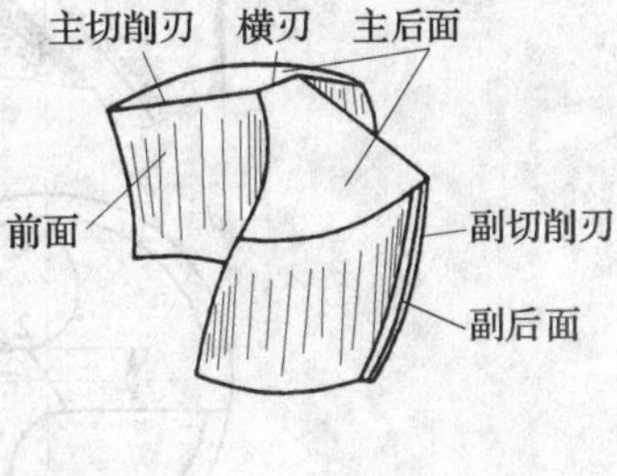

图 6—2　麻花钻工作部分组成

（1）前面（两个）

前面指两个螺旋槽面，其作用是构成切削刃、排出切屑和通入切削液。

（2）主后面（两个）

主后面指钻顶的螺旋圆锥面。

（3）副后面（两个）

副后面指麻花钻导向部分两条略带倒锥形的刃带，即棱边，它减小了钻削时麻花钻与孔壁之间的摩擦。

（4）主切削刃（两条）

主切削刃是指前面与主后面的交线。

（5）副切削刃（两条）

副切削刃是指前面与副后面的交线。

（6）横刃（一条）

麻花钻两条主切削刃的连接线称为横刃，也就是两主后面的交线。横刃担负着钻心处的钻削任务。横刃的长短影响麻花钻的钻尖强度、定心精度及轴向抗力。

二、麻花钻的几何角度

1. 确定麻花钻几何角度的辅助平面

与车刀比较，麻花钻由于其结构和形状的特殊性，确定其几何角度的辅助平面不尽相同。

（1）基面

基面是通过主切削刃上选定点，且与钻头轴线相连而成的平面。由于麻花钻两条主切削刃不通过钻心，即切削刃上各点的切削速度方向不同，所以切削刃上各点的基面位置不同，如图 6—3 所示。

（2）切削平面

切削平面是指主切削刃上任一点的切削速度方向与钻刃构成的平面，如图 6—3 所示。

（3）正交平面

正交平面是指通过主切削刃上任一点并垂直于基面和切削平面的平面，如图 6—3 所示。

（4）柱剖面

柱剖面是指通过主切削刃上任一点作与麻花钻轴线平行的直线，该直线绕麻花钻轴线旋转所形成的圆柱表面，如图 6—4 所示。

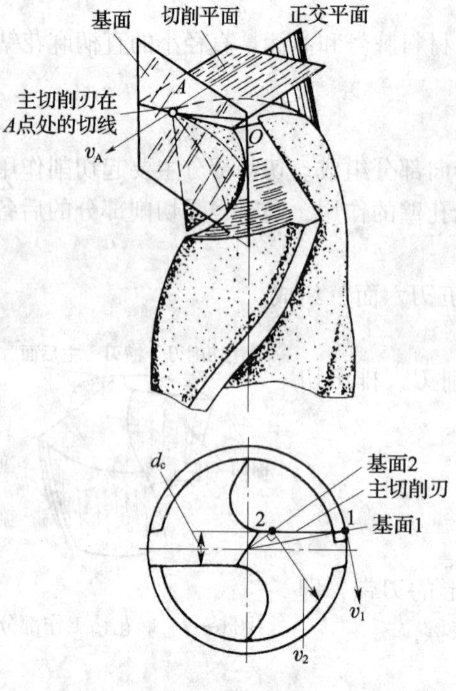

图6—3　麻花钻的参考系平面

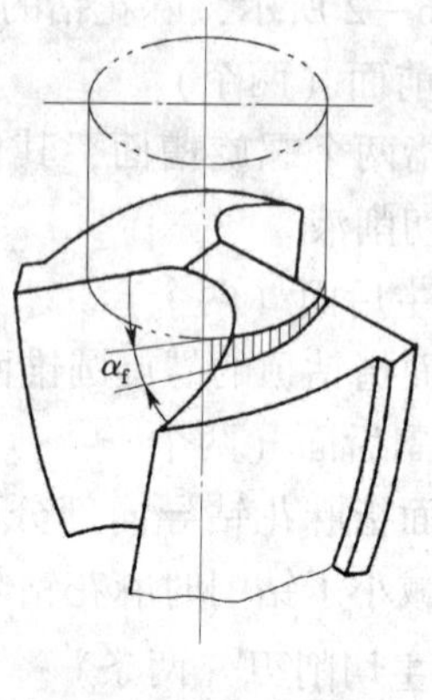

图6—4　麻花钻的柱剖面

2. 麻花钻的几何角度

麻花钻的切削部分可看作正反两把车刀，尽管其几何角度的概念与车刀基本相同，但也有其特殊性。

(1) 顶角 (2φ)

两条主切削刃在平行于麻花钻轴线的平面上投影的夹角称为顶角。标准麻花钻的顶角 $2\varphi=118°$。麻花钻顶角的大小影响切削刃的形状，如图6—5所示。表6—2列出了麻花钻顶角的大小对加工的影响及适用加工的材料。

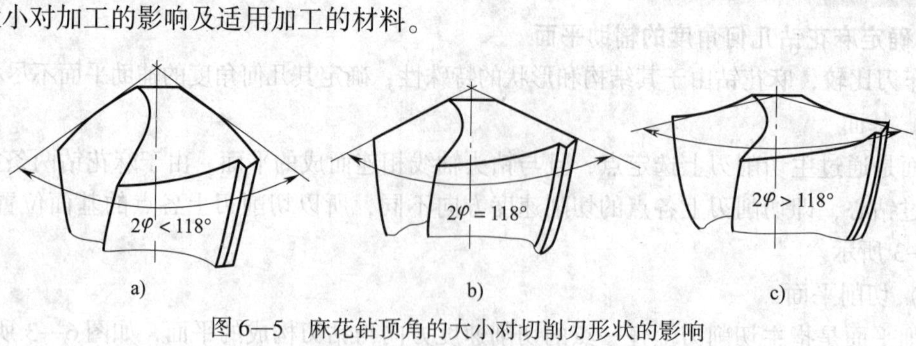

a)　　b)　　c)

图6—5　麻花钻顶角的大小对切削刃形状的影响

a）主切削刃外凸　b）主切削刃为直线　c）主切削刃内凹

〔提示〕

在刃磨麻花钻时，常根据切削刃的形状判断顶角的大小。

表 6—2　　麻花钻顶角的大小对加工的影响

顶角	$2\varphi > 118°$	$2\varphi = 118°$	$2\varphi < 118°$
对加工的影响	顶角大，则切削刃短，定心差，钻出的孔容易扩大；同时前角也增大，使切削省力	介于两者之间	顶角小，则切削刃长，易定心，钻出的孔不容易扩大；同时前角也减小，会增大切削力
适用加工的材料	适用于钻削较硬的材料	适用于钻削中等硬度的材料	适用于钻削较软的材料

（2）前角（γ_o）

前角是在主正交平面内前面与基面的夹角。螺旋槽的形状和导程决定着前角，即麻花钻前角的大小与螺旋角、顶角、钻心直径等有关，而其中影响最大的是螺旋角。β 越大，γ_o 也越大。由于 β 随直径的大小而改变，所以 γ_o 也是变化的，如图 6—6 所示。前角靠近外缘处最大，自外缘向中心逐渐减小，约在钻头直径的 1/3 以内前角为负值，接近横刃处前角 $\gamma_o = -30°$，横刃处 $\gamma_o = -60° \sim -54°$。

（3）后角（α_f）

为了测量方便，后角在柱剖面内测量（见图 6—4）。麻花钻的后角也是变化的，外缘处后角最小，钻心处后角最大（见图 6—6），与前角的变化趋势相反，使切削刃上各点的楔角不致相差太大。钻心处后角加大后还可以改善横刃处的切削条件。此外，由于进给运动的影响，使钻头工作后角减小，而且越接近钻心减小量越大，后角内大外小，弥补了工作后角的减小值。

（4）横刃斜角（ψ）

在垂直于麻花钻轴线的端面投影图中，横刃与主切削刃之间的夹角称为横刃斜角，如图 6—7 所示。ψ 的大小和横刃的长短由后角和顶角的大小决定，在顶角一定的情况下，后角大时，横刃斜角减小，横刃变长；后角小时，情况相反。横刃斜角应为 55°左右。

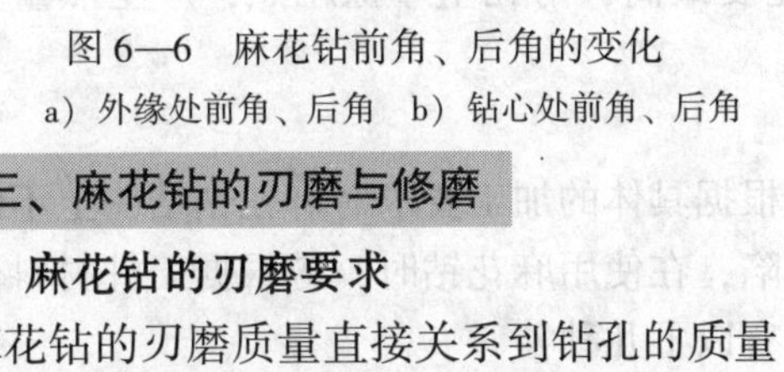

图 6—6　麻花钻前角、后角的变化

a）外缘处前角、后角　b）钻心处前角、后角

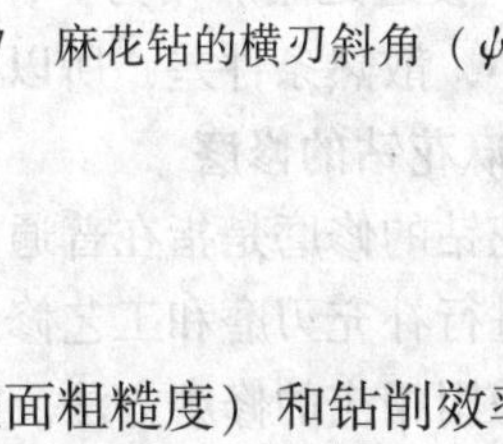

图 6—7　麻花钻的横刃斜角（ψ）

三、麻花钻的刃磨与修磨

1. 麻花钻的刃磨要求

麻花钻的刃磨质量直接关系到钻孔的质量（尺寸精度和表面粗糙度）和钻削效率。

刃磨麻花钻时，一般只刃磨两个主后面，但同时要保证后角、顶角和横刃斜角合理正确，由于麻花钻形状的特殊性，刃磨难度较大。

麻花钻刃磨后应达到下列两个要求：

（1）麻花钻的两条主切削刃应该是轴对称的，也就是两条主切削刃与钻头轴线成相同的角度，并且长度相等。

（2）横刃斜角为55°左右。

麻花钻的刃磨质量对加工质量的影响见表6—3。

表6—3　　麻花钻的刃磨质量对加工质量的影响

刃磨质量	刃磨正确	刃磨不正确		
		顶角不对称	切削刃长度不等	顶角不对称且切削刃长度不等
图示	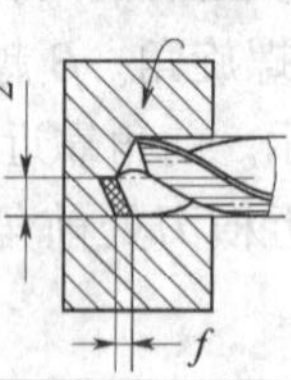	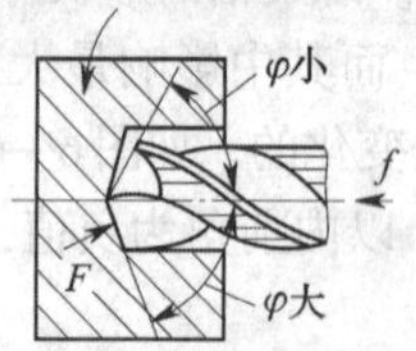	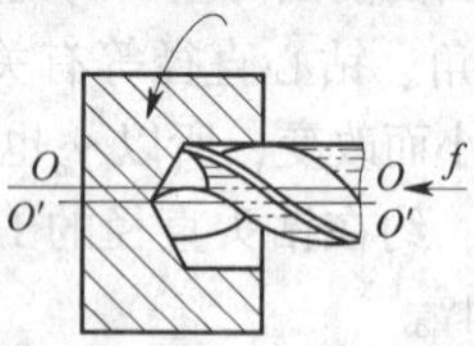	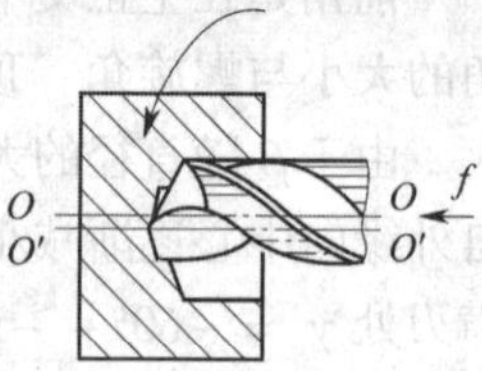
钻削情况	两条主切削刃同时切削，两边受力平衡，钻头磨损均匀	只有一条主切削刃在切削，两边受力不平衡，钻头磨损很快	麻花钻的工作中心由$O—O$移到$O'—O'$，切削不均匀，钻头磨损很快	两条切削刃受力不平衡，且麻花钻的工作中心由$O—O$移到$O'—O'$，钻头磨损很快
对钻孔质量的影响	钻出的孔质量较好	使钻出的孔孔径扩大或倾斜	使钻出的孔孔径扩大	钻出的孔不仅孔径扩大，而且还会产生台阶

2. 麻花钻的缺陷

麻花钻由于其自身结构的原因存在以下缺点：

（1）主切削刃上各点前角变化很大，靠外缘处前角较大（+30°），切削刃强度低；接近横刃处是很大的负前角（−54°），挤压严重，切削条件差。

（2）横刃太长，加之该处是很大的负前角，挤压刮削严重，消耗大量的能量，产生大量热量，而且轴向抗力大，定心差。

（3）主切削刃长，钻孔时全长参加切削，切屑宽，而且各点流屑速度相差很大，钻塑性金属时，切屑卷成小螺距圆锥螺卷形，占很大的空间，排屑不顺利，切削液难以注入切削区。

（4）棱边处副后角为零，由于该处切削速度最高，与孔壁摩擦剧烈，产生热量多，刀尖角较小，散热条件差，所以外缘处磨损最快。

3. 麻花钻的修磨

麻花钻的修磨是指在普通刃磨的基础上，根据具体的加工要求对麻花钻结构上不够合理的部分进行补充刃磨和工艺修磨。针对上述缺陷，在使用麻花钻时，应根据工件材料、加工要求，采用相应的修磨方法。常用的修磨方法有以下几种：

（1）修磨横刃（见图6—8）

修磨横刃的目的是增大横刃前角，缩短横刃长度，以降低钻削力，提高定心精度，并有利于分屑和断屑，这是最常用的修磨方法。

修磨原则：工件材料越软，横刃可修磨得越短；工件材料较硬，横刃应少修磨些。

（2）修磨前面（见图6—9）

修磨前面的目的是改变主切削刃上前角的分布状态，增大或减小前角，以满足不同的加工要求。

修磨方法有两种：一种是修磨外缘处的前面，以减小前角；另一种是修磨横刃处的前面，以增大前角。这两种方法可分开采用，也可结合采用。

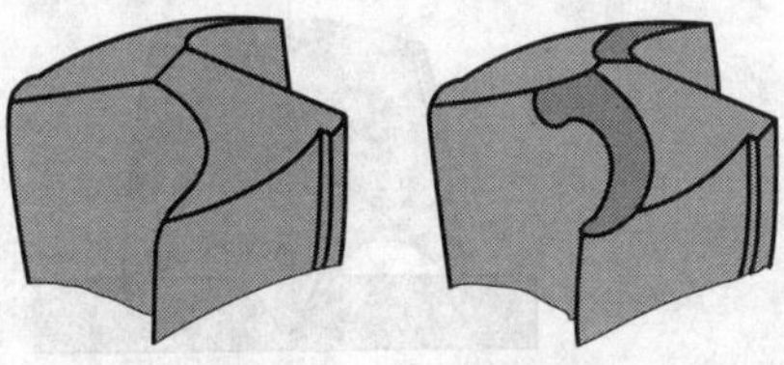

a)　b)

图6—8　修磨横刃

a）修磨前　b）修磨后

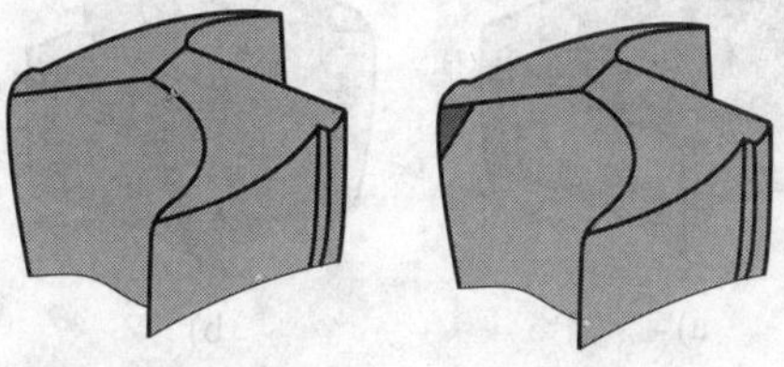

a)　b)

图6—9　修磨前面

a）修磨前　b）修磨后

修磨原则：工件材料较软，应修磨横刃处的前面，以加大前角，减小切削力，使切削顺利；工件材料较硬，应修磨外缘处的前面，以减小前角，提高外缘处的切削刃强度。用麻花钻扩孔时，为防止"扎刀"（刀具自动切入工件的现象），宜将外缘处的前角磨小。

（3）修磨主切削刃（见图6—10）

麻花钻外缘处刀尖角较小，该点切削速度最高，磨损最快。因此，可磨出双重顶角（或多重顶角，甚至磨成外凸圆弧刃），增大外缘处的刀尖角，改善外缘转角处的散热条件，延长麻花钻使用寿命，并可减小孔的表面粗糙度值。这种修磨方法适用于钻铸铁件。

（4）修磨棱边（见图6—11）

在靠近主切削刃的一段棱边上，磨出副后角 $\alpha'_o=6°\sim8°$，并减小棱边的宽度，使棱边的宽度为原来的1/3～1/2。其目的是减小棱边与孔壁的摩擦，适合加工韧性材料或软金属，以提高加工表面质量。

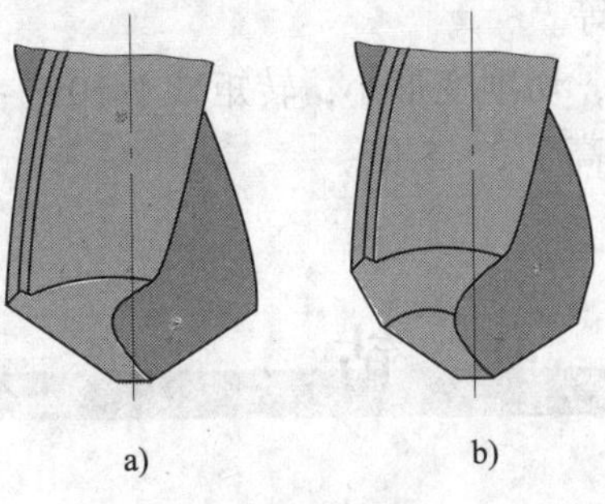

a)　b)

图6—10　修磨主切削刃

a）修磨前　b）修磨后

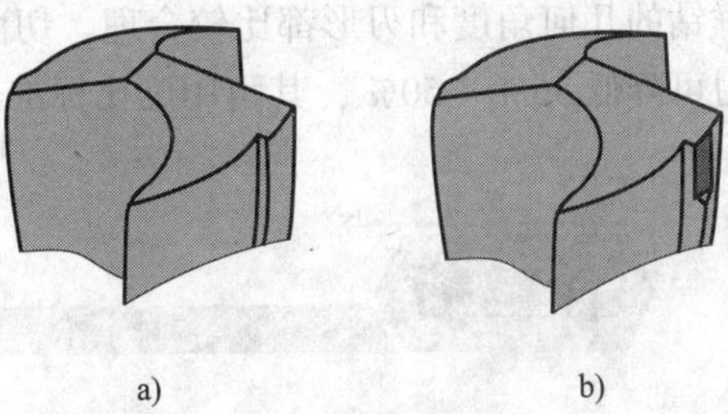

a)　b)

图6—11　修磨棱边

a）修磨前　b）修磨后

（5）开分屑槽（见图6—12）

当在钢材上钻削直径较大的孔时，可在麻花钻的前面或后面上交错磨出小狭槽，使切屑变窄，有利于排出。分屑槽应交错刃磨。

（6）磨出内凹圆弧刃（见图 6—13）

将麻花钻的两条主切削刃磨出内凹圆弧刃，可增加钻削时的稳定性，并有助于分屑、断屑。在钻薄板时，应使内凹深度大于薄板厚度，以形成外刃套料钻孔。这种方法也可用于不规则毛坯孔的扩孔。

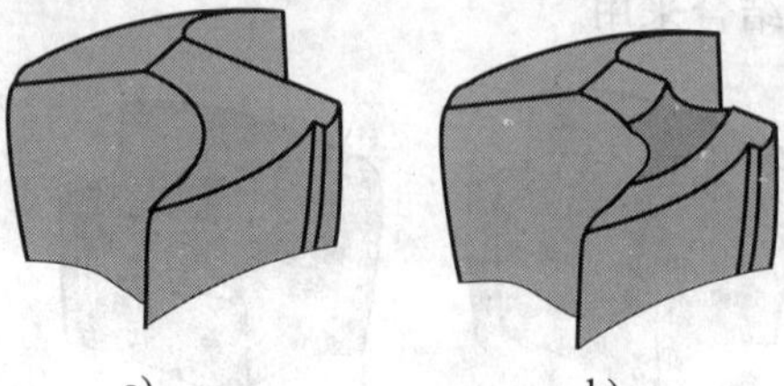

图 6—12　开分屑槽

a）修磨前　b）修磨后

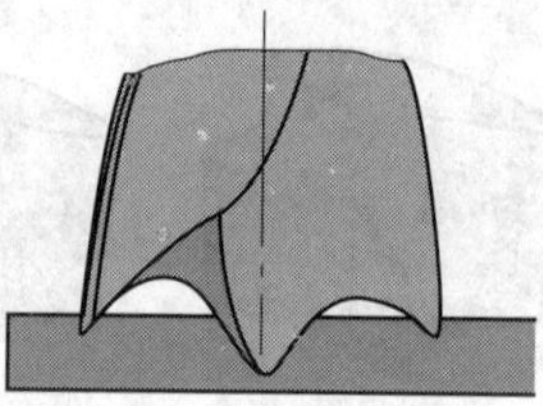

图 6—13　磨出内凹圆弧刃

四、群钻简介

群钻是我国工人创造出来的、将标准麻花钻经过合理修磨而成的、高效率、高耐用度、强适应性的先进钻型。

根据工件材料性能和用途的不同，群钻的形状可分为标准群钻、铸铁群钻、薄板群钻、纯铜群钻、黄铜群钻等，并已形成了自己的标准。

在各类群钻中以标准群钻（见图 6—14）应用最为广泛，同时它又是变革其他钻型的基础。

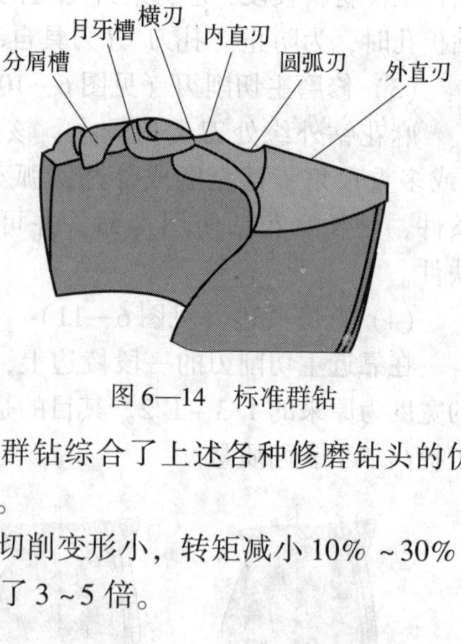

图 6—14　标准群钻

标准群钻是在标准麻花钻的基础上经过合理修磨而形成的先进钻型，其外形特点是“三尖七刃两种槽”。图 6—14 所示为标准群钻切削部分的形状。标准群钻综合了上述各种修磨钻头的优点，主要包括磨出月牙槽、修大横刃前角和开分屑槽等。

群钻的几何角度和刃形都比较合理，切削刃锋利，切削变形小，转矩减小 10% ~30%，轴向力可降低 35% ~50%，其耐用度比标准麻花钻提高了 3 ~5 倍。

第二节　深孔钻

一般来说，对于深径比（孔深与孔径之比）为 5 以下的孔，采用麻花钻便可完成加工。而对于深孔（深径比 >5）来说，如果深径比不超过 20（一般深孔），可考虑采用长麻花钻或加长麻花钻加工；如果深径比超过 20，则必须采用深孔钻及系统进行加工。

使用深孔钻可加工深径比为 150 的孔，且加工后所得孔壁质量很高，无须进行后续精加工。

〔提示〕

深孔加工时，刀柄细长，刚度低；切削液难以引入切削区，切屑不易排出，钻尖冷却困难；切削刃上各点的切削速度变化较大，尤其是近中心处的切削速度为零，切削条件差；转矩和轴向力大，钻进困难，且易引偏，致使刀具耐用度及生产效率很低。为此，深孔加工的关键技术是深孔钻的几何形状和冷却排屑问题。

与传统钻孔不同，采用深孔钻进行孔加工时，使用加压的切削液，且切削液直接送至切削刃，并同时冲走切屑。按切削刃的多少，深孔钻可分为单刃（指切削刃分布在钻头轴线的一侧）和多刃（指切削刃分布在钻头轴线的两侧）；按深孔钻的排屑方式，可分为外排屑（切屑从钻杆外部排出，如枪孔钻、深孔扁钻、深孔麻花钻等）和内排屑（切屑从钻杆内部排出，如 BTA 深孔钻、喷吸钻、DF 深孔钻等）。

对于各类内排屑深孔钻，根据尺寸大小，可采用焊接式结构或机械夹固式可转位硬质合金刀片结构。导向块起定心和导向作用，以减少钻孔时的偏斜和振动。刀齿与导向块的布置主要考虑分屑和钻孔时径向力的平衡。另外，刀体与钻杆可用焊接或矩形螺纹连接。本节将介绍枪孔钻、BTA 深孔钻、喷吸钻和 DF 深孔钻。

一、枪孔钻

枪孔钻发明于 1930 年左右，是单刃外排屑深孔钻，因最早用于加工枪管而得名，常用来加工直径为 1 ~20 mm、深径比超过 100 的深孔。枪孔钻的加工精度为 IT10 ~ IT8，表面粗糙度为 $Ra5\sim0.63$ μm，孔的直线度精度也较高。

枪孔钻的结构组成如图 6—15 所示。枪孔钻由钻头、钻杆和钻柄三部分组成。钻杆由 40Cr 或 45 无缝钢管制成，在靠近钻头部分压有 V 形槽，是排出切屑的通道；钻头可用整体高速钢或硬质合金制成（当直径大于 12 mm 时，常采用镶焊硬质合金刀片结构），与钻杆焊接在一起，钻头前端的小孔是切削液的出口。

枪孔钻系统主要由机床、枪孔钻、中心架、钻套、钻杆连接器和冷却润滑油路组成。钻孔时，高压（2 ~10 MPa）切削液由钻杆后端的内孔注入，经月牙形孔和钻头前端的小孔到达切削区，以冷却和润滑钻头，随后与切屑经钻头切削部分从钻杆上的 V 形槽中排出。

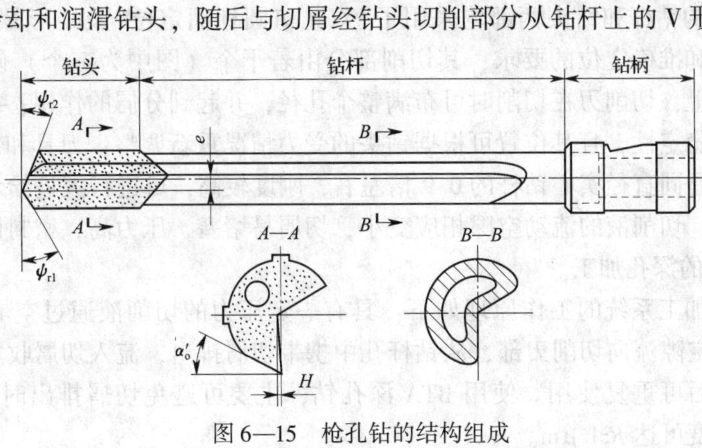

图 6—15　枪孔钻的结构组成

枪孔钻的主要特点：仅在轴线的一侧有切削刃，并分为外刃和内刃两段，使切出的切屑短小，便于排屑，没有横刃；要求有高压力冷却系统，钻杆刚性低，加工表面易划伤。

二、BTA 深孔钻

针对枪孔钻的一些缺陷，1943 年有人发明了一种内排屑深孔钻，由于该种结构于 1945 年得到欧洲钻孔与套料协会，即 BTA（Boring and Trepanning Association）的确认和推广，故称为 BTA 深孔钻。BTA 深孔钻的结构及加工原理如图 6—16 所示。

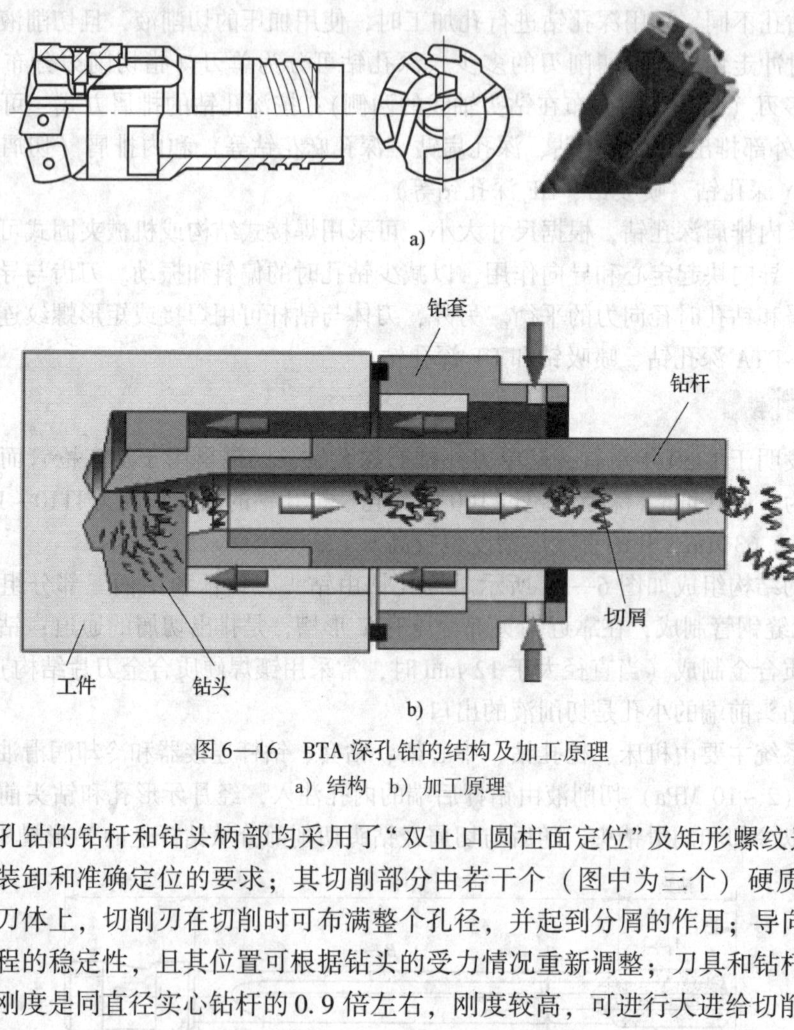

图 6—16　BTA 深孔钻的结构及加工原理

a）结构　b）加工原理

BTA 深孔钻的钻杆和钻头柄部均采用了"双止口圆柱面定位"及矩形螺纹连接的结构，以满足快速装卸和准确定位的要求；其切削部分由若干个（图中为三个）硬质合金刀片交错地分布在刀体上，切削刃在切削时可布满整个孔径，并起到分屑的作用；导向条的采用增大了切削过程的稳定性，且其位置可根据钻头的受力情况重新调整；刀具和钻杆均采用圆形结构，扭转刚度是同直径实心钻杆的 0.9 倍左右，刚度较高，可进行大进给切削，但当加工孔的孔径太小时，切削液的流动空隙相应变小，切屑易堵塞，压力高，密封困难，故不适宜直径小于 14 mm 的深孔加工。

BTA 深孔钻加工系统的工作原理如下：具有一定压力的切削液通过空心钻杆与已加工孔孔壁间的环状空隙流向切削刃部，从钻杆孔中携带切屑排出，流入切屑收集箱。切削液经若干层滤网过滤后可重复使用。使用 BTA 深孔钻，主要可避免切屑排出时对孔壁的划伤，其孔壁表面粗糙度可达 $Rz1$ μm。

三、喷吸钻

喷吸钻及其加工系统是瑞典 SANDVIK 公司于 1963 年推出的一种利用高速流体负压效应从钻杆后部抽吸切屑的钻削系统。它克服了枪孔钻系统造价太高、BTA 深孔钻容易堵屑的缺陷。喷吸钻主要用于加工直径为 18 ~ 180 mm、深径比在 100 以内的深孔。加工精度为 IT10 ~ IT7，表面粗糙度为 *Ra*3. 2 ~ 0. 8 μm，孔的直线度公差可达0. 1 mm/1 000 mm。

1. 喷吸钻的结构

喷吸钻由钻头、内管和外管三部分组成，如图 6—17 所示。内管的尾部开有几个向后倾斜 30°的“月牙孔”。钻头（见图 6—18）采用多线矩形螺纹与外管连接，它的切削刃 1 交错分布（两个刀齿分布在轴线一侧，中间齿在另一侧），颈部有几个喷射切削液的小孔 2，前端有两个排屑孔 3，切屑从这两个喇叭形孔通过空心刀柄向外排出。

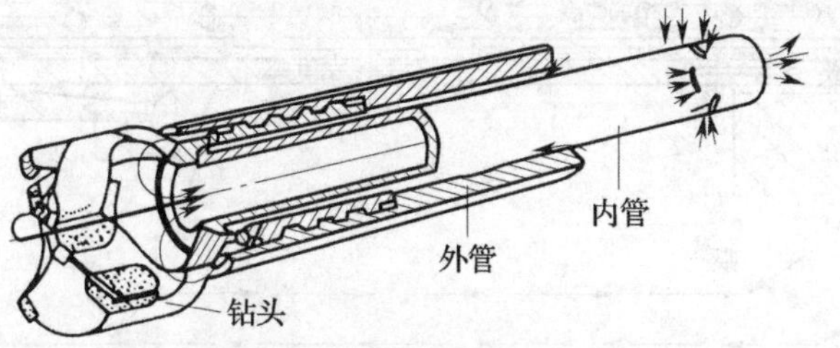

图 6—17 喷吸钻的组成结构

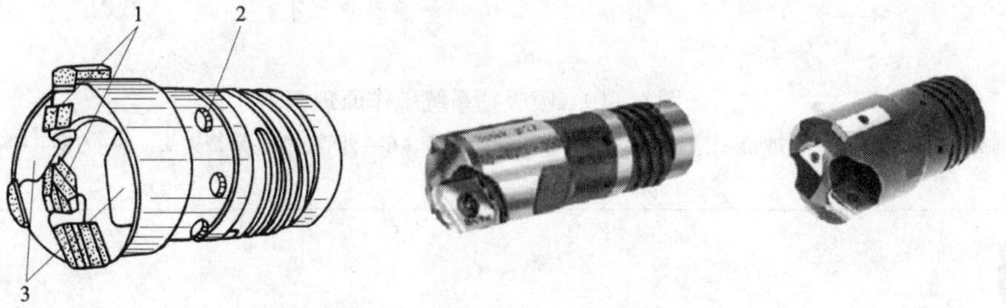

图 6—18 喷吸钻钻头的结构

1—切削刃 2—喷射切削液的小孔 3—排屑孔

2. 喷吸钻的工作原理

喷吸钻系统是利用液体的喷吸效应实现冷却和排屑的。即当高压流体经过一个狭小的通道高速喷射时，在这股喷射流的周围形成了低压区，将喷嘴附近的流体吸走。喷吸钻工作时，如图 6—19 所示，切削液在一定压力（0. 8 ~ 1. 2 MPa）下，经内管、外管之间注入，其中 2/3 通过钻头上的小孔流向切削区，对切削部分和导向部分进行冷却和润滑；另外 1/3 经过内管上很窄的月牙形喷嘴高速喷入内管后部，形成一个低压区，使内管的前后产生很大的压力差。这样，钻出的切屑一方面由高压切削液带动从前向后冲出；另一方面利用内管前后的压力差将切削区的切削液和切屑一起吸入内管，用这两方面的力使切屑顺利地从内管排出。

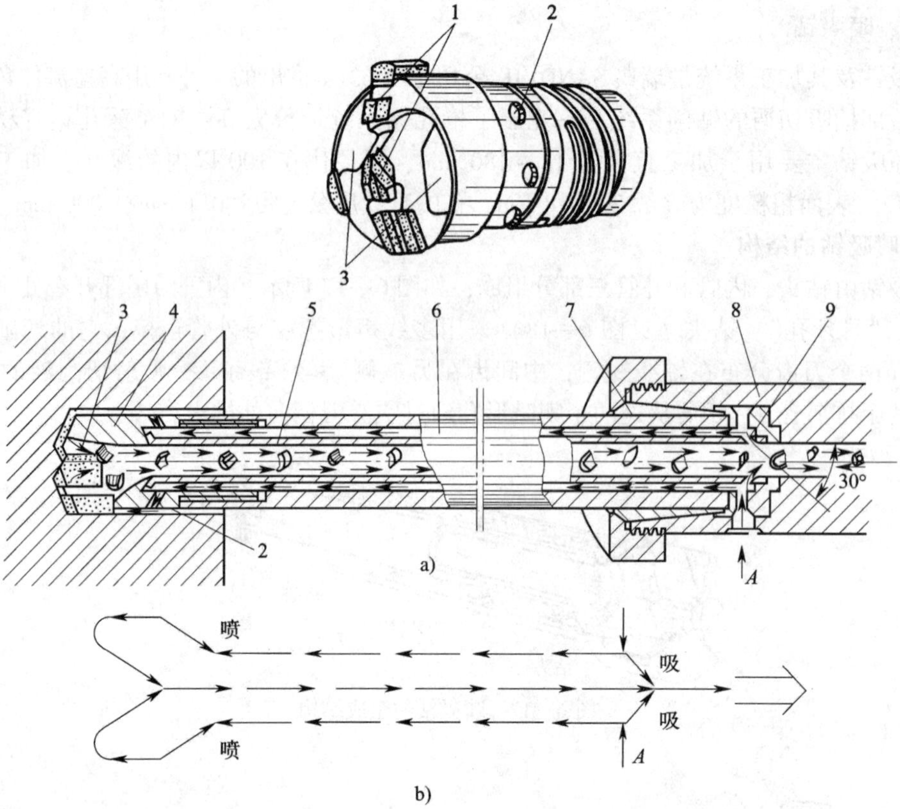

图 6—19　喷吸钻系统工作原理

1—切削刃　2—小孔　3—喇叭形孔　4—喷吸钻头部　5—内管　6—外管　7—弹簧夹头　8—刀柄　9—月牙孔

〔提示〕

喷吸钻钻头的切削部分和柄部完全继承了 BTA 深孔钻，唯一区别在于其钻杆由两个空心管组成（内管、外管），故又称“双管喷吸钻”。

由于内管的设置及负压作用，使排屑状况明显改善，所以，喷吸钻系统所需的油压和流量仅为 BTA 深孔钻系统的 1/2，并降低了密封要求。不过，也由于内管半径小，对断屑有着比较高的要求，故在刀片上必须考虑断屑台，以促使断屑。另外，当孔径过小时，很难形成喷射效应，排屑将不顺利，切削液的流动空间也将受到极大的限制。

四、DF 深孔钻

DF 深孔钻及加工系统（Double Feeder system）于 20 世纪 70 年代中期由日本冶金股份有限公司推出，它结合了 BTA 深孔钻系统和喷吸钻系统的优点，克服了 BTA 深孔钻系统（需要高压冲屑，密封性难以保证）和喷吸钻系统（内、外管结构复杂，刀柄不能互换多用，小孔径排屑不利）的不足。

DF 深孔钻在结构上（采用单管）与 BTA 深孔钻相似，几何参数也一样。不同之处在于其钻头体上需加工出一个圆柱形凸起环颈，如图6—20所示，以确保钻孔时该部分与孔壁形成一反压间隙。

DF深孔钻加工原理如图6—20所示，其与BTA深孔钻系统的区别之处在于抽屑装置，DF深孔钻的抽屑装置与刀具进给系统合为一体，其组成由钻杆夹头、前喷嘴、后喷嘴、密封件、进油管、出屑管等组成。切削液工作时类似于喷吸钻系统，兵分两路，2/3经引导装置通过钻头体上的凸起环颈与被加工件孔壁之间的间隙向切削区喷射；1/3通过钻杆尾部连接器上的喷嘴间隙（锥形或月牙形）进入油箱，由于通过喷嘴间隙时的加速作用，该路切削液在钻杆尾端形成射流，从而对切屑产生负压抽吸作用，实现加速和排屑顺畅的目的。

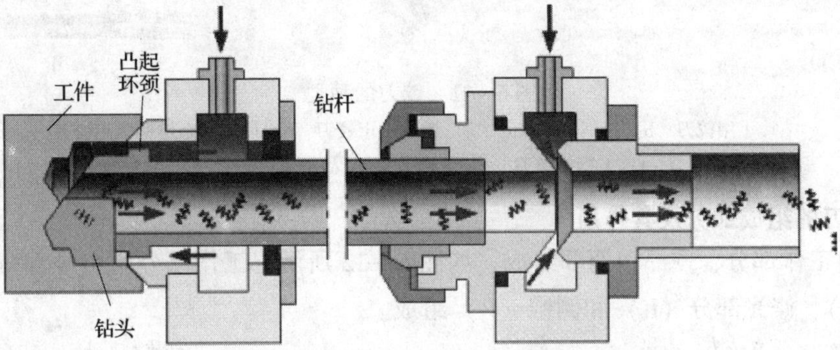

图6—20 DF深孔钻加工原理

〔提示〕

DF深孔钻只用一个单管结构便实现了喷吸钻系统的推屑、排屑双重作用。

第三节 铰 刀

铰刀多用于中、小直径孔的精加工和半精加工。铰刀的优点是齿数多，导向性好；加工余量小，容屑槽浅，槽底直径大，刚度高；制造精度高，结构完善等。所以能加工出较高尺寸精度和较小表面粗糙度值的孔，加工精度可达IT9 ~ IT7，甚至可达IT6，表面粗糙度为 $Ra1.6 \sim 0.2\ \mu m$。

一、铰刀的种类及组成

1. 铰刀的种类

铰刀的种类很多，如图6—21所示，按使用方式，可分为手用铰刀和机用铰刀；按切削部分的材料，可分为高速钢铰刀、硬质合金铰刀等；按加工孔的素线形式，可分为圆柱铰刀和圆锥铰刀；按铰刀柄部或夹持形式，可分为直柄铰刀、锥柄铰刀和套式铰刀；按加工尺寸可否调节，可分为整体式铰刀和可调式铰刀等。

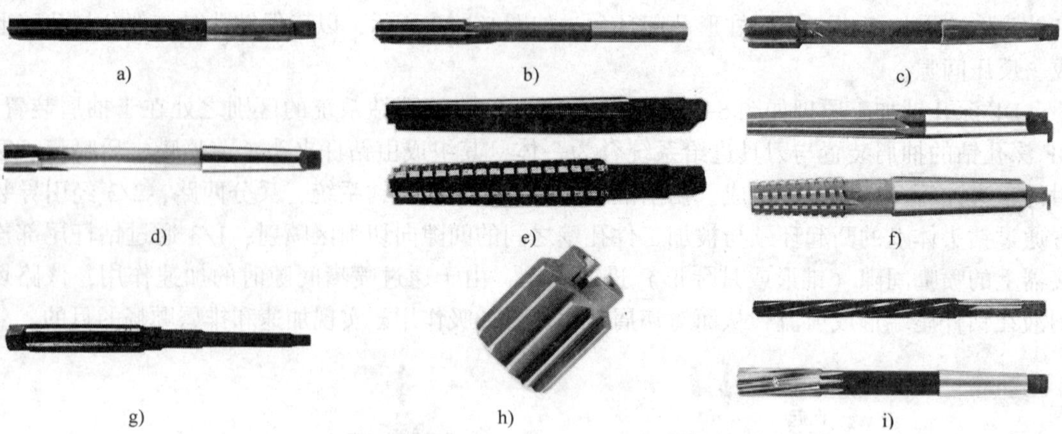

图 6—21　铰刀的种类

a）手用铰刀　b）直柄机用铰刀　c）锥柄机用铰刀　d）硬质合金锥柄机用铰刀

e）直柄锥铰刀　f）锥柄锥铰刀　g）可调节手用铰刀　h）套式铰刀　i）螺旋铰刀

2. 铰刀的组成部分及其作用

铰刀由工作部分、颈部和柄部组成，如图 6—22 所示。工作部分由引导部分（l_1）、切削部分（l_2）、修光部分（l_3）和倒锥（l_4）组成。

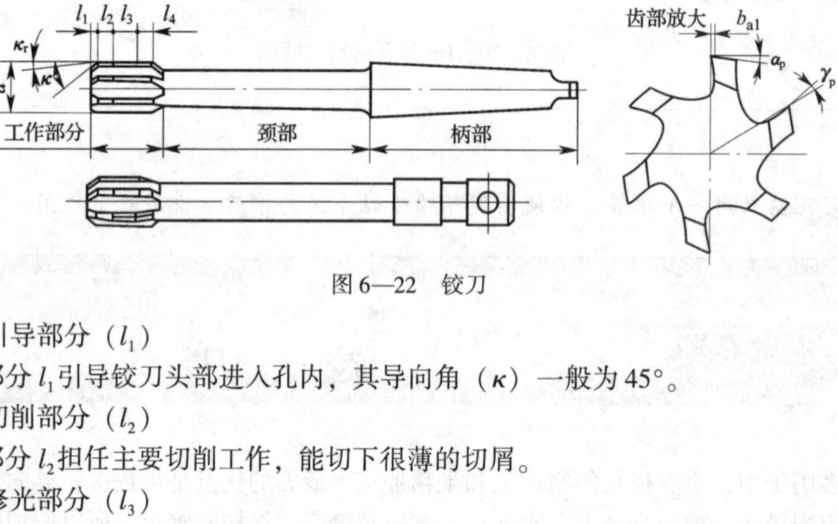

图 6—22　铰刀

（1）引导部分（l_1）

引导部分 l_1 引导铰刀头部进入孔内，其导向角（κ）一般为 45°。

（2）切削部分（l_2）

切削部分 l_2 担任主要切削工作，能切下很薄的切屑。

（3）修光部分（l_3）

铰刀有棱边，起定向、修光孔壁、保证铰刀直径和便于测量等作用。

（4）倒锥（l_4）

倒锥 l_4 的作用是减小铰刀与孔壁之间的摩擦。

二、铰刀的主要参数

铰刀是多齿刀具，每一个刀齿相当于一把车刀，其几何角度的概念与车刀相同。

1. 前角（γ_p）

由于铰削余量很小，切屑很薄，切屑与前面在刃口附近接触，前角的大小对切削变形的影响并不显著。铰刀的前角一般磨成 0°。当铰削表面粗糙度值要求较小的铸件孔时，前角可采用 $\gamma_p = -5° \sim 0°$；加工塑性材料时，前角可增大到 5° ~ 10°，如图 6—22 所示。

2. 后角（α_p）

为了减小铰刀与孔壁之间的摩擦，后角一般取 6°～10°。

3. 主偏角（κ_r）

主偏角的大小影响导向、切削厚度和轴向切削力的大小。κ_r越小，切削厚度越小，轴向力越小，导向性越好，切削部分越长。通常，手用铰刀取较小的主偏角，机用铰刀取较大的主偏角。

4. 刃倾角（λ_s）

带刃倾角的铰刀适用于铰削余量大、塑性材料的通孔。高速钢铰刀一般取 $\lambda_s = 15° \sim 20°$；硬质合金铰刀一般取 $\lambda_s = 0°$，但为了使切屑流向待加工表面，避免切屑划伤已加工表面，也可取 $\lambda_s = 3° \sim 5°$，如图 6—23 所示。

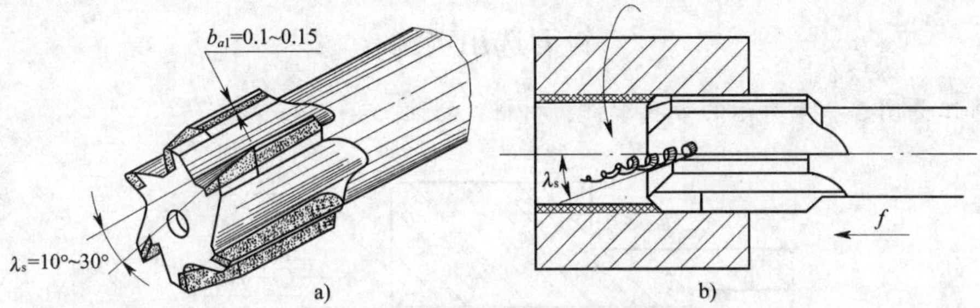

图 6—23 带刃倾角的铰刀和排屑情况

a）带刃倾角的铰刀 b）排屑情况

三、铰刀的使用

1. 铰刀直径的选择

用铰刀加工出的孔直径不等于铰刀的直径，可能出现扩大或者收缩（大于或小于铰刀直径）。通常铰出的孔会扩大，但在铰削薄壁孔时（塑性材料）有时会收缩。一般扩张量为 0.003～0.02 mm；收缩量为 0.005～0.02 mm。

铰孔的精度主要取决于铰刀的尺寸，铰刀最好选择被加工孔公差带中间 1/3 左右的尺寸。例如，铰 $\phi 20H7\left(^{+0.021}_{0}\right)$ 的孔时最好选择 $\phi 20^{+0.014}_{+0.007}$ mm 的铰刀。

2. 铰刀的装夹

铰孔时，最好采用浮动装夹装置装夹铰刀，铰刀自我导向，机床或夹具只传递运动和动力。刚性装夹铰出的孔易出现不圆、喇叭口和孔径扩大等现象。

3. 切削用量和切削条件

铰削余量的大小直接影响铰孔质量。余量过小，往往不能把前道工序的加工痕迹铰去；余量过大，切屑挤满在铰刀的齿槽中，使切削液不能进入切削区，严重影响表面粗糙度，还会因切削负荷大，使刀具耐用度下降。铰孔余量：高速钢铰刀为 0.08～0.12 mm；硬质合金铰刀为 0.15～0.20 mm。

与钻削相比，铰削的特点是“低速大进给”。低速是为了避免产生积屑瘤，若进给量 f 小会造成切削厚度过小，切屑不易形成，啃刮现象严重，刀具磨损加剧。一般高速钢铰刀铰削钢材时，$v = 1.5 \sim 5$ m/min，$f = 0.3 \sim 2$ mm/r；铰削铸铁件时，$v = 8 \sim 10$ m/min，$f = 0.5 \sim 3$ mm/r。

〔提示〕

铰刀由孔内退出时，机床主轴应保持原有转向不变，不允许停车或反转，以防损坏铰刀刃口和已加工表面。

为提高铰孔质量，需浇注润滑效果好的切削液，不宜干切削，铰钢件时以浓度较高的乳化液或硫化油为好；铰铸铁件时则以煤油为好。

〔工程应用〕

铰刀选用实例

加工如图6—24所示的带孔零件，材料：45钢。

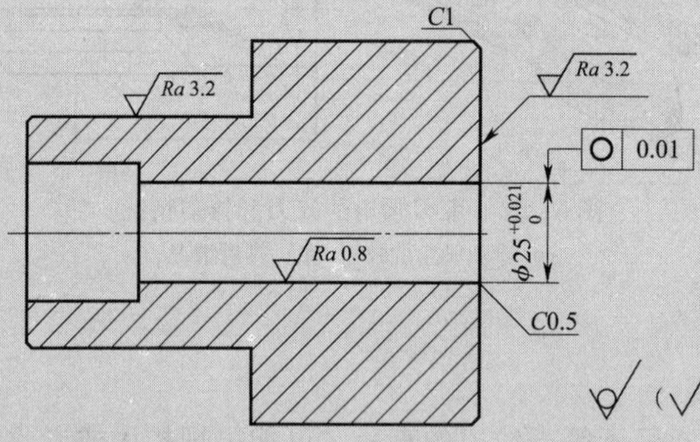

图6—24　带孔零件

分析：选择孔的加工方案，一般应考虑工件材料、热处理要求、孔的加工精度和表面粗糙度以及生产条件等因素。图6—24所示孔的加工要求：表面粗糙度为 Ra 0.8 μm，孔径为 $25^{+0.021}_{0}$ mm，因此应采用铰削完成孔的最后加工。

加工方案：钻孔→车孔→铰孔。

选择刀具：麻花钻（ϕ20 mm）→车刀（车至 $\phi25^{0}_{-0.10}$ mm）→高速钢铰刀（$\phi25^{+0.014}_{+0.007}$ mm）。

第四节　镗　　刀

镗刀是应用广泛的孔加工刀具，尤其是加工大直径的孔时，镗刀几乎是唯一的刀具。镗孔的加工精度通常可达IT8～IT7，表面粗糙度为 Ra1.6～0.8 μm。若在高精度镗床上进行精细镗削，可达到更高的精度。镗孔能纠正孔的直线度误差，获得高的位置精度。箱体零件的孔系加工通常采用镗孔的方法。

镗刀种类很多，按切削刃数量可分为单刃镗刀和双刃镗刀。

一、单刃镗刀

单刃镗刀只有一头有切削刃，结构简单，制造方便，通用性广；但切削效率较低，且对操作工人的技术水平要求较高。加工小直径孔的镗刀常做成整体式，如图 6—25 所示；加工大直径孔的镗刀可做成机夹式，如图 6—26 所示。

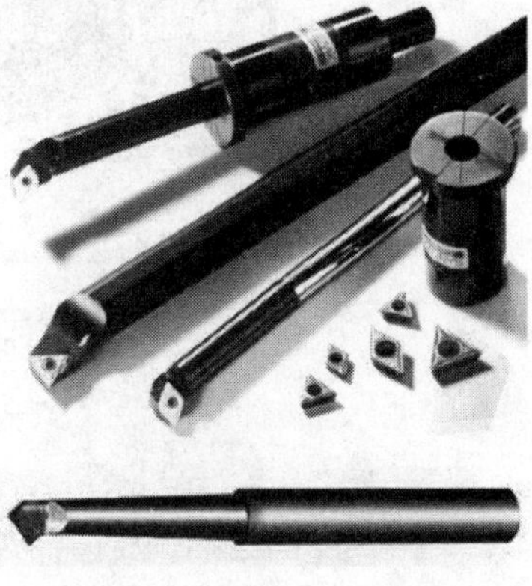

图 6—25　整体式单刃镗刀

机夹式单刃镗刀的刀头（刀粒）通常做成正方形，镗杆截面积尽可能大，以提高镗刀刚度。表 6—4 所列为镗杆与刀头的参考尺寸。为了使刀头在镗杆内有较大的安装长度，并且有足够的位置安装压紧螺钉和调整螺钉，在镗盲孔或台阶孔时，倾斜角 $\delta = 10° \sim 45°$（见图 6—26a、c），镗通孔时 $\delta = 0°$（见图 6—26b）。镗杆上的装刀孔通常对称于镗杆轴线，因而刀头装入刀孔后，刀尖高于工件中心，使切削时工作前角减小，工作后角增大。所以，在刃磨刀头时需将前角适当增大，后角适当减小。

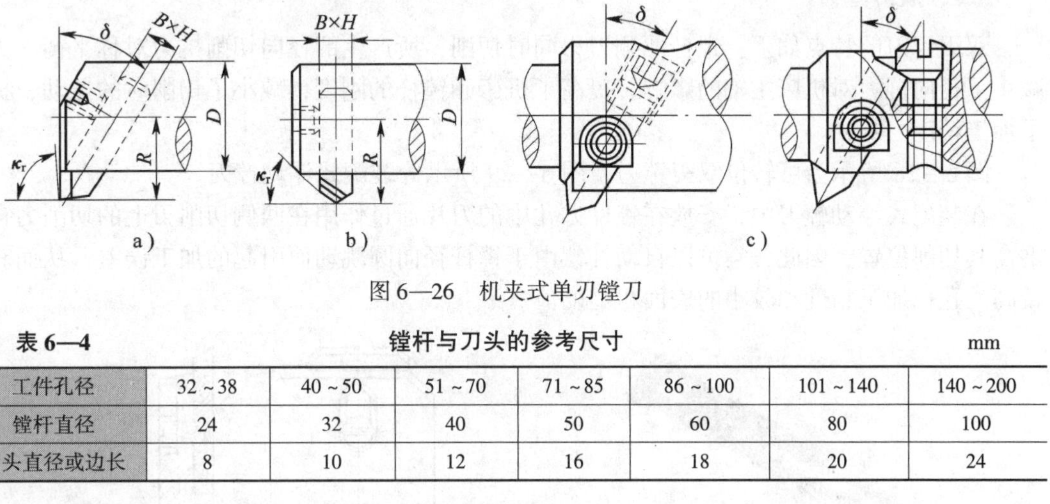

图 6—26　机夹式单刃镗刀

表 6—4　　镗杆与刀头的参考尺寸　　mm

工件孔径	32 ~ 38	40 ~ 50	51 ~ 70	71 ~ 85	86 ~ 100	101 ~ 140	140 ~ 200
镗杆直径	24	32	40	50	60	80	100
刀头直径或边长	8	10	12	16	18	20	24

微调镗刀（见图 6—27）能在一定范围内较容易地调节尺寸，多用于数控机床、组合机床和自动生产线上，加工孔径为 20 ~ 180 mm 的孔。

刀头 1 为圆柱状，其外圆上有精密螺纹与调整螺母 3 配合，刀头后端有螺纹孔，用内六角螺钉 5 及垫圈 6 紧固在镗杆 4 的圆柱孔内，刀头体上有导向键 7 与镗杆上的键槽配合，使刀头不会产生转动。调整时，将螺钉 5 稍稍松开，转动带刻度的调整螺母 3，刀头 1 即沿其轴线移动，使镗刀达到预定尺寸，然后旋紧螺钉 5。刀头倾斜 53°8′，调整螺母 3 的螺距为 0. 5 mm，刻线为 40 格，螺母每转过一格，刀头沿径向的移动量为：

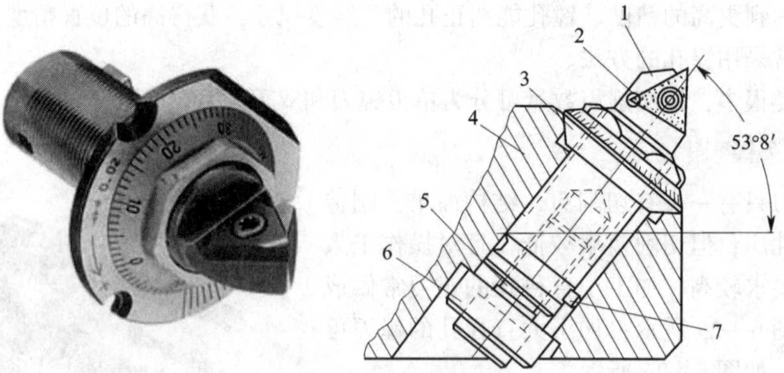

图 6—27　微调镗刀

1—刀头　2—刀片　3—调整螺母　4—镗杆

5—螺钉　6—垫圈　7—导向键

$$\Delta=\frac{0.5}{40}\times\sin 53^{\circ}8'\approx 0.01\ (\mathrm{mm})$$

镗通孔时，刀头垂直于轴线安装，此时，调整螺母上的刻线为 50 格，它每转过一格，刀头沿径向的移动量为：

$$\Delta=\frac{0.5}{50}=0.01\ (\mathrm{mm})$$

二、双刃镗刀

双刃镗刀的特点如下：镗杆两侧刀刃同时切削，所产生的径向切削抗力对称平衡，大大减小了径向抗力对机床主轴的影响，提高了机床和镗杆的刚度，减小了切削时的振动，提高了加工精度。

图 6—28 所示为可转位双刃镗刀，图 6—29 所示为装配式浮动镗刀。

在装配式浮动镗刀中，安放在镗杆方孔中的刀片通过作用在两侧切削刃上的切削力自动平衡其切削位置，因此，它可以自动补偿由于镗杆径向圆跳动而引起的加工误差，从而获得较高的孔径加工精度和较小的表面粗糙度值。

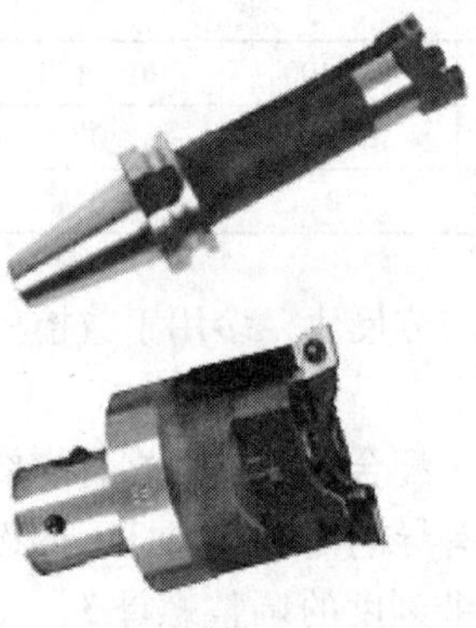

图 6—28　可转位双刃镗刀

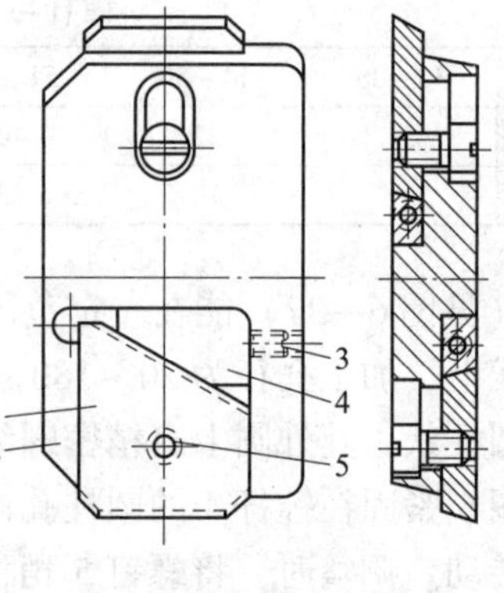

图 6—29　装配式浮动镗刀

1—刀片　2—刀体　3—螺钉

4—楔块　5—刀片压紧螺钉

浮动镗刀的刀片由高速钢或硬质合金制成，尺寸可由楔块4来调整，用螺钉3夹紧。镗杆可用40Cr钢制成，淬硬至40~50HRC，镗杆方孔与镗刀采用间隙配合（G7/h6），方块两侧面对轴线的垂直度误差在0.01~0.02 mm以内。

第五节　其他孔加工刀具

一、扁钻

扁钻的切削部分一般用高速钢或硬质合金制造，其结构如图6—30所示。切削部分磨成扁平体，主切削刃磨出前角、后角，并形成横刃。由于扁钻前角小，排屑困难，导向性差，可重磨次数少，过去曾逐渐被其他钻头替代。但扁钻结构简单，制造方便，成本低，轴向尺寸小，刚度高，近年来又被引起广泛重视，常用在仪表车床上加工黄铜等脆性材料或在钻床上加工0.1~0.5 mm的小孔。当钻孔直径大于38 mm时，用扁钻比用麻花钻经济。孔径超过25 mm时，可使用装配式扁钻，它的结构与参数如图6—30b所示。

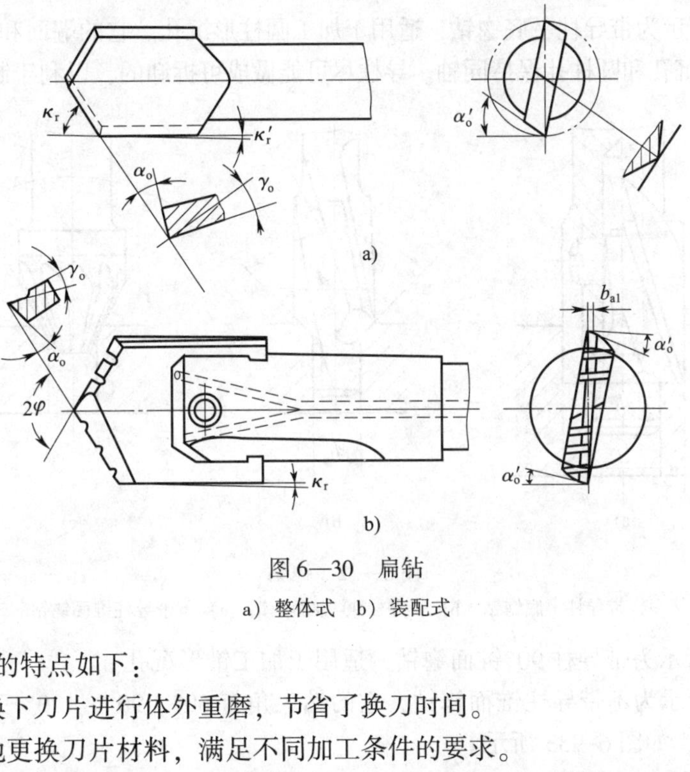

图6—30　扁钻

a）整体式　b）装配式

装配式扁钻的特点如下：

1. 可快速换下刀片进行体外重磨，节省了换刀时间。
2. 能方便地更换刀片材料，满足不同加工条件的要求。
3. 刀柄刚度高，能在杆内注入切削液，有利于提高钻孔效率和钻头耐用度。

扁钻的几何参数推荐如下：顶角$2\varphi=90°\sim140°$，前角$\gamma_o=0°\sim10°$，后角$\alpha_o=\alpha_o'=3°\sim10°$，横刃斜角$\psi=55°\sim60°$，刃带宽度$b_{a1}=0.2\sim0.5$ mm，倒锥量为0.05~0.1 mm，以形成副偏角$\kappa_r'=2°\sim5°$。

二、扩孔钻

扩孔钻形似麻花钻，如图 6—31 所示。刀具上无横刃，切削条件较好；且齿数较多（常为 3 ~ 4 个），导向性好；容屑槽可做得较浅，钻心较粗，刀体的强度和刚度高，工作时可采用较大的切削用量。因此，扩孔钻的加工质量和生产效率要比麻花钻高。

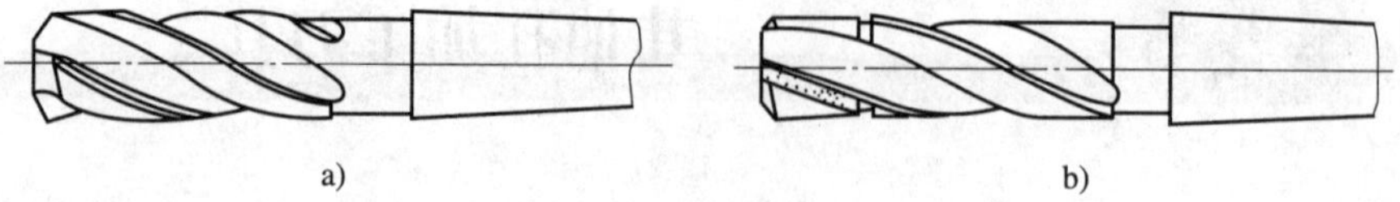

图 6—31　扩孔钻

a）高速钢扩孔钻　b）硬质合金扩孔钻

通常扩孔钻的加工精度可达 IT10 ~ IT9，表面粗糙度为 *Ra*6. 3 ~ 3. 2 μm。此外，扩孔钻还能部分纠正被加工孔轴线的歪斜。所以，它既可用于孔的最终加工，也可用于铰孔、磨孔前的预加工。

三、锪钻

锪钻常用于加工各种埋头螺钉沉孔、锥孔和凸台面等。

图 6—32a 所示为带导柱平底锪钻，适用于加工圆柱形沉孔。它的端面和圆周上都有刀齿，前端有导柱，使沉孔和圆柱孔保持同轴。导柱尽可能做成可拆卸的，以利于制造和刃磨。

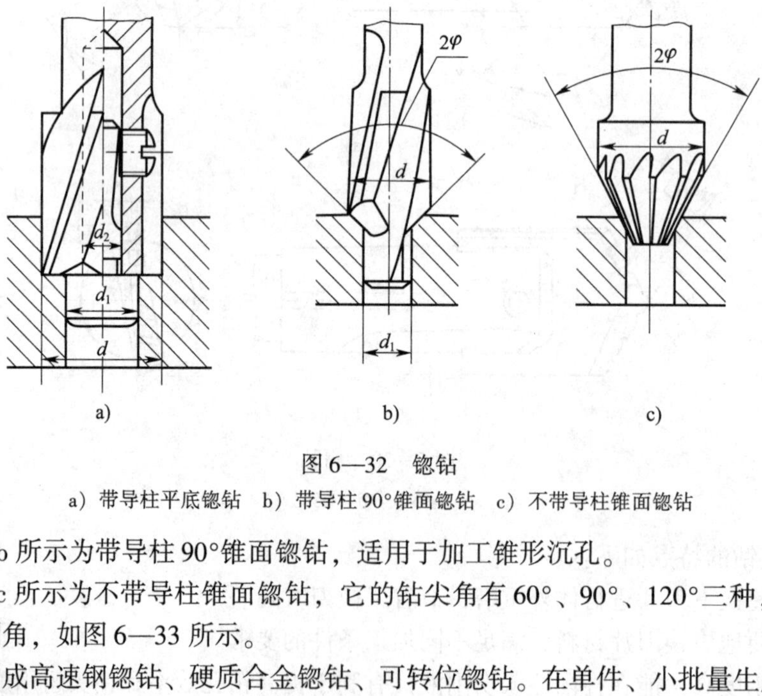

图 6—32　锪钻

a）带导柱平底锪钻　b）带导柱 90°锥面锪钻　c）不带导柱锥面锪钻

图 6—32b 所示为带导柱 90°锥面锪钻，适用于加工锥形沉孔。

图 6—32c 所示为不带导柱锥面锪钻，它的钻尖角有 60°、90°、120°三种，用于加工中心孔或孔口倒角，如图 6—33 所示。

锪钻可制成高速钢锪钻、硬质合金锪钻、可转位锪钻。在单件、小批量生产时，常把麻花钻改制成锪钻来使用。

四、内孔车刀

车孔是常用的孔加工方法之一，既可以作为粗加工，也可以作为精加工，加工范围

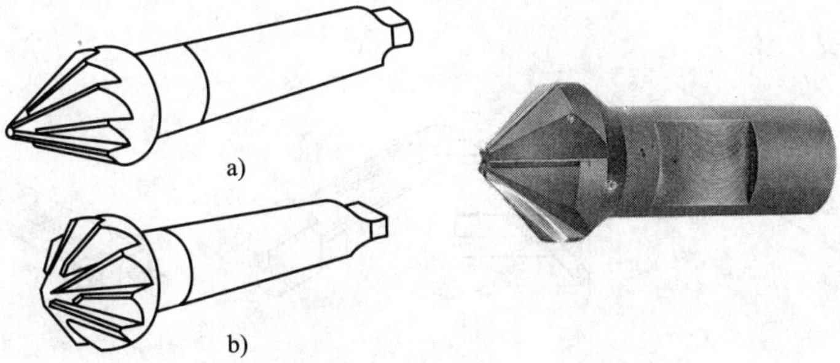

图 6—33　锥面锪钻

a）60°锥面锪钻　b）120°锥面锪钻

很广。车孔精度可达 IT8 ~ IT7，表面粗糙度为 $Ra3.2 \sim 1.6$ μm，精细车削可达到更小（$Ra0.8$ μm），车孔还可以修正孔的直线度误差。

根据加工情况，内孔车刀可分为通孔车刀（见图 6—34a）和盲孔车刀（见图 6—34b）两种。

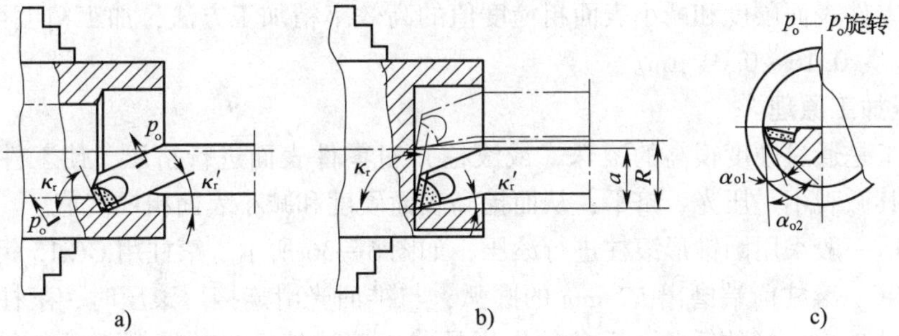

图 6—34　内孔车刀

a）通孔车刀　b）盲孔车刀　c）双重后角

1. 通孔车刀

通孔车刀的几何形状基本上与外圆车刀相似。其主偏角通常取 $\kappa_r = 60° \sim 75°$，副偏角 $\kappa_r' = 15° \sim 30°$。为了防止内孔车刀后面与孔壁摩擦，同时使刀柄的截面积增大，一般磨成两个后角（见图 6—34c）或将后面磨成圆弧状。精车通孔时，采用正刃倾角使切屑排向待加工表面。

2. 盲孔车刀

盲孔车刀用来车盲孔或台阶孔，切削部分的几何形状基本上与偏刀相似。它的主偏角为 90° ~ 93°。刀尖在刀柄的最前端，刀尖与刀柄外端的距离（a）应小于内孔半径（R），否则孔的底平面无法车平。精车时，必须采用后排屑内孔车刀，即只能采用负刃倾角。

为了节省刀具材料和提高刀柄强度，可以把高速钢或硬质合金做成小刀头，装在碳钢或合金钢制成的刀柄上，在顶端或上面用螺钉紧固。内孔车刀刀柄有车通孔的（见图 6—35a）和车盲孔的（见图 6—35b）两种。车盲孔的刀柄方孔应做成斜的。刀柄可根据孔径大小及孔深做成几组，以便在加工时选择使用。

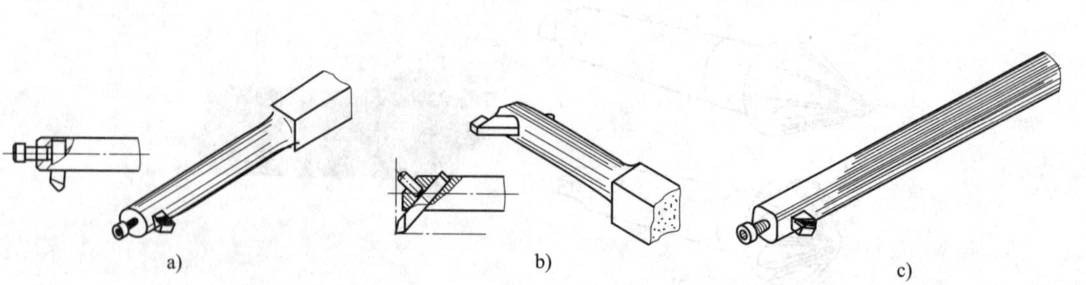

图 6—35　内孔车刀刀柄

a）通孔车刀刀柄　b）盲孔车刀刀柄　c）方形长刀柄

刀柄的截面形状有方形和圆形两种。圆形内孔车刀刀柄（见图 6—35a、b）伸出长度固定，不能适应各种孔深工件的加工要求；方形长刀柄（见图 6—35c）刚度更高，并且可根据不同的孔深调整刀柄伸出长度，以利于发挥刀柄的最大刚度。

五、深孔滚压工具

深孔滚压加工是一种在卧式车床上利用滚压工具对深孔内表面进行滚动挤压加工的方法，是提高零件表面硬度和减小表面粗糙度值的高效率精加工方法，加工精度可达 IT7，表面粗糙度 *Ra* 为 0.16 ~ 0.04 μm。

1. 滚压加工原理

滚压加工是通过硬度很高的滚珠（或滚柱）对零件表面进行挤压，使工件表面产生塑性变形，将其微观不平压光、挤平，从而提高表面硬度和减小表面粗糙度值。

深孔滚压一般采用圆锥形滚柱进行滚压，如图 6—36 所示。滚柱用 GCr15 钢制造，淬硬至 62 ~ 64HRC，滚柱前端磨出 *R*2 mm 的圆弧，与锥面光滑连接。滚压时，滚柱表面与工件表面之间形成 0.5° ~ 1°的后角。后角的作用是减小滚柱挤压时的接触面，有利于减小表面粗糙度值。

滚柱的数量根据孔径大小而定，一般选 4 ~ 8 个，但几个滚柱的外径尺寸必须一致，其同尺寸允差在 0.005 mm 以内。滚柱数量增多，滚压总的接触面就增大，可以增加进给量和提高滚压效率。

2. 滚压头的结构

图 6—37 所示为深孔滚压头的结构。在滚压过程中，滚柱 2 所受的轴向力经销钉 3 传递给套圈 4，向右顶在推力球轴承 6 上。这时滚压头外径为滚压内孔的工作尺寸。滚压完毕，滚压头从已滚过的内孔中退出。当滚柱反向通过零件内孔时，受到一个向左的轴向力，这个力传给保持器 1，经套圈压缩弹簧 5，使滚柱 2 沿锥套 12 向左移动，滚压头外径就会缩小。这样滚压头从零件孔中退出时不会损伤已滚好的表面。

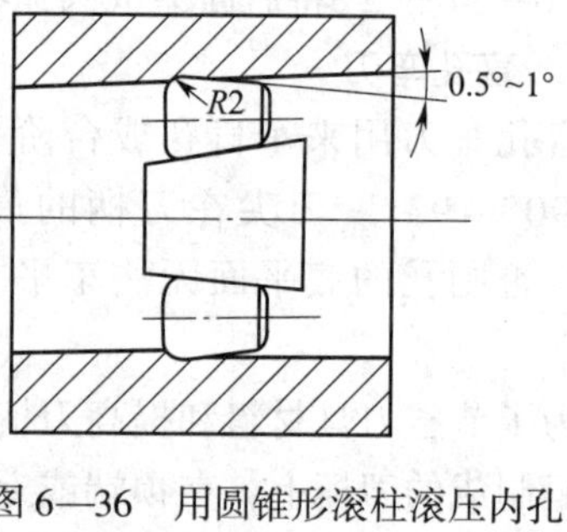

图 6—36　用圆锥形滚柱滚压内孔

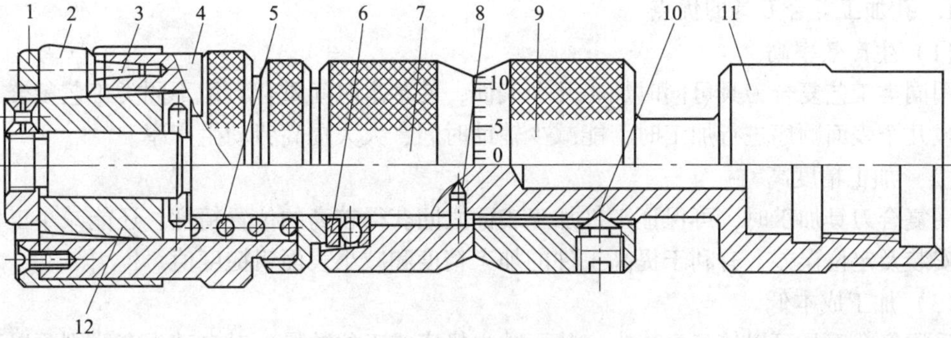

图 6—37　深孔滚压头的结构

1—保持器　2—滚柱　3、8—销钉　4—套圈　5—弹簧　6—推力球轴承　7—套筒
9—螺母　10—螺钉　11—柄部　12—锥套

滚压头径向尺寸可做微量调节，以适应不同挤压量的需要。方法是调节螺母，使套筒 7 轴向移动，并使滚柱在锥套 12 上移动，滚柱即沿径向伸缩。

3. 滚压用量

滚压过盈量的大小直接影响表面粗糙度，太大容易使工件表面产生“脱皮”现象。一般钢件滚压过盈量为 0.1 ~ 0.12 mm。

进给量：$f = 0.15 \sim 0.25$ mm/r；

滚压速度：$v = 60 \sim 80$ m/min；

切削液：使用油类切削液，一般可用煤油和硫化油的混合剂。

4. 滚压时的注意事项

（1）滚压前，孔应经过浮动镗刀精加工，表面粗糙度 $Ra \leqslant 5$ μm。

（2）滚压前应清洗孔壁，去除油污及切屑，否则滚压后会产生“麻点”，影响表面粗糙度。

（3）滚压次数一般不能超过 2 次，否则会产生“脱皮”现象。

（4）切削液必须经过过滤，保证清洁，无切屑和杂物。

六、孔加工复合刀具

孔加工复合刀具是将两把或两把以上同类或不同类的孔加工刀具组合成一体的专用刀具，如图 6—38 所示，它能将钻孔、扩孔、铰孔、锪孔、镗孔等工序进行复合加工或依序加工，具有高效率、高精度、高可靠性的成形加工特点，在组合机床及自动生产线上应用广泛。

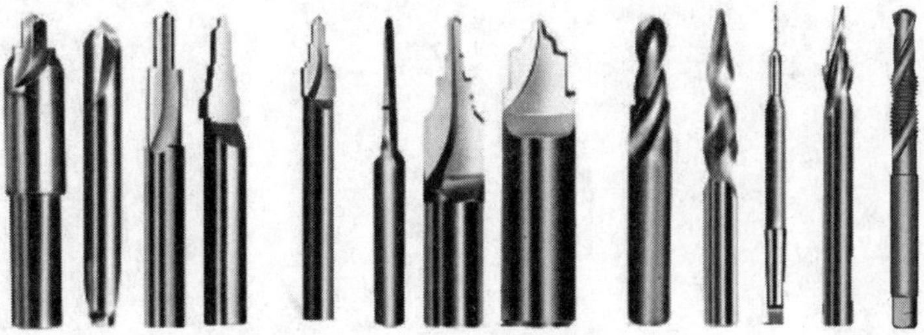

图 6—38　孔加工复合刀具

1．孔加工复合刀具的优点

（1）生产效率高

用同类工艺复合刀具可同时加工几个表面，使基本时间重合；用不同类工艺复合刀具对一个或几个表面顺序进行加工时，能减少辅助时间，大大提高劳动生产率。

（2）加工精度高

用复合刀具加工时，可保证工件加工表面之间获得较高的位置精度，还能减小工件、刀具的安装及定位误差，有利于提高工件的加工精度和减小表面粗糙度值。

（3）加工成本低

采用复合刀具可以使工序集中，从而减少机床或工位数量，对自动生产线则可以大大节省投资，同时对操作人员的技术水平要求较低。

（4）加工范围广

孔加工复合刀具不仅可加工实心材料，也可扩大毛坯孔。既可加工圆柱形孔，也可加工锥形孔、螺纹孔、多台阶孔，还可锪凸台、沉孔等。

2．孔加工复合刀具切削用量的选择

采用复合刀具切削时的切削力大，刀具制造、重磨和调整困难，应制定较大的刀具耐用度（不少于4 h），故应选用较小的切削用量。

孔加工复合刀具的背吃刀量 a_p 由相邻单刀的直径差决定，a_p 不宜过大。复合刀具的进给量是各刀相同的，应以最小尺寸的单刀来确定。对于先后切削的复合刀具，如钻—扩—攻螺纹复合刀具，切削时应依次相应地改变进给量，以适应各单刀的加工需要。切削速度应按最大直径刀具来确定，这是因为最大直径刀具的切削速度最高，磨损最快。各单刀进行不同加工工艺时，应兼顾各工艺特点，如采用钻—铰复合刀具加工时，采用的切削速度应低于正常的钻削速度，而又高于正常的铰削速度。

第七章 铣　　刀

铣刀是在铣床上对工件进行切削加工时所使用的刀具。铣削时，铣刀做旋转运动（主运动）分离切屑，进给运动则根据需要由工件和刀具来完成。

铣刀属于多齿刀具，铣刀的每一个刀齿相当于一把车刀（见图 7—1），其切削部分的几何参数及切削的基本规律与车刀相似。但铣削属断续切削和多刃切削，同时参加切削的刀齿数较多，切削厚度和切削层面积随时在变化。因此，铣刀又具有其自身的特殊规律，具体有以下几点：

第一，铣削过程中，切削厚度和切削宽度随时间而变化，即切削层面积是随时间变化的，如图 7—1 所示，因而引起切削力周期性变化，产生周期性振动，造成铣削过程的不平稳。

第二，铣削时每个刀齿是短时间周期性切削，虽有利于刀齿的散热和冷却，但周期性的热变形会引起刀齿的热疲劳裂纹，造成切削刃剥离或崩刃。

第三，铣刀刀刃在切削过程中，由于切削厚度是变化的，当刃口圆弧半径小于切削厚度时，刃口才能切入工件；否则，铣刀刀齿与工件产生很大的挤压和摩擦，加剧铣刀刀齿后面的磨损，工件表面加工硬化严重，影响工件表面粗糙度。

第四，铣刀每个刀齿的切削是断续的，切屑比较碎小，且刀齿与刀齿之间有足够的容屑空间，故排屑较顺畅。

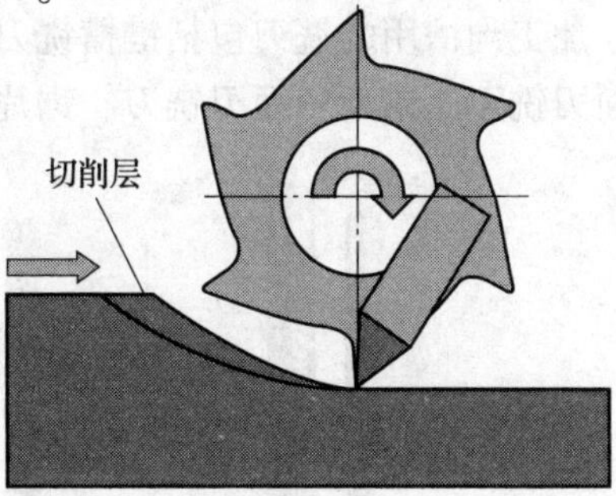

图 7—1　铣刀（每齿相当一把车刀）

第一节　铣刀的种类及用途

铣刀的结构复杂，种类很多，按不同的分类方法有不同的类别。

一、按铣刀的用途分类

按用途不同，铣刀可分为加工平面用铣刀、加工沟槽用铣刀、加工圆弧面用铣刀和加工曲面用铣刀等。

1. 加工平面用铣刀

加工平面通常采用的铣刀有圆柱铣刀、面铣刀（端铣刀）和立铣刀。

（1）圆柱铣刀

圆柱铣刀（见图 7—2a）用于在卧式铣床上加工平面，主要由高速钢制造。圆柱铣刀采用螺旋形刀齿，可提高切削工作的平稳性。

图 7—2　加工平面用铣刀

a）圆柱铣刀　b）可转位面铣刀　c）立铣刀

（2）面铣刀（端铣刀）

面铣刀主要用在立式铣床上加工平面，刀齿大多采用硬质合金制成，如图 7—2b 所示为可转位面铣刀，生产效率高，加工表面质量也较高。

（3）立铣刀

立铣刀（见图 7—2c）由 W6Mo5Cr4V2 或同等性能的高速钢制成，用于在立式铣床上加工平面或台阶面。

2. 加工沟槽用铣刀

加工沟槽用的铣刀包括键槽铣刀、立铣刀、T 形槽铣刀、燕尾槽铣刀、角度铣刀、直齿三面刃铣刀、错齿三面刃铣刀、锯片铣刀、波形刃立铣刀等，如图 7—3 所示。

图 7—3　加工沟槽用铣刀

a）键槽铣刀　b）立铣刀　c）T 形槽铣刀　d）燕尾槽铣刀

e）对称双角铣刀　f）单角铣刀　g）直齿三面刃铣刀　h）错齿三面刃铣刀　i）锯片铣刀　j）波形刃立铣刀

3. 加工圆弧面用铣刀

加工圆弧面用的铣刀有圆角立铣刀、圆弧铣刀，如图 7—4 所示。

a)　　　　b)　　　　c)

图 7—4　加工圆弧面用铣刀

a）圆角立铣刀　b）凸圆弧铣刀　c）凹圆弧铣刀

4. 加工曲面用铣刀

球头立铣刀（见图 7—5）是数控铣床、加工中心等加工复杂型面（如模具零件）时常用的刀具。

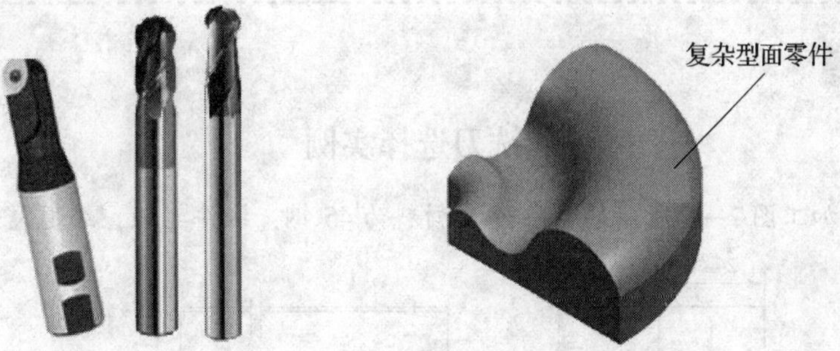

图 7—5　加工曲面用的球头立铣刀

二、按铣刀刀齿材料分类

铣刀刀齿材料通常使用的是高速钢和硬质合金。

1. 高速钢铣刀

这类铣刀是目前应用最广泛的铣刀，尤其是形状比较复杂的铣刀，通常用高速钢材料制造。高速钢铣刀通常做成整体式的。

2. 硬质合金铣刀

采用硬质合金制作刀齿或刀齿的切削部分，随着可转位硬质合金刀片的推广应用，硬质合金铣刀的使用日益增多。

三、按铣刀齿背形状分类

高速钢整体铣刀有尖齿铣刀、铲齿铣刀两种。

1. 尖齿铣刀

尖齿铣刀的齿背呈直线形，如图 7—6a 所示，易于制造和刃磨，磨损后沿后面进行重磨。大多数铣刀属尖齿铣刀，图 7—2、图 7—3 所示的铣刀均为尖齿铣刀。

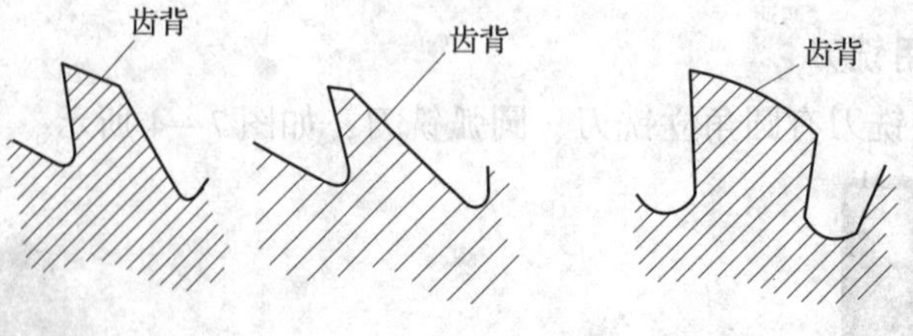

a)　　　　　　　　b)

图 7—6　齿背形状

a）尖齿铣刀齿背形状　b）铲齿铣刀齿背形状

2. 铲齿铣刀

铲齿铣刀的齿背是用铲齿方法（通过专用铲背车床）加工出来的，其齿背形状如图 7—6b 所示。铲齿铣刀磨钝后是沿前面进行重磨的，重磨后的铣刀刃形保持原形，因而适用于切削廓形较复杂的工件，如图 7—4b、c 所示的圆弧铣刀为铲齿铣刀。

除此之外，铣刀还可以按刀齿数目分为粗齿铣刀和细齿铣刀。在直径相同的情况下，粗齿铣刀的刀齿数较少，且刀齿的强度和容屑空间较大，适用于粗加工；细齿铣刀则反之，适用于半精加工和精加工。

〔工程应用〕

铣刀选择实例

1. 铣削加工图 7—7 所示的台阶键（材料为 45 钢，锻件毛坯，经退火或正火处理）。

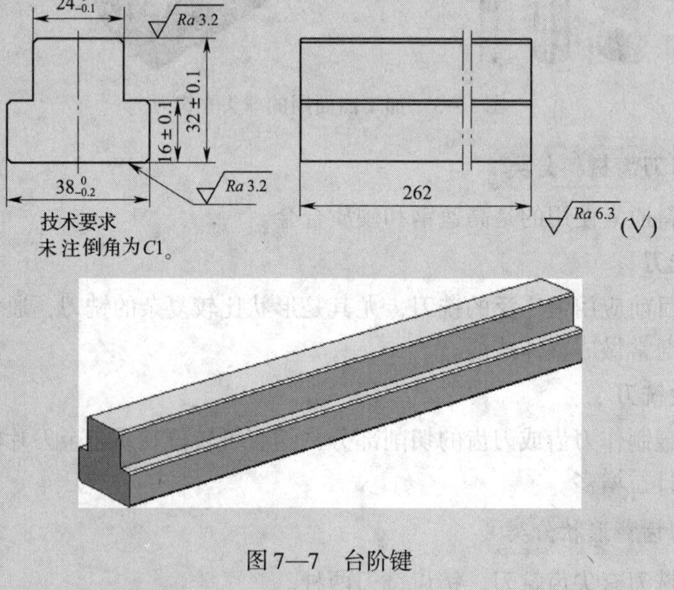

图 7—7　台阶键

分析：根据图 7—7 所示，需要加工的台阶宽度尺寸不大，可以选用三面刃铣刀或立铣刀铣削台阶，因此有两种方案可供加工时选择，即在立式和卧式两种铣床上加工。

选刀：根据图 7—7 所示，需要铣削的表面有毛坯四面、两侧阶台、倒角，具体选用铣刀种类见表 7—1。

表 7—1　　　　铣刀种类的选择

序号	在卧式铣床上加工		在立式铣床上加工	
	铣刀名称	铣削工件表面	铣刀名称	铣削工件表面
1	圆柱铣刀	铣毛坯四面	面铣刀	铣毛坯四面
2	三面刃铣刀	铣两侧台阶	立铣刀	铣两侧台阶、倒角
3	角度铣刀	倒角		

2. 铣削加工图 7—8 所示零件中的各种槽（材料为 45 钢，锻件毛坯，经退火或正火处理）。

图 7—8　带槽的零件

分析：根据图 7—8 所示零件，需要铣削的表面为燕尾槽、T 形槽、V 形槽。

选刀：形状不同的槽，在铣削时选用不同的铣刀加工。所选铣刀见表 7—2。

表 7—2　　　　铣削各种槽选用的刀具

序号	铣 T 形槽		铣 V 形槽		铣燕尾槽	
	铣刀名称	加工内容	铣刀名称	加工内容	铣刀名称	加工内容
1	立铣刀	铣直槽	锯片铣刀	铣窄槽	立铣刀	铣直槽
2	T 形槽铣刀	铣 T 形槽	对称双角铣刀或立铣刀	铣 V 形槽	燕尾槽铣刀	铣燕尾槽

第二节　铣刀的几何参数及铣削要素

一、铣刀的几何参数

铣刀的每个刀齿相当于一把普通车刀，所以车刀几何角度的定义也适用于铣刀，如图 7—9 所示。

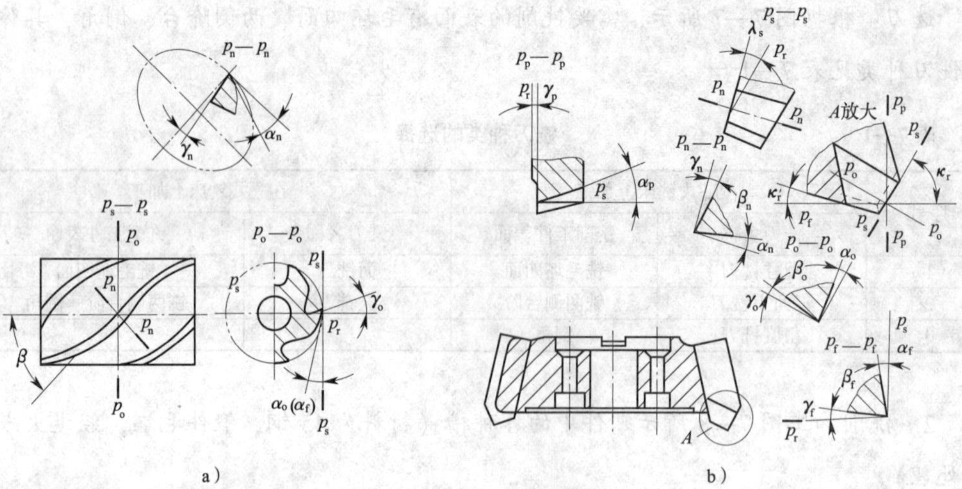

图 7—9　铣刀几何角度

a）圆柱铣刀　b）面铣刀

1. 前角

对于螺旋齿圆柱铣刀，为了便于制造和测量，规定法向前角 γ_n 为其标注角度。而 γ_n 和 γ_o 的换算关系为：

$$\tan\gamma_n = \tan\gamma_o \tan\beta$$

式中　β——螺旋齿的螺旋角。

对于面铣刀，规定用正交平面内的前角 γ_o 为标注角度（见图 7—9b 中 p_o—p_o 视图）。

选择铣刀前角的原则是根据工件材料和刀具材料选择。若工件材料较软，为了减少切削层的变形，减小切削力与切削热，应选择较大的前角；若工件材料硬而脆，为提高刀具切削部分的强度，应选择较小的前角；硬质合金铣刀的前角要比高速钢铣刀的前角小些。前角的数值可参考表 7—3。

表 7—3　　铣刀的前角（圆柱铣刀为 γ_n，面铣刀为 γ_o）

刀具材料 \ 工件材料	钢材	铸铁	铝合金
高速钢	10° ~20°	5° ~15°	25° ~30°
硬质合金	−10° ~15°	−5° ~5°	—

2. 后角

规定铣刀的后角在正交平面内测量。在铣削过程中，由于铣削厚度比车削小，磨损主要发生在后面上，为了减少后面的磨损，应该选择较大的后角 α_o。后角的大小可参考表 7—4。

3. 主偏角和副偏角

圆柱铣刀的主偏角 κ_r = 90°。因圆柱铣刀无副切削刃，所以无副偏角。

硬质合金面铣刀的主偏角 κ_r 和副偏角 κ_r' 如图 7—9b 所示，其数值参考表 7—5。

表 7—4　　铣刀后角的数值

铣刀类型		α_o
高速钢铣刀	粗齿	12°
	细齿	16°
硬质合金铣刀	粗齿	6°~8°
	细齿	12°~15°

表 7—5　　硬质合金面铣刀主偏角 κ_r 和副偏角 κ_r'

工件材料	κ_r	κ_r'
钢材	60°~75°	0°~5°
铸铁	45°~60°	0°~5°

4. 刃倾角

圆柱铣刀的刃倾角 λ_s 等于刀齿的螺旋角 β。螺旋角 β 的作用是使铣刀刀齿逐渐切入和切出工件，提高铣削的平稳性。增大螺旋角 β，能增大铣刀的实际工作前角，增加刀具的锋利程度，使切削轻快，易于排出切屑，对切削过程有利。

选择硬质合金面铣刀的刃倾角时，主要考虑铣削中的冲击性。为了提高刀尖的强度，应合理选择刃倾角的值，如铣削钢及铸铁时，刃倾角应取负值；只有在加工强度较低的工件材料时，刃倾角才选用正值。

铣刀刃倾角 λ_s（螺旋角 β）的大小见表 7—6。

表 7—6　　铣刀的刃倾角 λ_s（螺旋角 β）

铣刀类型	圆柱铣刀		立铣刀	键槽铣刀	三面刃铣刀、两面刃铣刀	硬质合金面铣刀
	粗齿	细齿				
λ_s（β）	40°~60°	25°~30°	30°~45°	15°~20°	10°~15°	−15°~−5°

二、铣削要素

铣削要素包括铣削用量和铣削层参数。

1. 铣削用量

铣削用量包括铣削速度、铣削深度、铣削宽度和进给量。

（1）铣削速度（v）

铣削速度是指在切削过程中铣刀的线速度。铣刀始终绕轴线旋转，其刀刃沿圆形轨迹运动，故其计算公式为：

$$v = \frac{\pi d n}{1\ 000} \quad (\text{m/min})$$

式中　d——铣刀的直径，mm；

n ——铣刀的转速，r/min。

（2）铣削深度（a_p）

铣削深度是指平行于铣刀轴线测得的切削层尺寸，对于圆柱铣刀，铣削深度即为被铣削表面的宽度，如图 7—10a 所示。对于面铣刀，铣削深度是已加工表面与待加工表面之间的垂直距离，如图 7—10b 所示。

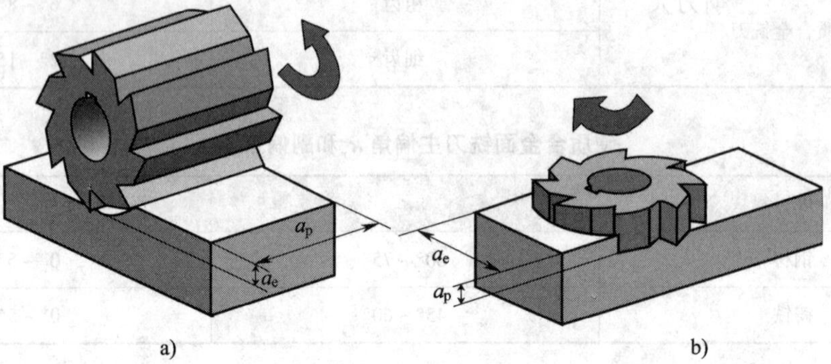

图 7—10　铣削用量要素

a）圆柱铣刀（周铣）　b）面铣刀（端铣）

（3）铣削宽度（a_e）

铣削宽度是指垂直于铣刀轴线测量的切削层尺寸。对于圆柱铣刀，铣削宽度是指被切削层的深度，如图 7—10a 所示；对于面铣刀，铣削宽度为被铣削层表面的宽度，如图 7—10b 所示。

（4）进给量

铣刀是多刃刀具，因此，进给量有下面几种不同的表达方式：

1）每齿进给量（f_z）　铣刀每转过一个刀齿时，工件与铣刀的相对位移（mm/齿）。一般选择铣削用量时采用此表达方式。

2）每转进给量（f）　铣刀每转一转，铣刀与工件的相对位移（mm/r）。每转进给量 f 为每齿进给量 f_z 与铣刀齿数 z 的乘积，即 $f=f_z z$。

需要指出的是，通过每转进给量（f）和转速（n）还可计算出进给速度（v_f），$v_f=fn$，它是铣刀相对于工件的移动速度，也即单位时间内的进给量，单位为 mm/min。数控加工编程时常会用到进给速度。

每齿进给量 f_z、每转进给量 f、进给速度 v_f 三者之间的关系为：

$$v_f=fn=f_z zn \qquad (\text{mm/min})$$

式中　z——铣刀齿数。

［提示］

铣削时，根据加工性质先确定每齿进给量 f_z，然后根据铣刀的齿数 z 和铣刀的转速 n 计算出每分钟进给量 v_f（进给速度），并以此对铣床进给量进行调整。

2. 铣削层参数

铣削时，铣刀相邻两个刀齿在工件上形成的加工表面之间的一层金属称为铣削层。对铣削力影响较大的是切削厚度 a_c 和切削宽度 a_w。

(1) 切削厚度（a_c）

切削厚度是指相邻两刀齿主切削刃运动轨迹间的距离，在基面中测量，如图 7—11 所示。切削厚度 a_c 是影响切削力大小的主要因素。主切削刃的运动轨迹，无论是周铣还是端铣都是弧线。因此，在每个刀齿的切削全过程中 a_c 都是变化的，所以铣削力也随切削齿的运动而变化。

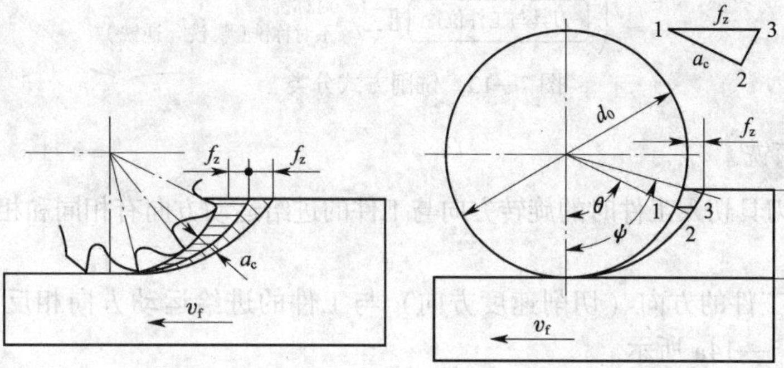

图 7—11　圆柱铣刀的切削厚度及其变化

a）切削厚度　b）切削厚度的计算

用圆柱铣刀铣削（周铣）（见图 7—11），当 $\theta=0°$ 时，$a_c=0$；当 $\theta=\psi$ 时，a_c 为最大。

(2) 切削宽度（a_w）

切削宽度是指铣刀主切削刃参加工作的长度。

对于直齿圆柱铣刀，其切削宽度等于铣削深度，即 $a_w=a_p$。

对于螺旋齿圆柱铣刀，其切削宽度随着刀齿的位置不同而不同，刀齿刚接触工件时，a_w 的值很小，随着刀齿的切入逐渐增大，切出时又逐渐减小，如图 7—12 所示。

切削宽度也影响铣削力的大小，对面铣刀和直齿圆柱铣刀，其一次进给时 a_w 不变，故对铣削力的影响也不变。

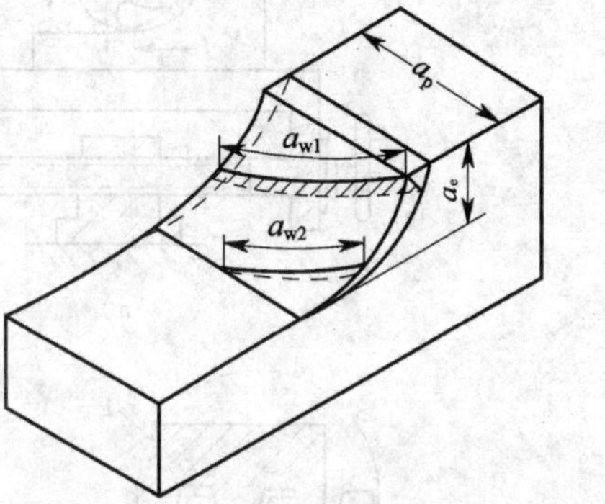

图 7—12　螺旋齿铣刀的切削宽度

第三节　铣 削 方 式

在金属切削加工技术中，铣削是除车削外最重要的加工方法，可用于平面、轮廓、曲面、孔等表面的加工。实际生产中，可根据进给方向、刀具切入类型、加工面形状、刀具与工件位置等对铣削方式进行分类，如图 7—13 所示。

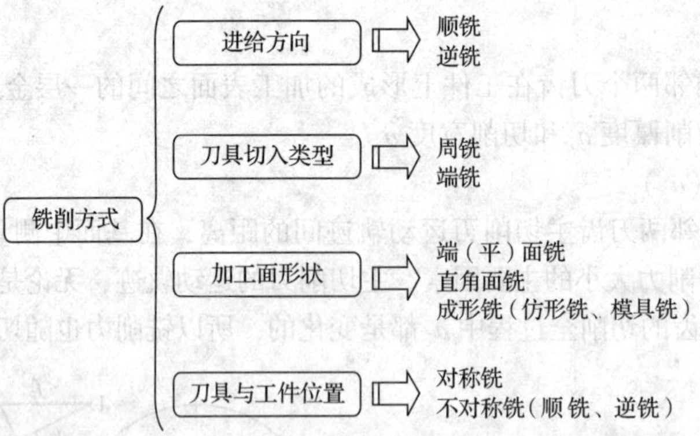

图 7—13　铣削方式分类

一、逆铣与顺铣

铣削加工时，刀具切入工件时的旋转方向与工件的进给运动方向有相同和相反两种情况。

1. 逆铣

铣刀旋转切入工件的方向（切削速度方向）与工件的进给运动方向相反，这种铣削方式称为逆铣，如图 7—14a 所示。

2. 顺铣

铣刀旋转切入工件的方向（切削速度方向）与工件的进给运动方向相同，这种铣削方式称为顺铣，如图 7—14b 所示。

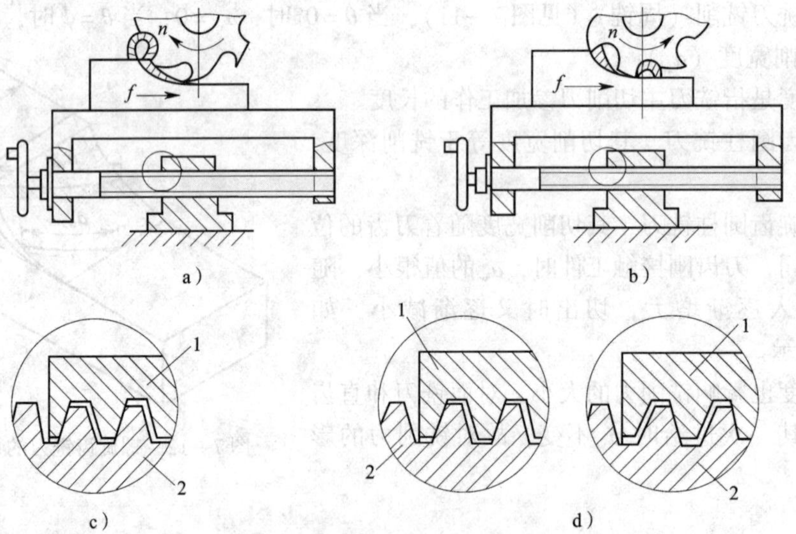

图 7—14　逆铣和顺铣

a）逆铣　b）顺铣　c）丝杠螺纹左侧与螺母螺纹右侧接触　d）丝杠和螺母之间的间隙不断变化

1—螺母　2—丝杠

3. 逆铣与顺铣的特点

（1）逆铣时，每个刀齿的切削厚度从零增至最大（见图 7—15a），由于切削刃不可能绝对锋利，故刀齿总要在已加工表面上滑擦一段距离后才切入工件，此时形成的冷硬变质层会加剧下一刀齿的磨损，影响刀具的耐用度。但工件表皮（硬皮）对刀齿的影响很小。

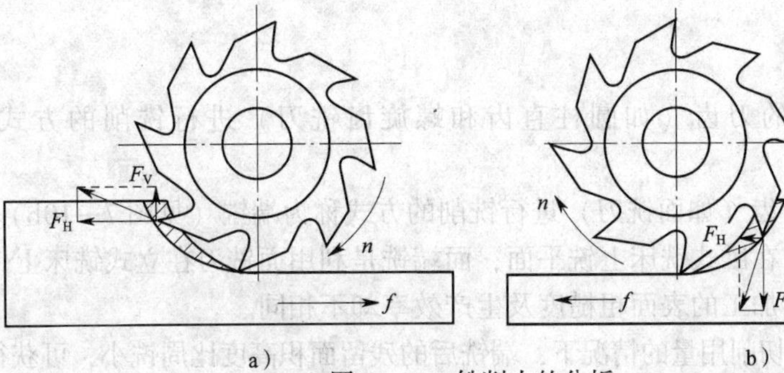

图 7—15 铣削力的分析

a）逆铣 b）顺铣

顺铣时则相反，切入时的切削厚度最大，逐渐减小至零（见图 7—15b），且切削速度与进给运动同向，避免了刀齿在工件已加工表面上的滑擦，减少了加工表面的冷硬现象对刀具后面的磨损，所以，当切削无硬皮的工件时，刀具的耐用度比逆铣高。

（2）逆铣时各刀齿产生的水平铣削分力 F_H 与进给运动方向相反（见图 7—15a），工作台丝杠螺纹左侧与螺母螺纹右侧始终接触（见图 7—14c），切削时工作台不会产生窜动，进给平稳，有利于保护机床丝杠螺母副的传动精度。

顺铣时作用在工作台（工件）上的水平铣削分力 F_H 与进给运动方向相同（见图 7—15b），由于丝杠和螺母之间存在间隙，又由于 F_H 的大小随着刀具的旋转而变化，因此易使工作台产生突然窜动（见图 7—14d），甚至会造成“打刀”，同时也会影响工件加工质量。

（3）逆铣时作用在工件上的垂直铣削分力 F_V 是向上的（见图 7—15a），与工件的夹紧力和工件重力方向相反，有把工件从工作台上抬起的趋势，影响工件的夹紧并容易产生振动，工件表面粗糙度不易保证。

顺铣时，作用在工件上的垂直铣削分力 F_V 向下（见图 7—15b），工件压向工作台。即切削分力 F_V 与夹紧力和工件重力方向一致，铣削平稳，有利于提高刀具的耐用度和减小工件的表面粗糙度值。

在没有丝杠螺母间隙消除机构的铣床上，不能采用顺铣，而只能采用逆铣。当铣床上装有丝杠螺母间隙消除机构时，采用顺铣能提高刀具耐用度，也有利于减小工件表面粗糙度值。

［提示］

由于数控机床工作台的运动是由滚珠丝杠副带动的，如图 7—16 所示，具有消隙功能，丝杠螺母间基本没有间隙，因此，在数控机床上进行铣削加工时宜采用顺铣方式。

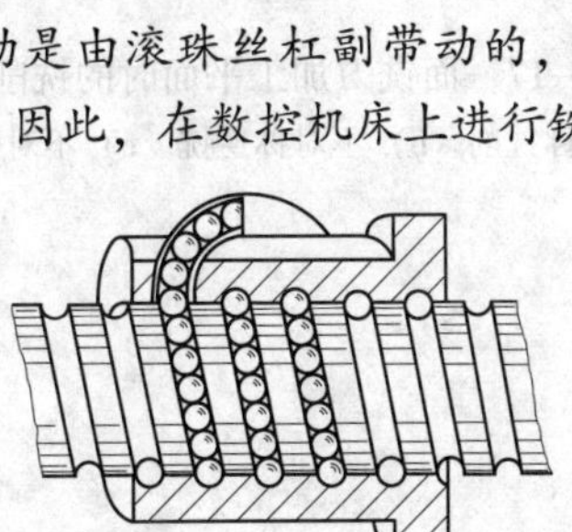

图 7—16 滚珠丝杠的结构

二、周铣与端铣

凡用铣刀圆周上的刀齿（如圆柱直齿和螺旋齿铣刀）进行铣削的方式称为周铣（见图 7—10a）。

凡用铣刀端面的刀齿（如面铣刀）进行铣削的方式称为端铣（见图 7—10b）。

周铣是用圆柱铣刀在卧式铣床上铣平面，而端铣是利用面铣刀在立式铣床上铣平面。两者的功能虽相似，但其加工的表面粗糙度及生产效率却不相同。

一般来说，在同等切削用量的情况下，端铣后的残留面积高度比周铣小，可获得较小的表面粗糙度值。由于端铣刀具的刚度高，其切削速度可高达 80 m/min，而周铣一般为 30 m/min，故端铣的生产效率高于周铣；但在成批生产加工组合平面时端铣不如周铣灵活，周铣一次可加工数个平面。

必须指出，区分端铣与周铣的主要依据是主切削刃所在的位置，而不是以立式铣床与卧式铣床来区分。

三、对称铣削与不对称铣削

1. 对称铣削（见图 7—17a）

刀具与工件的位置对称，刀齿切入工件与切出工件的切削厚度相同，铣削宽度顺铣与逆铣部分相同。

2. 不对称逆铣（见图 7—17b）

铣刀切入时切削厚度最小，切出时切削厚度最大。这种铣削方式可减少刀齿的冲击，使切削平稳。利用这种铣削方式铣削碳素钢和一般合金钢时，刀具耐用度可提高一倍以上。一般端铣多采用这种铣削方式。

3. 不对称顺铣（见图 7—17c）

铣刀开始切入时切削厚度最大，而切出时的切削厚度最小。用于加工不锈钢和高温合金时，可减少硬质合金的剥落破损，但要注意顺铣产生的不良影响。

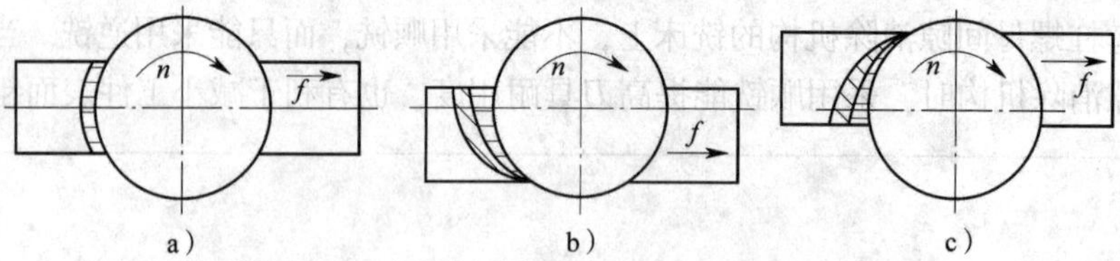

图 7—17　面铣刀加工平面时的铣削方式

a）对称铣削　b）不对称逆铣　c）不对称顺铣

第八章 拉 刀

拉刀是一种在拉床（如卧式外拉床、立式内拉床）上通过一次进给（主运动），在短时间内就能完成特别难加工工件轮廓加工的一种多齿刀具，如图8—1所示。

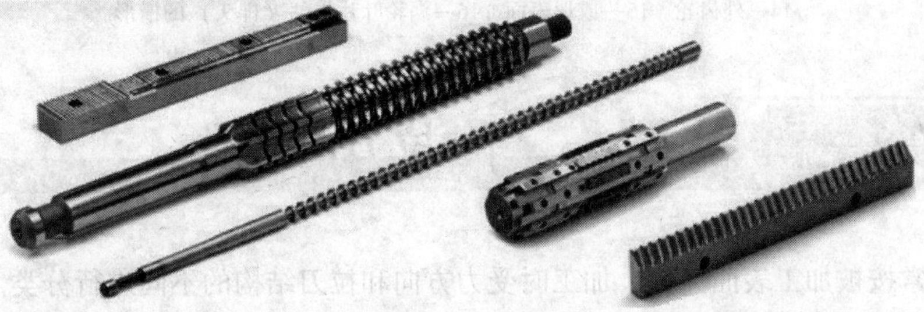

图8—1 拉刀

拉削时，利用拉刀上相邻刀齿尺寸的变化依次从工件上切下很薄的金属层，从而获得精度高、表面质量好的工件表面，如图8—2所示。拉削加工精度可达到IT9～IT7，表面粗糙度为$Ra3.2 \sim 0.5\ \mu m$。

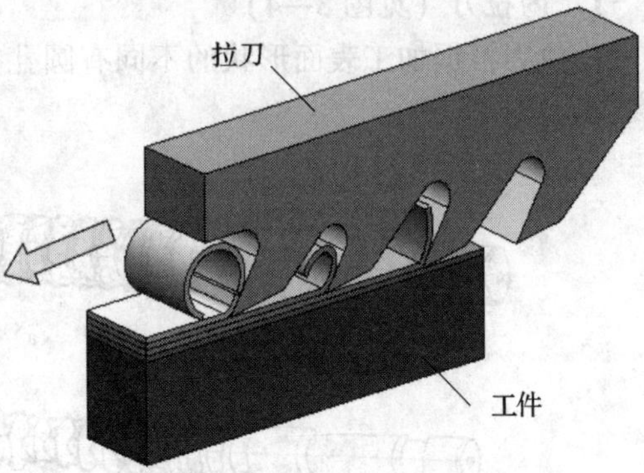

图8—2 拉削过程

拉削的主要特点：能加工各种形状贯通的内、外表面，加工精度高，生产效率高，拉刀的使用寿命长，但拉刀制造较复杂，因此，拉削主要用于大量、成批生产。但对有些形状复杂的孔和槽，虽是单件、小批量生产，也有用拉削加工的，如键槽（花键槽）、枪管的来复线（膛线）、内孔及各种平面等。图8—3所示为拉削加工的典型工件截面形状。

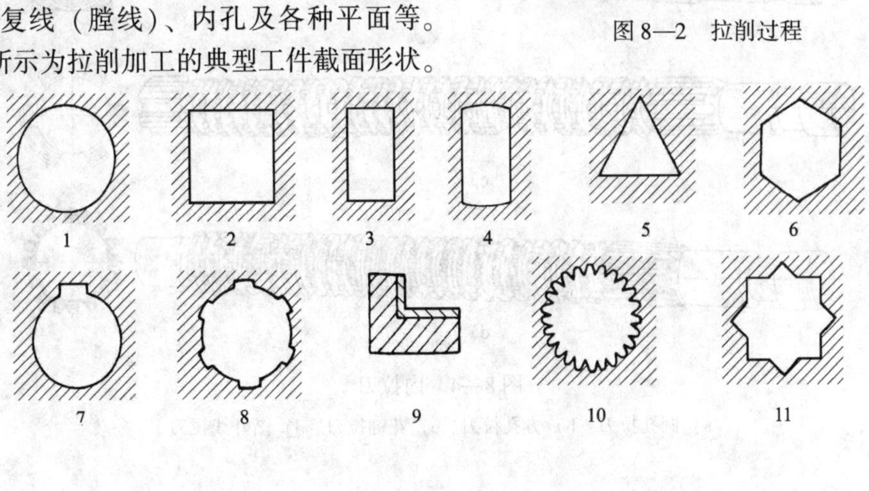

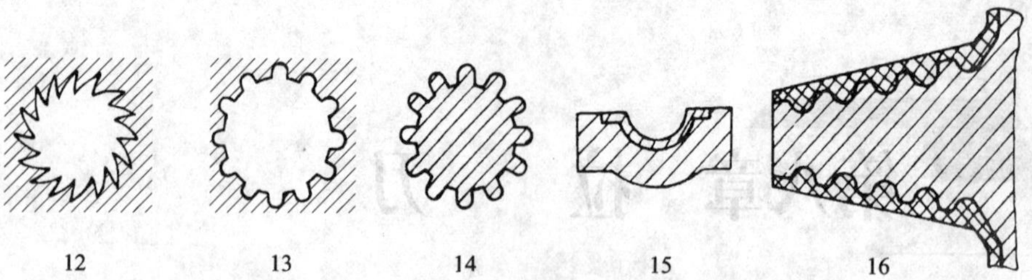

图 8—3　拉削加工的典型工件截面形状

1—圆孔　2—方孔　3—长方孔　4—鼓形孔　5—三角孔　6—六角孔　7—键槽　8—花键槽　9—相互垂直平面　10—齿纹孔　11—多边形孔　12—棘爪孔　13—内齿轮孔　14—外齿轮　15—成形表面　16—涡轮叶片根部（榫头）的槽形

第一节　拉刀的种类

拉刀通常按被加工表面部位、加工时受力方向和拉刀结构的不同进行分类。

一、按被加工表面部位不同分类

按被加工表面部位不同，拉刀可分为内拉刀和外拉刀。

1. 内拉刀（见图 8—4）

内拉刀根据加工表面形状的不同有圆孔拉刀、方孔拉刀、花键拉刀、渐开线拉刀及其他形状的拉刀。

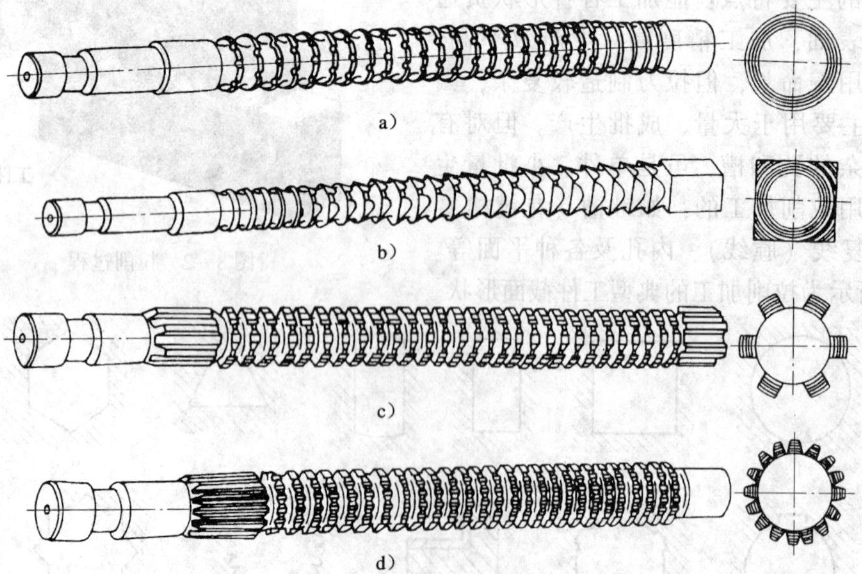

图 8—4　内拉刀

a）圆孔拉刀　b）方孔拉刀　c）花键拉刀　d）渐开线拉刀

2. 外拉刀（见图 8—5）

外拉刀有平面拉刀、齿槽拉刀及直角拉刀等。直角拉刀采用组合结构形式，将拉刀工作部分固定在刀体上，结构简单，制造方便且节省材料。

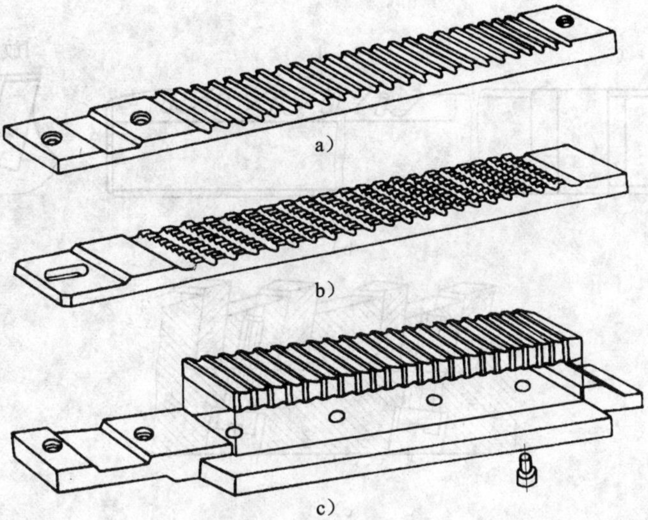

图 8—5　外拉刀

a）平面拉刀　b）齿槽拉刀　c）直角拉刀

二、按加工时受力方向不同分类

按加工时受力方向不同，拉刀可分为拉刀和推刀。

拉削时，拉刀受到拉力的作用，在拉伸状态下工作，如图 8—6a 所示；推刀是在压缩状态下工作，工作时受到推压力作用，如图 8—6b 所示。

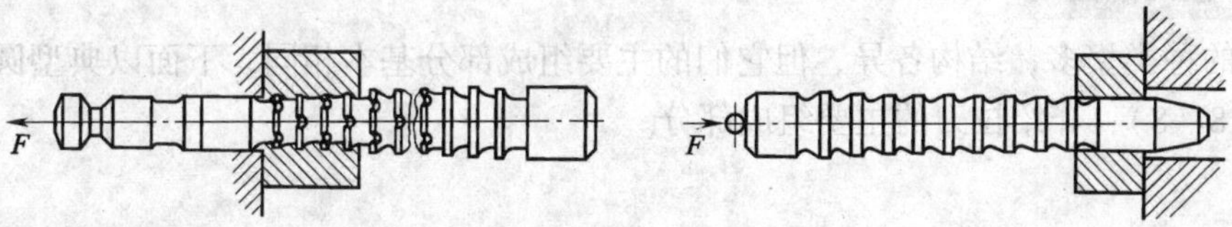

图 8—6　拉刀受力状况

a）拉刀　b）推刀

三、按拉刀结构不同分类

按拉刀结构不同，拉刀可分为整体拉刀、装配拉刀、焊齿拉刀和镶齿拉刀。

整体拉刀主要用于中、小型尺寸的高速钢拉刀，如图 8—4 所示的内拉刀；加工大尺寸、复杂形状表面的拉刀则可由几个零部件组装而成，如图 8—7a 所示的装配拉刀和图 8—5c 所示的直角拉刀；对于硬质合金拉刀，利用焊接或机械镶装的方法将刀齿固定在结构钢刀体上，如图 8—7b、c 所示。

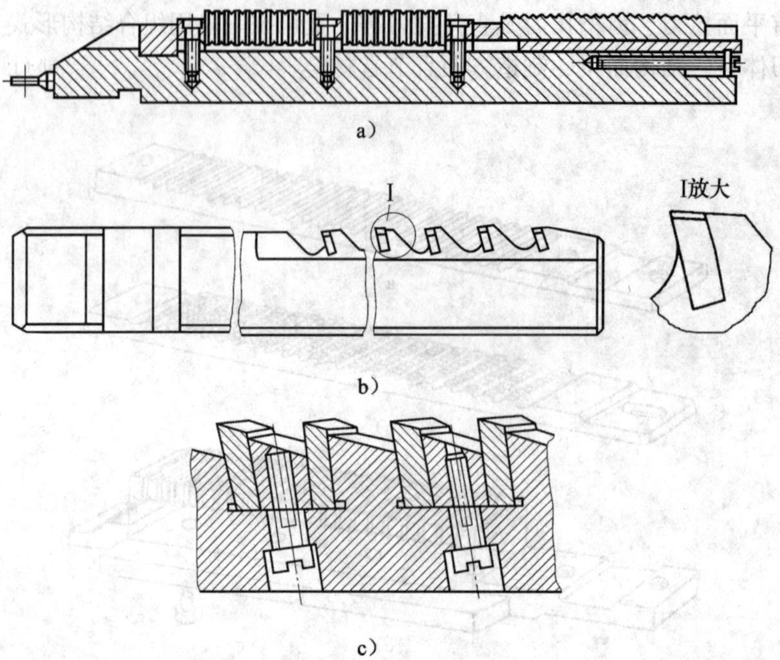

图 8—7　硬质合金拉刀

a）装配拉刀　b）焊齿拉刀　c）镶齿拉刀

第二节　拉刀的结构组成及主要参数

一、拉刀的组成

拉刀的种类繁多，结构各异，但它们的主要组成部分基本相同。下面以典型圆孔拉刀为例（见图 8—8），介绍拉刀的主要组成部分。

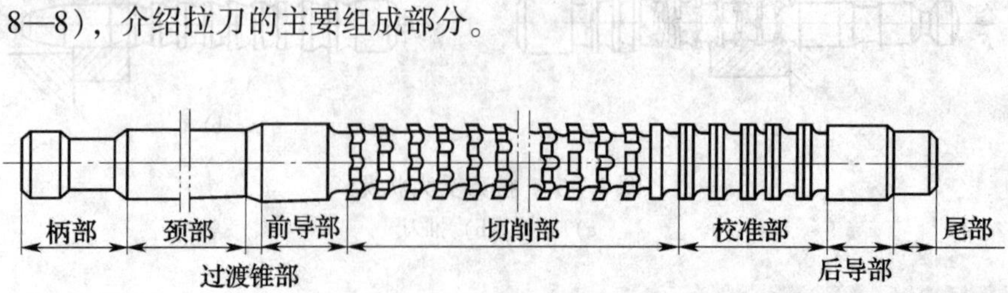

图 8—8　圆孔拉刀的组成部分

1. 柄部

柄部分前柄和后柄，前柄是拉刀前端，与拉床连接，用来夹持拉刀和传递动力。又长又重的拉刀应有后柄，工作时，由拉床的托架支撑，以防止拉削过程中因拉刀自重下垂而影响加工质量和损伤拉刀刀齿，并可减轻装卸拉刀的劳动强度。

2. 颈部

颈部是柄部与过渡锥部的连接部分，拉刀材料、尺寸规格等标记一般都打在颈部。

3. 过渡锥部

过渡锥部是前导部前端的圆锥部分，可使拉刀的前导部顺利进入工件的预制孔中。

4. 前导部

前导部引导拉刀以正确的方向进入工件的预制孔中，用以保持孔与拉刀的同轴度。工件预制孔套在前导部上，可检查工件预制孔径的大小，防止第一刀齿因负荷过重而崩刃。

5. 切削部

这部分刀齿起切削作用，担负全部切削工作。其中前面的刀齿为粗切齿，后面的刀齿为精切齿。各齿直径依次递增，经拉削后去除全部加工余量。

6. 校准部

最后几个刀齿的形状和直径都相同，起修光和校准作用。当切削齿经过重磨直径减小后，它可依次递补成为切削齿。

刀齿具有前角 γ_o 和后角 α_o，并在后面上磨出圆柱刃带宽 b_{a1}，相邻两刀齿间是容屑槽（见图 8—9），各切削齿的刀刃上磨有分屑槽。

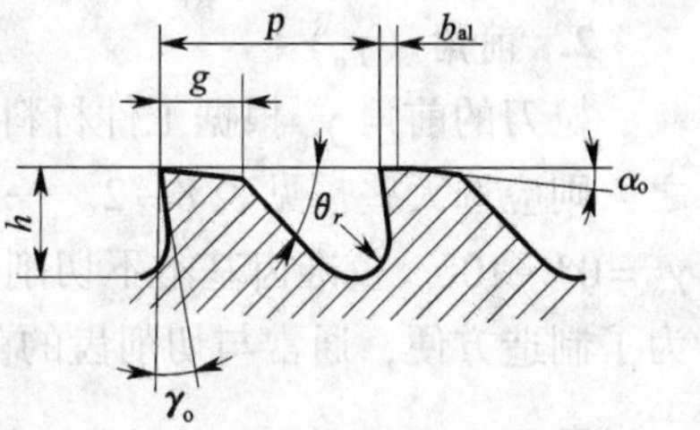

图 8—9 工作部齿形及相关要素

7. 后导部

刀齿切离后，用它支撑工件，以防止工件下垂而损坏已加工表面及刀齿。

二、拉刀切削部分的主要参数和结构

拉刀切削部分的参数及结构主要有齿升量 f_z、前角 γ_o、后角 α_o、齿距 p、容屑槽、分屑槽、齿数 z_n、刃带宽 b_{a1}、拉刀直径等。

1. 齿升量（f_z）

齿升量是指前后相邻两刀齿（或齿组）的高度差或半径差。它是拉刀的重要结构参数。齿升量 f_z 的大小影响加工表面质量、拉削力、拉刀磨损、拉刀长度和拉削效率。

齿升量越大，切削齿数越少，拉刀越短，刀具成本越低，生产效率越高。但齿升量过大，会造成拉削时金属变形加剧，卷屑与排屑困难，拉削力增大，影响拉刀强度和机床负荷，拉削后工件表面质量差。齿升量也不宜过小，因为齿升量过小时，会增大刃口圆弧半径对加工表面的挤压和摩擦，甚至无法切下很薄的金属层，加剧刀齿的磨损。因此，齿升量不宜小于 0.005 mm。齿升量的选择原则如下：

（1）粗切齿齿升量在保证拉刀强度和拉床拉力足够的条件下，尽量选择较大值。通常粗切齿齿升量的数值根据工件材料的性质和拉刀的类型来确定，见表 8—1。一般粗切齿应切除拉削余量的 80% 以上，而且各齿的齿升量相等，每齿的齿升量可为 0.03 ~ 0.1 mm。

表 8—1　　分层式拉刀粗切齿齿升量　　mm

拉刀类型	加工材料			
	碳钢（R_m <0.50 GPa）	灰铸铁	铝	青铜、黄铜
圆拉刀	0.015 ~ 0.020	0.03 ~ 0.08	0.02 ~ 0.05	0.05 ~ 0.12
矩形花键拉刀	0.04 ~ 0.06	0.04 ~ 0.10	0.02 ~ 0.10	0.05 ~ 0.12
矩形拉刀、平拉刀	0.03 ~ 0.12	0.06 ~ 0.20	0.05 ~ 0.08	0.06 ~ 0.15

（2）精切齿的齿升量一般根据被拉削表面质量和精度来确定，应尽量选小些。拉削一般钢材时，精切齿齿升量可取 0.005 ~ 0.02 mm。

（3）精切齿和粗切齿之间的几个刀齿为过渡齿，过渡齿的齿升量应从粗切齿的齿升量逐齿递减至精切齿的齿升量。目的是使刀齿负荷逐渐下降，拉削平稳。校准齿的齿升量为零。

2. 前角（γ_o）

拉刀的前角 γ_o 根据工件材料选择。工件材料的强度和硬度比较高时，γ_o 应选小些；反之，则应选大些，见表 8—2。一般高速钢拉刀的前角 γ_o = 5° ~ 20°，硬质合金拉刀的前角 γ_o = 0° ~ 10°。校准齿基本不切削，只起修光作用，其前角可取小些，一般 γ_o = 0° ~ 5°，但为了制造方便，通常与切削齿的前角相等。

表 8—2　　拉刀刀齿前角

工件材料		前角 γ_o
钢	≤197HBW	16° ~ 18°
	198 ~ 229HBW	15°
	≥229HBW	10° ~ 12°
灰铸铁	≤180HBW	8° ~ 10°
	>180HBW	5°
可锻铸铁		10°
铜、铝及镁合金，巴氏合金		20°
青铜、（铝）黄铜		5°
一般黄铜		10°
不锈钢、耐热奥氏体钢		20°

注：1. 前面也可用倒棱。若用倒棱，仅在校准齿和精切齿上使用，可提高拉刀的强度。倒棱为 0.5 ~ 1 mm。
2. 当加工钢料的圆孔拉刀 d_m <20 mm 时，允许前角减小到 8° ~ 10°。

3. 后角（α_o）

拉刀的后角 α_o 很小，一般切削齿后角 α_o = 2°30′ ~ 4°，校准齿后角 α_o = 30′ ~ 1°30′。因为拉刀重磨时是磨前面，如果后角过大，则重磨后拉刀直径减小较快，会缩短拉刀的寿命，所以一般内拉刀的后角都设计成很小。外拉刀的刀齿高度可以调整，后角可以取大些。

在拉刀刀齿的后面上还要加工出一段有一定宽度的后角为 0°的刃带 b_{a1}，如图 8—9 所示。主要是为了保证拉刀重磨后刀齿直径不变，提高拉削过程的平稳性和便于测量各刀齿直径，延长拉刀的使用寿命。但刃带不宜过宽，否则会加剧刀齿与已加工表面的摩擦，降低加工表面质量。拉刀后角与刃带宽见表 8—3。

表 8—3　　拉刀后角与刃带宽

名称	花键拉刀		圆拉刀			键槽拉刀		
	粗切齿	校准齿	粗切齿	精切齿	校准齿	粗切齿	精切齿	校准齿
刃带宽	0.05 ~ 0.15 mm	0.7 mm	≤0.2 mm	0.3 mm	当 $d \leqslant 50$ mm 时，$b_{a1}=0.6$ mm；当 $d>50$ mm 时，$b_{a1}=0.8$ mm	0.3 mm	0.5 mm	1.0 mm
后角	2°30′~4°	30′~1°30′	2°30′~4°		30′~1°30′	2°30′~4°		30′~1°30′

4. 齿距（p）和同时工作齿数

齿距 p 是相邻两刀齿间的轴向距离，如图 8—9 所示。同时工作齿数是指在拉削过程中，在拉削长度范围内参与工作的最大刀齿数量。

齿距的大小主要影响同时工作齿数和容屑槽空间。当齿距过大时，则同时工作齿数过少，会使拉削过程不平稳，降低加工表面质量，同时将增大拉刀长度，降低生产效率。如果齿距过小，则容屑空间就会减小，切屑容易堵塞，而且同时工作齿数将增多，致使切削力增大，严重时可能使拉刀折断。

粗切齿齿距 p 的确定原则应是在容屑空间和拉刀强度足够的前提下，尽可能选取较小的数值，一般粗切齿齿距 p 可按下式计算：

$$p=(1.25\sim1.9)\sqrt{L_0}$$

式中　L_0——拉削长度，mm。

精切齿和校准齿的齿距可以取小些，但为制造方便也可以取与粗切齿齿距相同的值。

拉刀要保证同时工作齿数满足 3 ~ 8 齿，最好是 4 ~ 5 齿。如果同时工作齿数太少，可考虑把几个工件叠在一起拉削。

5. 容屑槽

容屑槽的形状和尺寸应保证有合理的前角，可使切屑沿前面顺利流出和卷曲、容屑槽空间足够大以及刀齿有足够的强度和较多的重磨次数。目前常用的容屑槽类型有三种，见表 8—4。

表 8—4　　　　容屑槽类型及应用

容屑槽类型	容屑槽截面形状	特点	应用
直线齿槽型	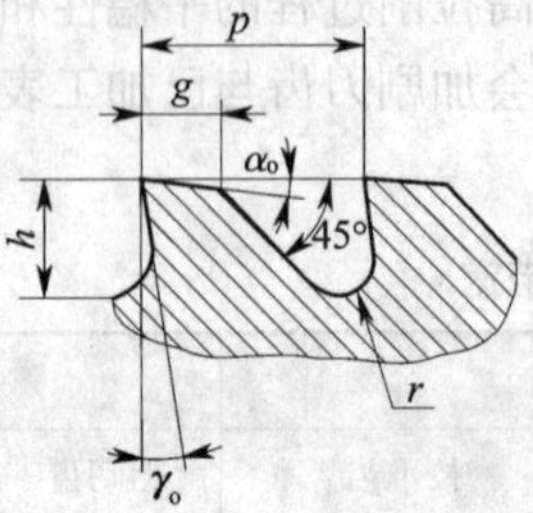	形状简单，制造容易，但容屑空间较小	主要用在拉削铸铁等脆性材料和采用分层式拉削韧性材料的拉刀上
曲线齿槽型	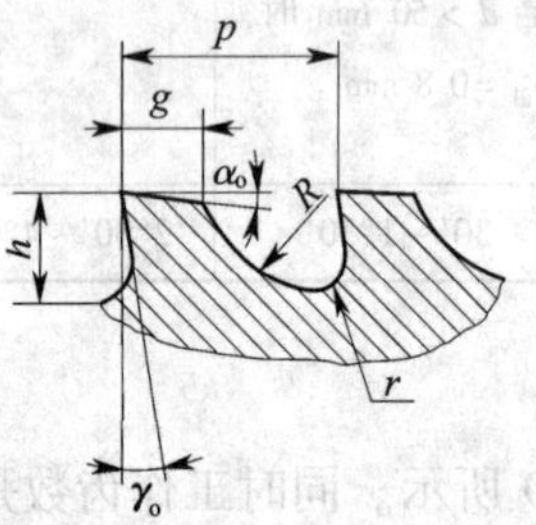	容屑空间较大，切屑容易卷曲，但制造复杂	主要用在拉削韧性材料和齿升量较大的拉刀上
直线双圆弧齿槽型	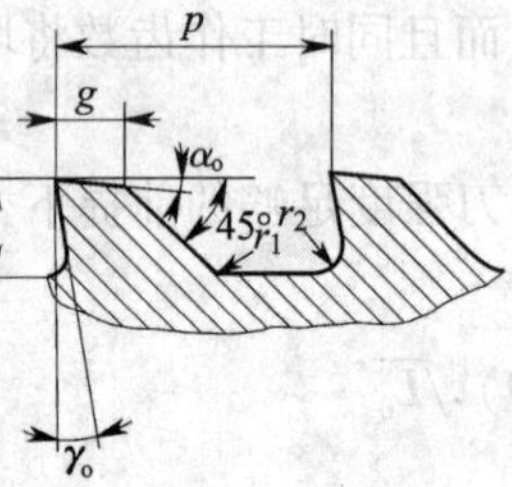	容屑空间大，制造较简单	主要用在分块式拉削和齿升量较大的拉刀上，目前生产的拉刀大都采用这种槽型

6. 分屑槽

分屑槽的作用是减小切削宽度，便于切屑容纳在容屑槽中及清除切屑。对于切削刃较长的刀齿都要磨出分屑槽。

常用分屑槽的形状如图 8—10 所示。图 8—10a 所示为圆弧形分屑槽，用于轮切式拉刀的切削齿及组合式拉刀的粗切齿和过渡齿。图 8—10b 所示为角度形分屑槽，用于同廓式、渐成式拉刀的切削齿和组合式拉刀的精切齿。

分屑槽的一般要求：分屑槽的深度应大于齿升量，否则将起不到分屑作用；前、后刀齿上的分屑槽要相互错开；为了使分屑槽上两侧的切削刃也有一定的后角，减小切削刃与加工表面的摩擦，可将槽底后角磨成 $\alpha_o = 2°$；分屑槽的数目 n_k 应保证每段切屑宽度不大于7 mm，n_k 最好取偶数，以便于测量刀齿直径；为保证工件表面质量，最后 1 ~ 2 个精切齿一般不开分屑槽，加工铸铁等脆性材料不开分屑槽；对于圆弧形分屑槽，某一刀齿的刃宽应大于前一刀齿对应位置上的槽宽，一般要大于 0.5 mm。

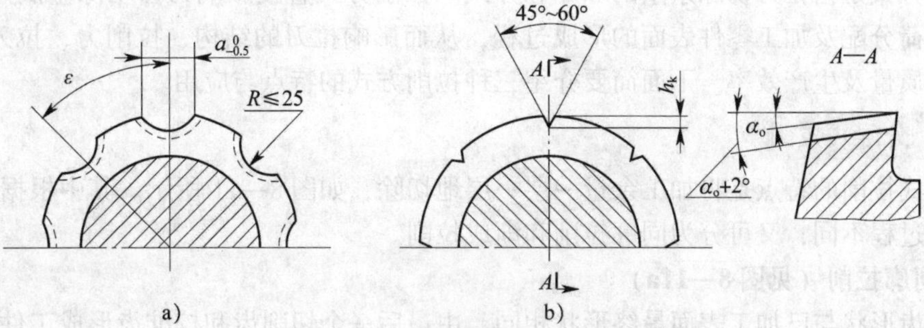

图 8—10　常用分屑槽的形状

a）圆弧形分屑槽　b）角度形分屑槽

7. 齿数和直径

（1）拉刀齿数

一把拉刀齿数的多少是由加工余量和齿升量的大小确定的。根据粗切齿齿升量和已知的加工余量 A，切削齿总的齿数可按下式估算：

$$z_n = \frac{A}{2f_z} + (3 \sim 5)$$

式中　z_n——拉刀齿数；

A——加工余量，mm；

f_z——齿升量，mm。

其中，粗切齿齿数应保证切除加工余量的 80% 以上；过渡齿的齿数根据粗切齿和精切齿齿升量之差的大小来确定，一般可取 3 ~ 8 个；精切齿齿数可取 3 ~ 7 个；校准齿齿数可取 4 ~ 8 个。拉刀最终的刀齿数目要在每个刀齿直径排列后才能确定，可能需要调整许多次才能完成。

（2）拉刀直径

圆孔拉刀第一个刀齿主要用于修光预制孔的毛边，齿升量应取小些或者为零。一般第一个刀齿的直径可等于预制孔的最小极限尺寸 $D_{0\,min}$（若预制孔比较光整，第一个刀齿直径也可为前导部直径加上两倍齿升量），最后一个精切齿直径等于校准齿直径。

为了增加拉刀的重磨次数，拉刀的校准齿直径应取拉削后孔径的最大极限尺寸 D_{max}。考虑到拉削后孔径可能扩张或收缩，校准齿直径的基本尺寸应为：

$$d_{b校} = D_{max} \pm \delta$$

式中　D_{max}——拉削后孔径的最大极限尺寸，mm；

δ——拉削后孔径的扩张量或收缩量，应通过试验来确定，一般在 0.003 ~ 0.01 mm 范围内。

第三节 拉削方式

拉削方式是指拉刀切除余量的顺序和方式。拉削方式直接影响刀齿切除金属层的形状、刀齿的负荷分配及加工零件表面的形成过程，从而影响拉刀的结构、拉削力、拉刀耐用度、拉削表面质量及生产效率。下面简要介绍三种拉削方式的特点与应用。

一、分层式拉削

分层式拉削的特点是将加工余量一层一层地切除，如图 8—11 所示。其中根据已加工表面的形成过程不同，又可分为同廓拉削和渐成拉削。

1. 同廓拉削（见图 8—11a）

各刀齿形状与已加工表面最终形状相同。由最后一个切削齿和校准齿形成工件最终的形状和尺寸。同廓拉削的切削厚度小，切削宽度大，拉刀齿数较多，长度也长，产生的拉力大，刀具成本高，生产效率低，但获得的工件表面质量较好。主要用于加工余量较少和较均匀的中小尺寸零件，也用于加工精度要求高的成形表面。

2. 渐成拉削（见图 8—11b）

各刀齿廓形与工件已加工表面最终形状不同，工件最终的形状和尺寸是由各刀齿切除的表面连接而成的。拉刀制造简单，但获得的表面质量较差。

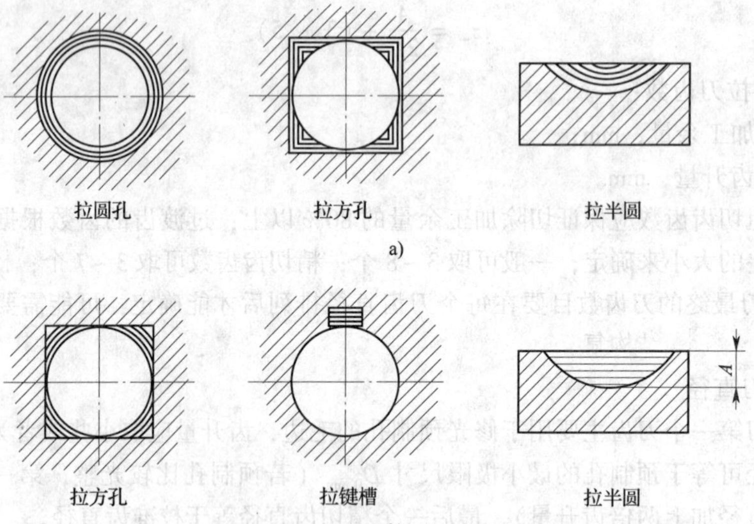

图 8—11　分层式拉削

a）同廓式　b）渐成式

二、轮切（分块）式拉削

轮切式拉削是将加工余量分为若干层，每层被刀齿分段切除。按这种拉削方式设计的拉刀上有几组刀齿，每组刀齿中包含着两个或三个刀齿。同一组刀齿的直径相同或基本相同，每个刀齿的切削位置是相互错开的，各切除同一层金属中的一部分，全部余量由几组刀齿按顺序切除。

图 8—12a 所示的拉削图形表示相应的拉刀有四组切削刀齿，承担四层余量的切削，每组刀齿中包含三个直径相同的刀齿，它们先后切除同一层金属的黑、白两部分余量。

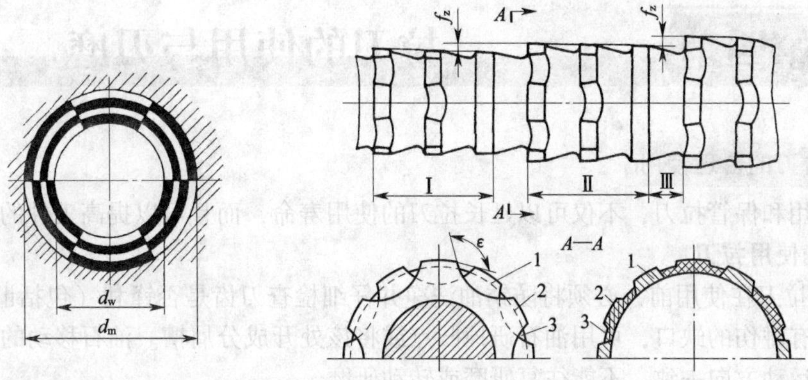

图 8—12 轮切（分块）式拉削

a）轮切式拉削图形 b）轮切式拉刀

1、2、3—切削刀齿

图 8—12b 所示为三个切削刀齿为一组的轮切式圆拉刀的截形，前两个切削刀齿 1、2 无齿升量，在刀刃上磨出交错分布的大圆弧分屑槽，切削刃也呈交错分布，各切除同一层金属中的几段金属。剩下未切除的部分，由同一组中的第三个切削刀齿 3 切除，切削刀齿 3 不做成圆弧形凹槽，只做成圆环形，其直径比其他切削刀齿小 0. 02 ~ 0. 05 mm，以防止这个刀齿切下整圈金属层。

轮切式拉削与分层式拉削比较，其优点是每一个刀齿的切削厚度大、切削宽度小。因此，虽然每层金属有一组（2 个或 3 个）刀齿在切削，但由于切削厚度比分层式拉削大两倍以上，所需的齿数仍可减少，拉刀的长度短，生产效率高，又可节省刀具材料，且刀具的强度高，散热良好，故刀齿的磨损量少，使用寿命长。

轮切式拉刀主要适用于加工尺寸大、余量多的内孔，还可用来加工带有硬皮的铸件和锻件；但轮切式拉刀的结构复杂，制造困难，拉削后的工件表面也较粗糙。

三、组合式拉削

组合式拉削实质上也是一种轮切式拉削，它是吸取了轮切式与同廓式的优点而形成的一种拉削方式，即粗切齿及过渡齿制成轮切式结构，这样就可缩短拉刀长度，提高生产效率，且工件表面质量高。

图 8—13 所示为组合式拉削的拉削图形。第一刀齿切去第一圈金属层厚度的一半左右，其余的留给第二刀齿切削；第二刀齿除切去本圈金属层厚度的一半外，还切去第一刀齿留下的第一圈金属厚度的一半左右，故拉削厚度增加了一倍；第三刀齿与第二刀齿一样，如此交错切削，直到把粗切余量全部切完为止。精切齿则采用同廓式刀齿的结构，齿升

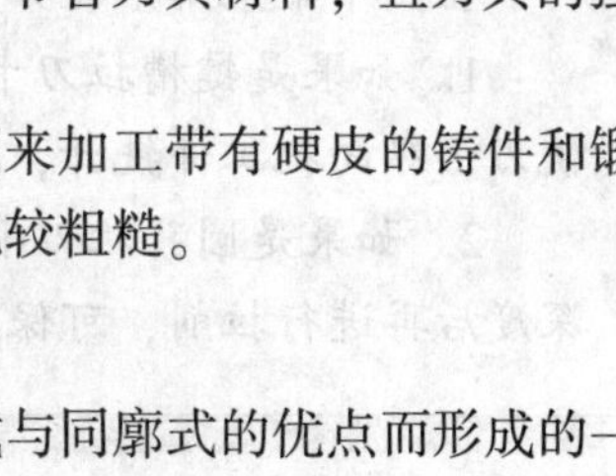

图 8—13 组合式拉削

量较小，校准齿无齿升量。

组合式拉刀刀齿的齿升量分布较合理，故拉削余量大，且齿数较分层式拉削的少，拉刀长度短，拉削平稳，拉刀耐用度较高，但刀具制造复杂。

第四节 拉刀的使用与刃磨

一、拉刀的合理使用

正确使用和保管拉刀，不仅可以延长拉刀的使用寿命，而且可以提高工件的表面质量。

1. 正确使用拉刀

（1）新拉刀在使用前，必须将防锈油洗净并仔细检查刀齿是否锋利（包括旧拉刀）。如发现刀齿上有碰伤的缺口，可用油石研掉凸点或将该处开成分屑槽。油石移动的方向要与拉刀拉削时的运动方向一致，不能往复研磨或转动研磨。

（2）装夹拉刀时，位置要准确，夹持要可靠。

（3）拉削后，应用铜刷将附着在切削刃上的切屑刷除干净。如用铜刷清除不掉，可用油石轻轻研掉。但严禁用钢刷，也不能用棉纱。铜刷或油石的移动方向与拉刀切削时的运动方向一致。

（4）拉削中，若拉床拉力不够、工件偏斜以及其他原因会使拉床发出沉重的响声，甚至拉床滑板停止移动，拉刀被卡在工件里，此时应立即停车检查。如果拉刀卡在工件里，要注意保护拉刀。在任何情况下，都严禁用锤子或压力机强迫卸下工件，因为这样做必将造成拉刀崩刃。

〔提示〕

生产中常采用下述办法解决拉刀卡在工件里的情况：

1. 如果是键槽拉刀卡在工件里，可把拉刀连同工件一起卸下，装在铣床上用锯片铣刀沿纵向把工件铣开，取出拉刀。

2. 如果是圆孔拉刀卡在工件里，可装到车床上，用切断刀横向切断或者切到一定深度后再进行拉削，可保护拉刀不致损坏。

2. 正确保管拉刀

（1）严禁把拉刀放在拉床床面或其他硬度高的物体上，避免拉刀与硬物碰撞，以免碰伤刀齿。

（2）拉刀使用完毕，应清洗干净后垂直吊挂在架子上，以免拉刀因自重而发生弯曲变形。较长时间不用的拉刀，应清洗和涂防锈油后包扎好，垂直吊挂在架子上。

（3）运送拉刀时，更要注意保护拉刀刀齿。一般使用专用木盒放置拉刀，防止拉刀滚动。

3. 合理选择切削液

由于刀齿切削时处于封闭状态，散热条件较差，会使切削热稳定上升，加剧拉刀刀齿磨损，影响加工表面质量和刀具耐用度，因此，合理选用切削液对改善加工表面质量和提高刀具耐用度十分重要。

拉削采用的切削液主要有乳化液和硫化油。乳化液冷却性能好，但润滑性能较差，并且使用周期短。硫化油使用周期长，润滑性能好，可使拉刀耐用度成倍提高，但只能用于拉削精度要求不高的一般钢材。对于合金钢特别是高强度合金钢，宜采用含有油性添加剂和极压添加剂的复合润滑油，可有效提高拉刀耐用度和改善加工表面质量。

4. 合理选择拉削速度

拉削速度是拉刀切削用量中唯一能进行调整的参数。拉刀耐用度、生产效率和加工表面质量在很大程度上都取决于拉削速度的选择。

拉削速度一般根据被加工材料的性质、加工表面质量和刀具耐用度进行选择。目前，高速钢拉刀的拉削速度为 0.5 ~ 15 m/min。

当加工表面质量要求不高时，拉削速度可在 3 ~ 7 m/min 的范围内选择。如果拉刀的齿升量较大，拉削速度应取较小值。当加工表面质量要求较高时，拉削速度应适当降低。

工件材料的强度、硬度较高时，拉削速度应适当降低。如加工各种特种钢，拉削速度可取 1 ~ 2 m/min；而加工有色金属时，可采用较高的拉削速度，一般可取 10 ~ 12 m/min。

近年来，高速拉削有了很大发展，它可以进一步提高拉削生产效率和改善加工表面质量。目前高速拉削的拉削速度已达 35 ~ 40 m/min。但高速拉削需要有较大功率和刚度的高速拉床。

二、拉刀的修复

由于拉刀制造成本较高，为了使一些报废的拉刀能继续使用，在生产实践中创造出不少修复拉刀的方法。下面介绍三种方法：

1. 拉刀个别刀齿有较严重的损伤、缺口或崩刃时，可将该齿磨掉，再把该齿的齿升量均匀地分摊到后面各刀齿上，但同时工作齿数不能太少。

2. 拉刀经多次刃磨后，直径变小将要报废时，可将拉刀装到普通车床上，一端用三爪自定心卡盘夹紧，另一端用回转顶尖顶住。开车后用带负前角的硬质合金车刀逐齿挤压刀齿前面，如图 8—14 所示。挤压后直径可增大 0.01 ~ 0.02 mm，然后再研磨，使其达到规定的尺寸。

3. 校准齿严重磨损后，可将校准齿全部磨去（留下芯杆），并在端部切出螺纹，再套上新的校准齿，然后用螺母压紧，如图 8—15 所示。为保证新装校准齿的同轴度，校准齿的最后刃磨应在镶套以后进行。

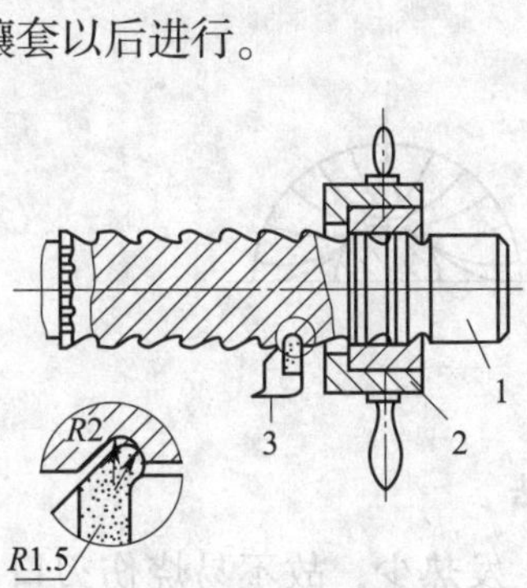

图 8—14 挤压刀齿法

1—拉刀 2—研磨工具 3—硬质合金车刀

图 8—15 校准齿修复法

三、拉刀的重磨

拉刀刀齿磨损后，需要及时重磨。重磨在拉刀磨床或万能工具磨床上进行。通常只磨前面，重磨时应保证拉刀前角不变。目前，圆孔拉刀的重磨有锥面刃磨法和圆周刃磨法两种方法。

1. 锥面刃磨法

这种刃磨方法如图 8—16 所示，是用砂轮的锥面磨削刀齿前面。为了使砂轮圆锥面的母线正好与前面的圆锥面相切，在 N—N 剖面内，砂轮的曲率半径 ρ_c 必须小于前面相应的曲率半径 ρ_b，也就是说，砂轮的直径不能任意选择。如果砂轮直径选得过大，就可能出现 $\rho_c > \rho_b$ 的情况，即产生砂轮圆锥面对刀齿前面的过切，这是不允许的。

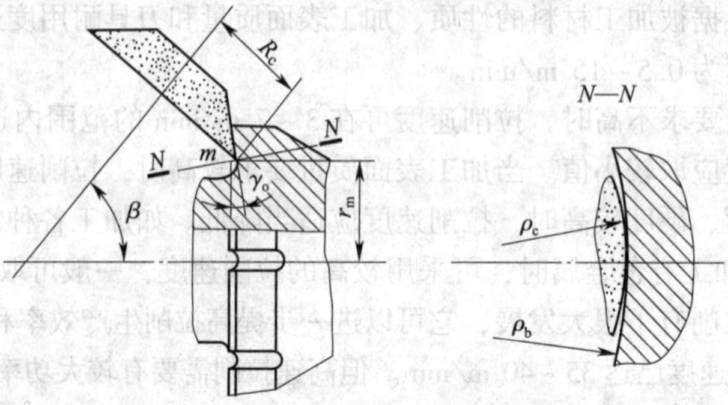

图 8—16　锥面刃磨法

锥面刃磨法操作比较简单，容易保证刃磨的前角值，但刃磨时砂轮与前面的实际接触面积较大，产生热量较多，容易引起刃口烧伤，而且效率也较低。

2. 圆周刃磨法

这种刃磨方法如图 8—17 所示。砂轮圆锥面母线与刀齿前面母线成 5°～15°夹角，对刀齿前面的磨削是由砂轮的最大圆周进行的，圆周刃磨法使用的砂轮直径比锥面刃磨法大些。

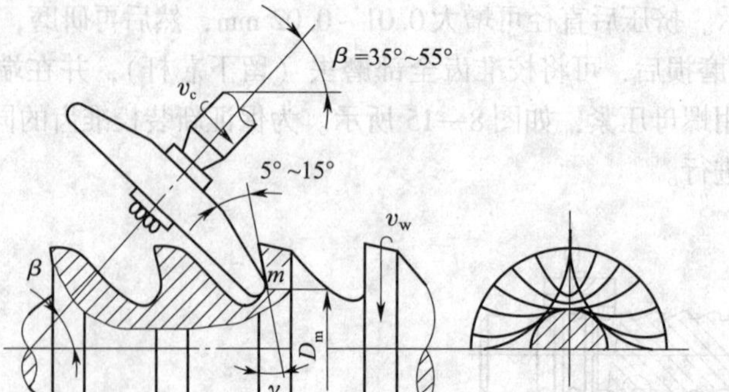

图 8—17　圆周刃磨法

采用圆周刃磨法刃磨时，砂轮与前面接触面积小，发热少，故不易烧伤刃口。刃磨时，砂轮自锐性好，磨削效率较高。但这种方法操作较复杂，刀齿前角值不易控制，需要操作者有较丰富的经验。

第九章 螺纹刀具

螺纹刀具用来加工内、外螺纹表面，其种类很多，按形成螺纹的方法可分为切削法加工螺纹刀具和塑性变形法加工螺纹刀具两大类。常用的切削法加工螺纹刀具有螺纹车刀、丝锥和板牙、螺纹铣刀等；塑性变形法加工螺纹刀具有滚丝轮、搓丝板和挤压丝锥等。

第一节 螺纹车刀

螺纹车刀是一种刃形简单的成形车刀，如图 9—1 所示。它结构简单，制造容易，通用性好，可用来加工各种形状、尺寸及精度的内、外螺纹，特别适合加工大尺寸螺纹。但生产效率较低，其加工质量主要取决于操作工人的技术水平、车床精度和螺纹车刀本身的制造精度，常应用于中、小批量及单件螺纹的加工。螺纹刀具主要用高速钢和硬质合金制造。

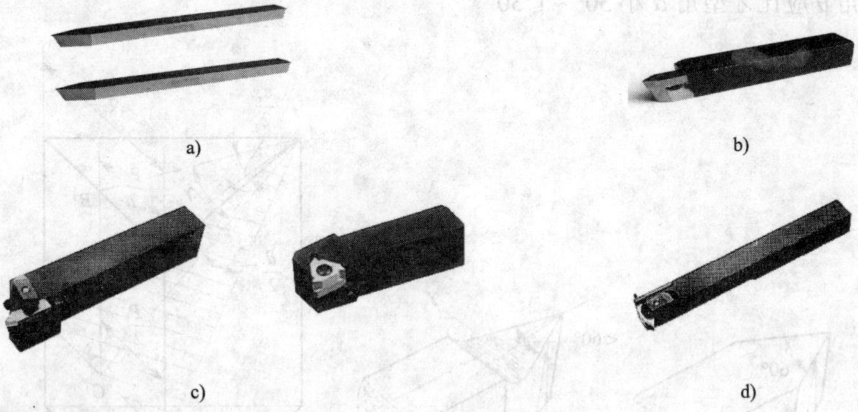

图 9—1　螺纹车刀

a）高速钢外螺纹车刀　b）焊接式硬质合金外螺纹车刀　c）机夹式硬质合金外螺纹车刀　d）机夹式硬质合金内螺纹车刀

一、螺纹车刀对刀刃的要求

螺纹车刀属于成形刀具，其切削部分的形状应当与螺纹牙型的沟槽相符合。车刀的切削刃必须是直线，刀刃要求锋利、无崩刃，刀面表面粗糙度值小。

二、螺纹车刀的主要角度

与其他车刀不同，螺纹车刀属于多刃刀具，例如，三角形螺纹车刀两侧切削刃均为主切削刃；梯形螺纹车刀前刃及两侧切削刃也都是主切削刃。车刀的主要角度有刀尖角、背前角、两侧刃前角和两侧刃后角。

1. 刀尖角（ε_r）

螺纹车刀的刀尖角是指螺纹车刀两侧切削刃在基面上投影的夹角。刀尖角 ε_r 的大小取决于螺纹的牙型角 α，为了保证加工出的螺纹牙型正确，刀尖角要等于牙型角，即 $\varepsilon_r = \alpha$。高速切削时，考虑到牙型的挤压变形严重，螺纹车刀实际刃磨的刀尖角应略小于牙型角，即 $\varepsilon_r < \alpha$。

2. 背前角（γ_p）

在背平面内，车刀前面与基面的夹角称为背前角。通常为了使切削顺利和减小表面粗糙度值，一般高速钢螺纹车刀背前角 $\gamma_p = 5° \sim 15°$，而硬质合金螺纹车刀背前角 $\gamma_p = 0°$。

当高速钢螺纹车刀上磨有背前角（$\gamma_p \neq 0°$）时，车刀两侧切削刃不通过工件轴线，则车出的螺纹牙侧不是直线，而是曲线。也就是说，由于背前角的存在，加工出的螺纹出现了形状误差，而且背前角越大，产生的误差也越大。对要求不高的连接螺纹来说，误差一般可以忽略不计。但车削精度要求较高的螺纹时，应尽量减小背前角，最好是背前角等于零。

当高速钢螺纹车刀背前角 $\gamma_p = 0°$时，车刀的前面与基面重合，车刀两侧刃的夹角 $\theta = \varepsilon_r = \alpha$；当背前角 $\gamma_p > 0°$时，车刀两侧刃的夹角 $\theta < \alpha$，如图 9—2 所示，即螺纹车刀两侧切削刃的夹角 θ 的大小直接影响着螺纹牙型角 α 的大小，为了减小牙型角误差，刃磨车刀时应使螺纹车刀两侧切削刃的夹角 $\theta < \alpha$。通常螺纹车刀背前角 $\gamma_p = 5° \sim 15°$时，螺纹车刀两侧切削刃的夹角 θ 应比牙型角 α 小 $30' \sim 1°30'$。

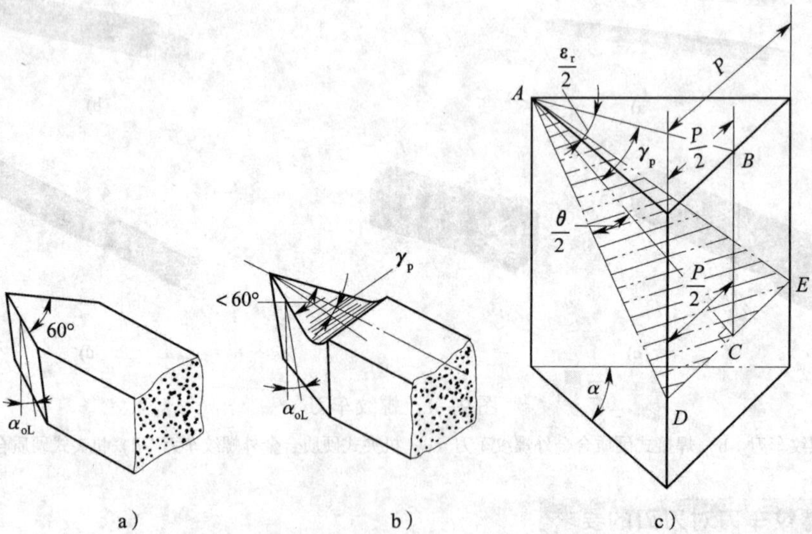

图 9—2 螺纹车刀背前角及其对螺纹牙型角的影响

a）$\gamma_p = 0°$ b）$\gamma_p > 0°$ c）$\frac{\theta}{2} < \frac{\varepsilon_r}{2}$

实际工作中，通常用一块特制的螺纹角度样板来检测两侧切削刃夹角 θ，如图 9—3 所示。检查时，样板水平放置，再用透光法检查，这样测出的角度近似等于螺纹牙型角。

3. 两侧刃后角和两侧刃前角

车螺纹时，必须保证工件转一周，车刀沿进给方向移动一个导程。也就是说，车螺纹时，车刀的进给运动速度很高，因此，必须考虑进给运动对加工的影响。

由于进给运动对加工的影响，引起工作时切削平面和基面的位置发生变化，从而使车刀的工作后角和工作前角与车刀的刃磨后角和刃磨前角的数值不相同。螺纹的导程越大，对工作时前角和后角的影响就越明显。下面以车右旋矩形螺纹为例分析角度变化。

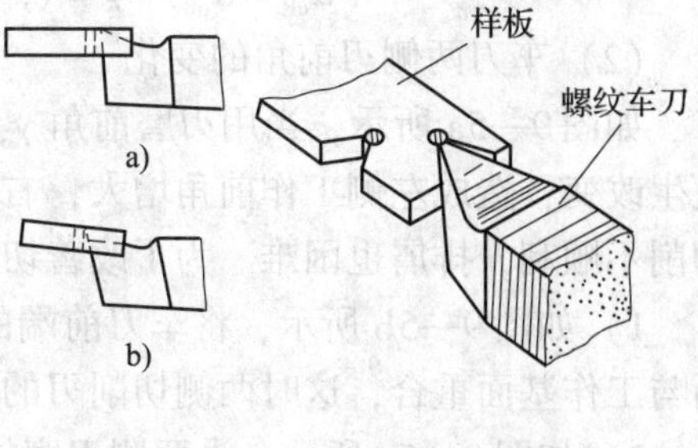

图 9—3　用特制的样板检测两侧切削刃夹角（刀尖角）
a）正确　b）不正确

(1) 车刀两侧刃后角的变化

车螺纹时，特别是车削导程较大的螺纹，如梯形螺纹、蜗杆等时，受进给运动的影响，车刀工作后角的变化较大，如图 9—4 所示，左侧工作后角减小，右侧工作后角增大。因此，如果要保证螺纹车刀两侧的工作后角为 3°～5°，则车刀的刃磨后角应为：

$$\alpha_{oL}=\alpha_{oLe}+\psi=(3°\sim5°)+\psi$$

$$\alpha_{oR}=\alpha_{oRe}-\psi=(3°\sim5°)-\psi$$

式中　α_{oL}、α_{oR}——车刀左、右两侧刃刃磨后角；

α_{oLe}、α_{oRe}——车刀左、右两侧刃工作后角（一般取 3°～5°）；

ψ——螺纹升角。

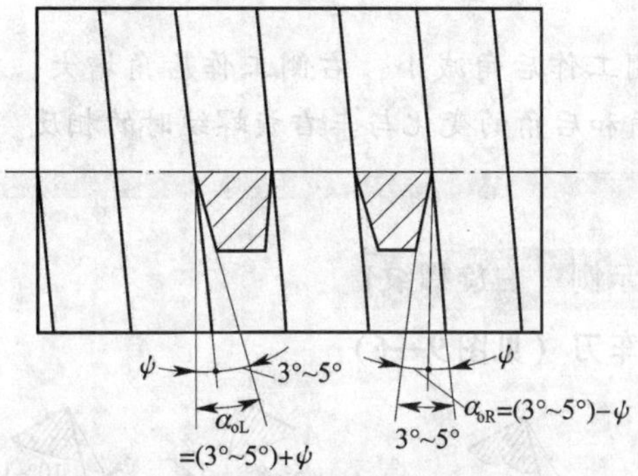

图 9—4　螺纹车刀两侧刃后角的变化

[提示]

车螺纹时，进给方向的后角要磨大些。

例 9—1　车削螺纹升角 $\psi=7°30'$的右旋螺纹，螺纹车刀两侧刃的后角各应磨成多少度合适？

解　如选工作后角为 3°30′，则螺纹车刀两侧刃的后角为：

$$\alpha_{oL}=\alpha_{oLe}+\psi=(3°\sim5°)+\psi=3°30'+7°30'=11°$$

$$\alpha_{oR}=\alpha_{oRe}-\psi=(3°\sim5°)-\psi=3°30'-7°30'=-4°$$

（2）车刀两侧刃前角的变化

如图9—5a所示，当用刃磨前角$\gamma_o=0°$的车刀车削右旋螺纹时，由于工作时基面的位置发生改变，造成左侧工作前角增大，右侧工作前角减小。这时右侧刃的工作前角变为负值，切削不顺利，排屑也困难。为了改善切削状况，可以采取以下措施：

1）如图9—5b所示，将车刀前端的切削刃垂直于螺旋线安装（法向安装），即保证前面与工作基面重合，这时两侧切削刃的工作前角都为0°，适用于粗车。

2）如图9—5c所示，沿两侧刃磨较大前角的卷屑槽，这样车削时即使前角减小，也不会出现负值，保证切削顺利，适用于精车。

3）如图9—5d所示，既法向装刀又磨卷屑槽，保证切削时两侧都有一定的前角，切削更顺利，适用于粗车。

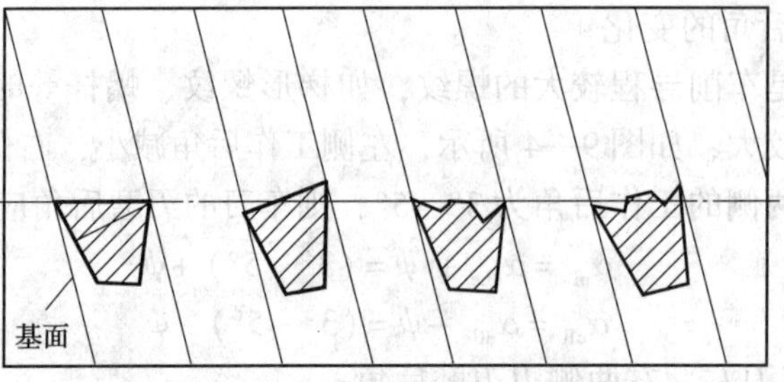

图9—5　螺纹车刀两侧刃前角的变化及改进措施

〔提示〕

车右旋螺纹时，左侧工作后角减小，右侧工作后角增大，前角变化与后角变化相反；车左旋螺纹时，前角和后角的变化与车右旋螺纹时的相反。

三、螺纹车刀刀具图示例（右旋螺纹）

1. 高速钢普通外螺纹车刀（见图9—6）

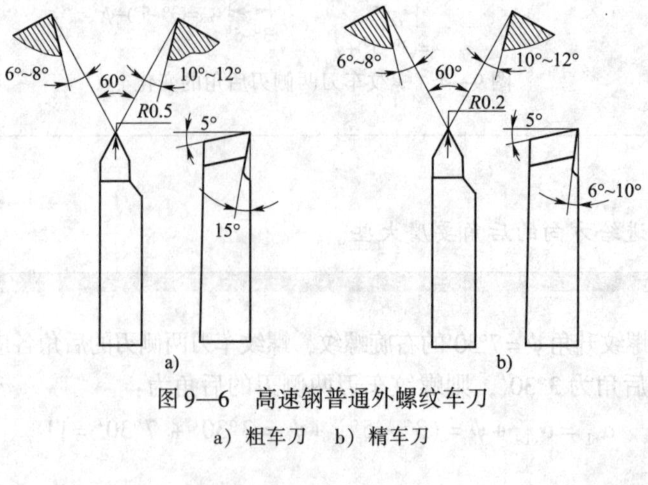

图9—6　高速钢普通外螺纹车刀

a）粗车刀　b）精车刀

2. 硬质合金普通外螺纹车刀（见图 9—7）

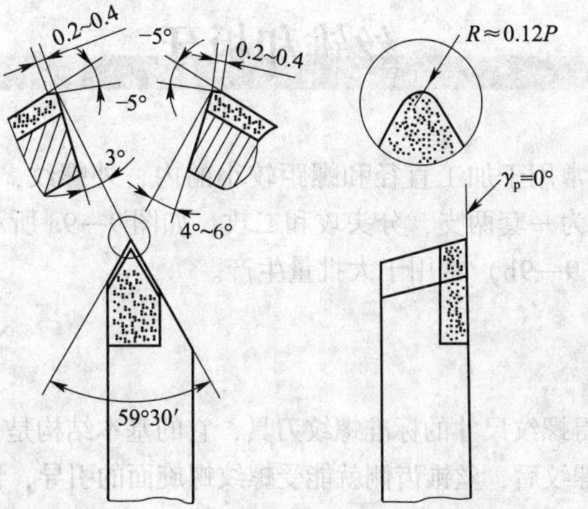

图 9—7　硬质合金普通外螺纹车刀

3. 高速钢米制梯形外螺纹车刀（见图 9—8）

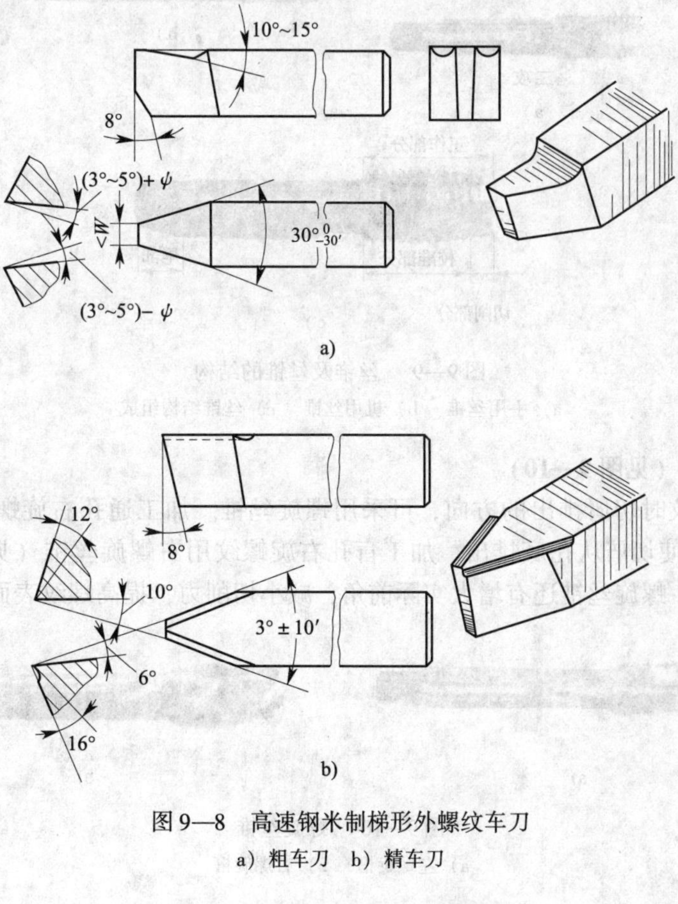

图 9—8　高速钢米制梯形外螺纹车刀

a）粗车刀　b）精车刀

第二节 丝锥和板牙

丝锥和板牙是标准螺纹刀具，常用于加工直径和螺距较小的内、外螺纹，可手工加工，也可在机床上加工。手用丝锥通常为一套两支，分头攻和二攻，如图9—9a所示，常用于单件、小批量生产；机用丝锥（见图9—9b）常用于大批量生产。

一、丝锥

1. 普通丝锥的结构

丝锥是加工内螺纹并能直接获得螺纹尺寸的标准螺纹刀具，它的基本结构是一个有轴向槽的外螺纹。攻螺纹时，当切出一段螺纹后，丝锥齿侧就能受螺纹螺旋面的引导，自动攻入。

丝锥的工作部分分为切削部分和校准部分。图9—9所示为最常用的普通螺纹丝锥。

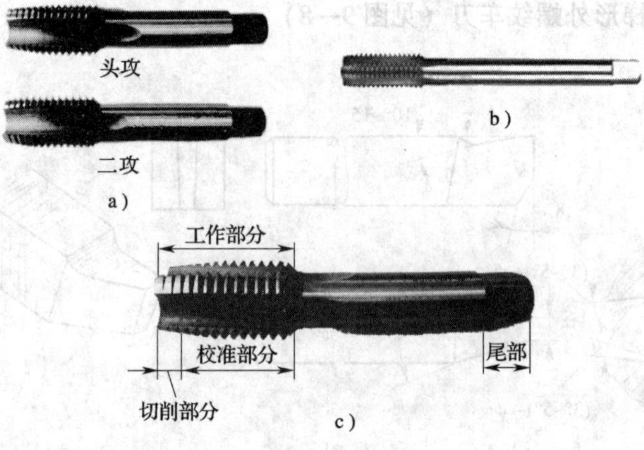

图9—9　丝锥及丝锥的结构

a）手用丝锥　b）机用丝锥　c）丝锥结构组成

2. 螺旋丝锥（见图9—10）

为控制攻螺纹时切屑排出的方向，可采用螺旋丝锥。加工通孔右旋螺纹用左螺旋丝锥（见图9—10a），使切屑从孔底排出。加工盲孔右旋螺纹用右螺旋丝锥（见图9—10b），使切屑从孔口排出。螺旋丝锥还有增大实际前角，减小切削力，提高螺纹表面质量的效果。

图9—10　螺旋丝锥

a）左螺旋槽　b）右螺旋槽

3. 拉削丝锥

对于梯形、矩形、三角形单线和多线内螺纹的加工，可采用拉削丝锥在普通车床上一次拉削成形。拉削丝锥加工效率很高，操作简便，质量稳定，表面粗糙度可达 $Ra1.6 \sim 0.8$ μm。

拉削丝锥的结构及工作原理如图 9—11 所示。先将工件套入丝锥前导部，然后将工件夹紧在卡盘上，用插销连接丝锥与刀架，防止丝锥转动。拉削时工件旋转一周，床鞍带着丝锥向尾座方向移动一个导程，待拉削丝锥全部通过工件时，螺孔即加工完毕。加工右旋螺纹时，车床主轴带着工件反转；加工左旋螺纹时，主轴带着工件正转。拉削时必须使用切削液。

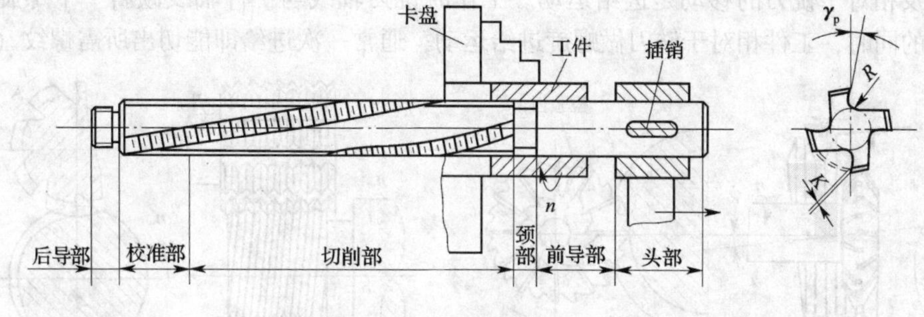

图 9—11　拉削丝锥的结构及工作原理

二、板牙

板牙是加工与修整外螺纹时的标准刀具。常用的圆板牙的基本结构是一个螺母，如图 9—12 所示，轴向开出容屑孔以形成切削齿和前面。其结构简单，使用方便，价格低廉，故在单件、中批量、小批量生产中应用很广。

套螺纹时先将圆板牙放在板牙套中，用紧定螺钉紧固，然后套在工件外圆上，在旋转圆板牙（或工件）的同时，应在圆板牙的轴线方向施以压力。

套螺纹工作既可手动也可机动，只需一次加工就能完成螺纹的加工。圆板牙两端的切削锥担负切削工作，一端磨损后，可换另一端使用。

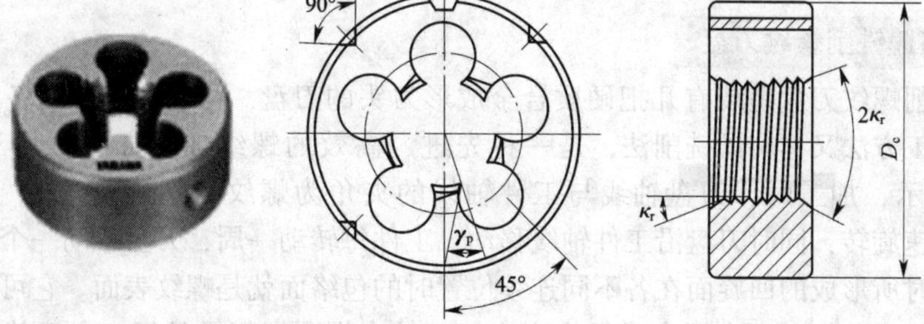

图 9—12　圆板牙

第三节 螺纹铣刀

螺纹铣刀有盘形螺纹铣刀、梳形螺纹铣刀、高速铣削螺纹刀盘、螺纹切头和螺纹立铣刀五种，一般用于精度不高的螺纹的粗加工，有较高的生产效率。

一、盘形螺纹铣刀

盘形螺纹铣刀用于粗切蜗杆或梯形螺纹，工作情况如图 9—13a 所示。铣刀旋转为主运动，工件旋转及相对于铣刀的移动是进给运动。工作时铣刀轴线与工件轴线倾斜一个螺旋升角ψ，铣刀旋转的同时，工件相对于铣刀做螺旋进给运动，通常一次进给即能切出所需螺纹（单头）。

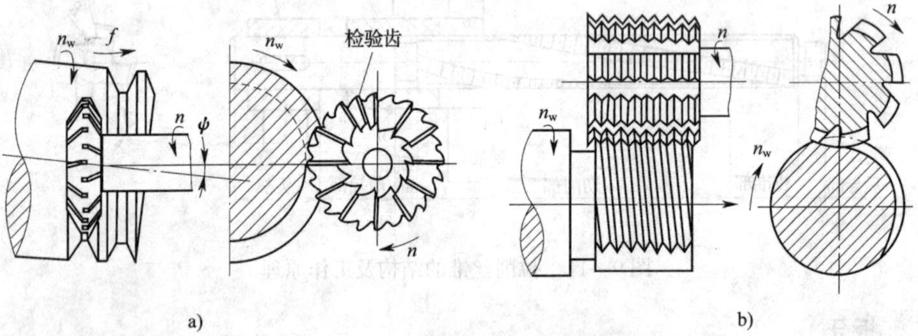

图 9—13　螺纹铣刀工作情况
a）盘形螺纹铣刀工作情况　b）梳形螺纹铣刀工作情况

盘形螺纹铣刀是加工螺纹的成形刀具，因而铣刀的齿廓形状应与螺纹槽形一致。为保证铣削的平稳性，铣刀齿数应尽可能多；为改善切削条件，刀齿两侧做成错齿结构，以增大侧刃容屑槽，但每把铣刀应保留一个完整齿，以便于检验齿形。

二、梳形螺纹铣刀

梳形螺纹铣刀实际上相当于把若干盘形铣刀叠在一起，所以又叫作组合螺纹铣刀，其宽度大于工件长度，即铣刀应比被切螺纹多 2 ~ 3 个螺距，适用于在专用铣床上加工螺距不大、长度较短的三角形螺纹。工作情况如图 9—13b 所示，工件转一周，铣刀相对于工件沿轴线移动一个导程，即可铣出全部螺纹。

三、高速铣削螺纹刀盘

高速铣削螺纹刀盘是装有几把硬质合金成形刀头的刀盘，可以高速铣削各种内、外螺纹，这种加工方法又称旋风铣削法，是一种先进、高效的螺纹加工方法。其工作原理如图 9—14 所示，加工时，刀盘轴线与工件轴线的夹角为螺纹的螺旋升角ψ，刀盘高速旋转，工件低速旋转，同时刀盘沿工件轴线移动，工件每转动一周，刀盘移动一个导程，刀齿切削刃旋转时所形成的回旋面在各不同连续位置时的包络面就是螺纹表面。它可以在改造的车床或专用机床上加工，多用在成批生产中加工较大螺距螺杆及丝杆，由于其加工精度不高，故适用于粗加工或精度要求不高的螺纹的加工。

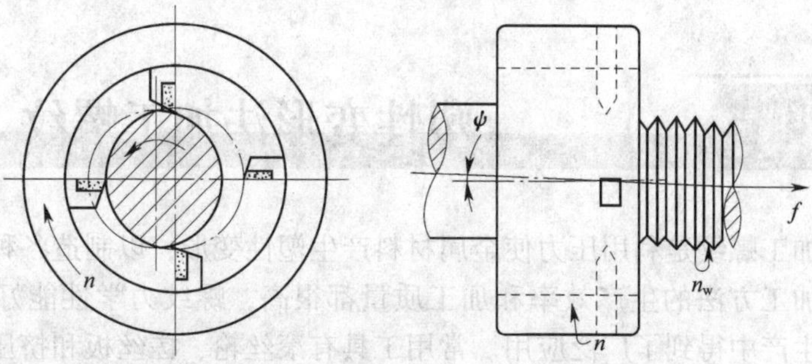

图 9—14 高速铣削螺纹刀盘工作原理

四、螺纹切头

螺纹切头是一种高生产效率、高精度的螺纹刀具，常用的有圆梳刀外螺纹切头（见图 9—15a）和径向平梳刀内螺纹切头（见图 9—15b）。螺纹切头可以加工几乎各种规格的三角形外螺纹和大于 M36 的内螺纹。其特点如下：

1. 梳刀径向能自动开合，切头快速退回，生产效率高。

2. 梳刀能精确地磨制和准确调整尺寸，加工螺纹质量较好。

3. 切头安装一种规格的梳刀后（各把梳刀相互间按顺序错开 P/z，P 为螺距），直径有一定的调整范围，同时在一种切头体上可以更换几种规格的梳刀，加工范围大。

4. 刀具重磨次数多，使用寿命长，但它结构复杂，成本较高，故适用于大批量生产，多应用在自动机床、组合机床以及转塔车床上。

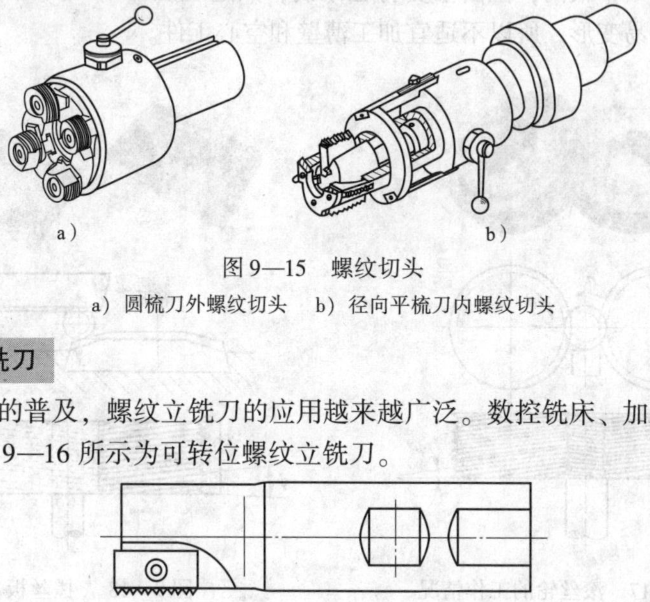

a） b）

图 9—15 螺纹切头

a）圆梳刀外螺纹切头 b）径向平梳刀内螺纹切头

五、螺纹立铣刀

随着数控机床的普及，螺纹立铣刀的应用越来越广泛。数控铣床、加工中心常用螺纹立铣刀加工螺纹。图 9—16 所示为可转位螺纹立铣刀。

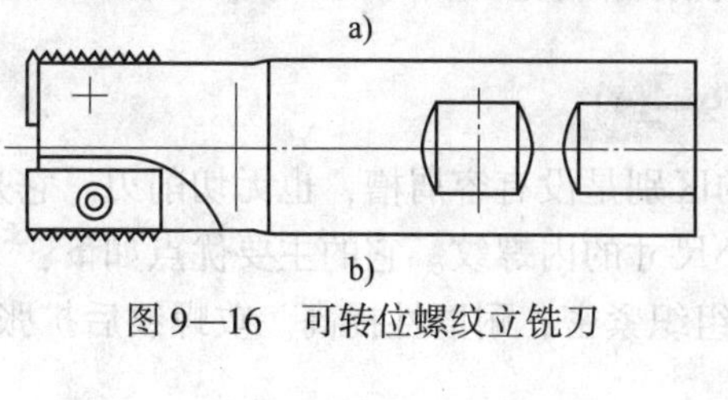

a)

b)

图 9—16 可转位螺纹立铣刀

第四节　塑性变形法加工螺纹

塑性变形法加工螺纹是利用压力使金属材料产生塑性变形，以制造各种圆柱形和圆锥形螺纹的方法，此加工方法的生产效率和加工质量都很高，螺纹力学性能好，工具使用寿命长，在标准件的生产中得到了广泛应用。常用工具有滚丝轮、搓丝板和挤压丝锥三种。

一、滚丝轮

图 9—17 所示为滚丝轮的工作情况。滚丝轮成对在滚丝机上使用，两滚丝轮旋向相同，并与被加工螺纹旋向相反，安装时两滚丝轮的轴线相互平行，工作时，两滚丝轮同向等速旋转，工件置于两滚丝轮之间的支撑板上，一滚丝轮（动轮）向另一滚丝轮（静轮）进给时，工件逐渐被压形成螺纹。两轮中心距到达预定尺寸后停止进给，继续滚转几周修整螺纹廓形，随后动轮退回，卸下工件。

二、搓丝板

搓丝板由动板和静板组成，如图 9—18 所示。上板为动板，装在纵向移动的滑枕上；下板为静板，装在机床夹座内，静止不动。工件进入两板之间后，立即被搓丝板夹住而随之滚动，最终滚压出螺纹。

搓丝板的生产效率很高，但由于受行程限制，只适宜加工 M24 以下的螺纹，且搓丝时径向压力大，工件易变形，所以不适宜加工薄壁和空心工件。

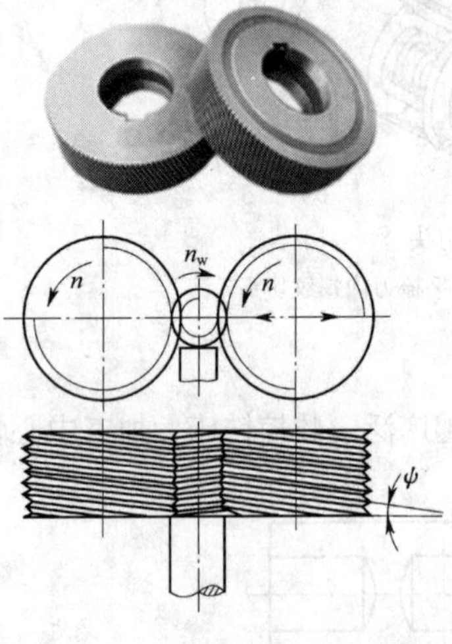

图 9—17　滚丝轮的工作情况

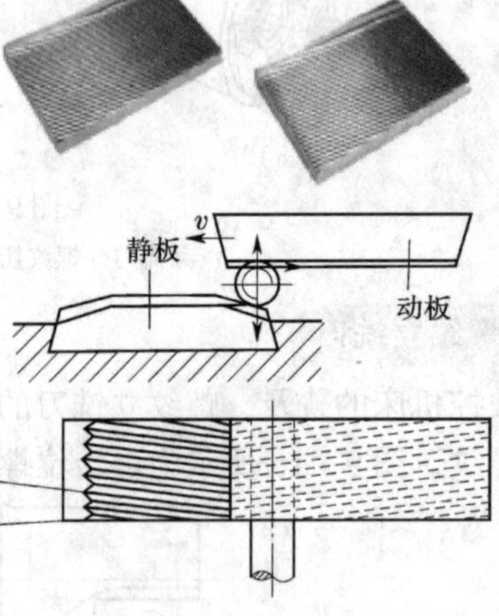

图 9—18　搓丝板

三、挤压丝锥（见图 9—19）

挤压丝锥与普通丝锥的区别是没有容屑槽，也无切削刃。它是利用塑性变形的原理加工螺纹的，可用于加工中、小尺寸的内螺纹。它的主要优点如下：

1．挤压后的螺纹表面组织紧密，耐磨性提高。攻螺纹后扩张量极小，螺纹表面被挤光，提高了螺纹的精度。

2. 可高速攻螺纹，无排屑问题，生产效率高。

3. 丝锥强度高，不易折断，使用寿命长。

4. 挤压丝锥的端截面呈多棱形，以减小接触面，降低转矩。M8 以下的挤压丝锥做成三棱形，M8 以上的做成四棱形、六棱形或八棱形。

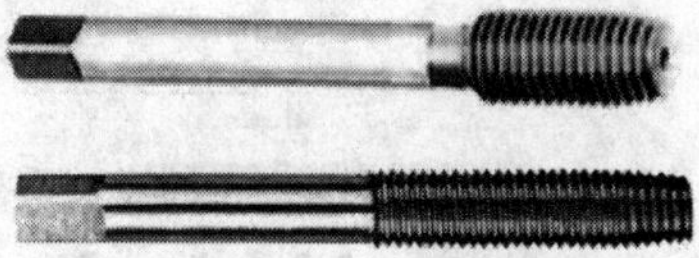

图 9—19　挤压丝锥

挤压丝锥主要适用于加工高精度、高强度的塑性材料，适合在自动生产线上使用。

第十章　齿轮加工刀具

齿轮加工刀具（简称齿轮刀具）是专门用于加工齿轮齿形的刀具。在机械制造业中，齿轮广泛应用于各种机器设备中，随着机械装备精度和质量要求的不断提高，对齿轮的加工要求也越来越高。为了适应齿轮的加工要求，生产中采用不同的齿轮加工方法和不同的齿轮加工刀具。本章主要介绍齿轮刀具的分类和用途，以及齿轮滚刀、蜗轮滚刀、插齿刀、剃齿刀的工作原理、结构特点及使用技术。

第一节　齿轮刀具的种类

齿轮加工包括齿坯加工和齿形加工两部分。作为专门用于加工齿轮齿形的刀具，齿轮刀具结构复杂，种类繁多。按照齿轮齿形的形成原理，齿轮刀具可分为成形法齿轮刀具和展成法齿轮刀具两类。

一、成形法齿轮刀具

成形法齿轮刀具是指刀具切削刃的廓形与被切齿轮槽形相同或近似相同。常用的成形法齿轮刀具有盘形齿轮铣刀和指状齿轮铣刀。

1. 盘形齿轮铣刀

盘形齿轮铣刀（见图 10—1a）是一种经过铲齿的成形铣刀，可用于加工直齿轮或斜齿轮。

2. 指状齿轮铣刀

指状齿轮铣刀（见图 10—1b）属于成形立铣刀，可用于加工大模数的直齿轮、斜齿轮或人字齿轮。

成形法齿轮刀具在切齿过程中刀具旋转并沿齿槽方向进给，每铣完一个齿槽后需要分度再铣。这种加工方法的精度与生产效率都较低，但对机床的要求较简单。

二、展成法齿轮刀具

展成法齿轮刀具的切削刃廓形不同于被切齿轮任何剖面的槽形。切齿时除主运动外，还有刀具与齿轮相对的啮合运动，又称展成运动，如图 10—2 所示。齿轮的齿形是由刀具切削刃在展成运动中若干位置的包络形成的。

展成法齿轮刀具的主要优点是一把刀具可加工同一模数不同齿数的齿轮，与成形法齿轮刀具相比，其通用性广，加工精度和生产效率高。

常用的展成法齿轮刀具有齿轮滚刀、插齿刀和剃齿刀。

1. 齿轮滚刀（见图 10—2a）

齿轮滚刀适用于直齿轮、斜齿轮的粗、精加工，生产效率较高，应用最广泛。

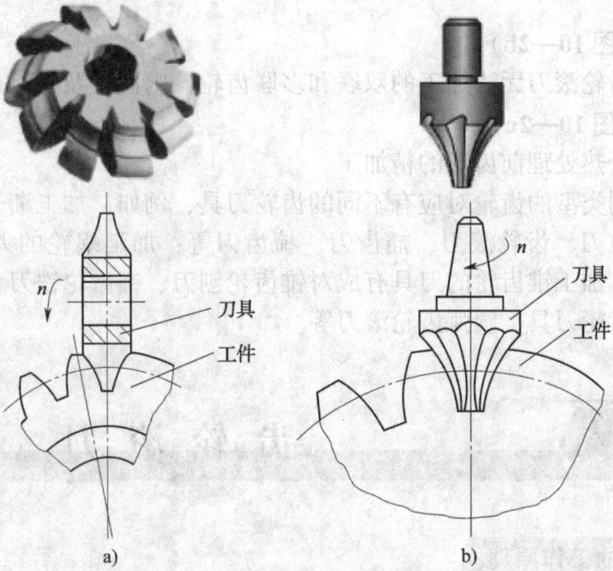

图 10—1 成形法齿轮刀具及加工示意

a）盘形齿轮铣刀及加工示意 b）指状齿轮铣刀及加工示意

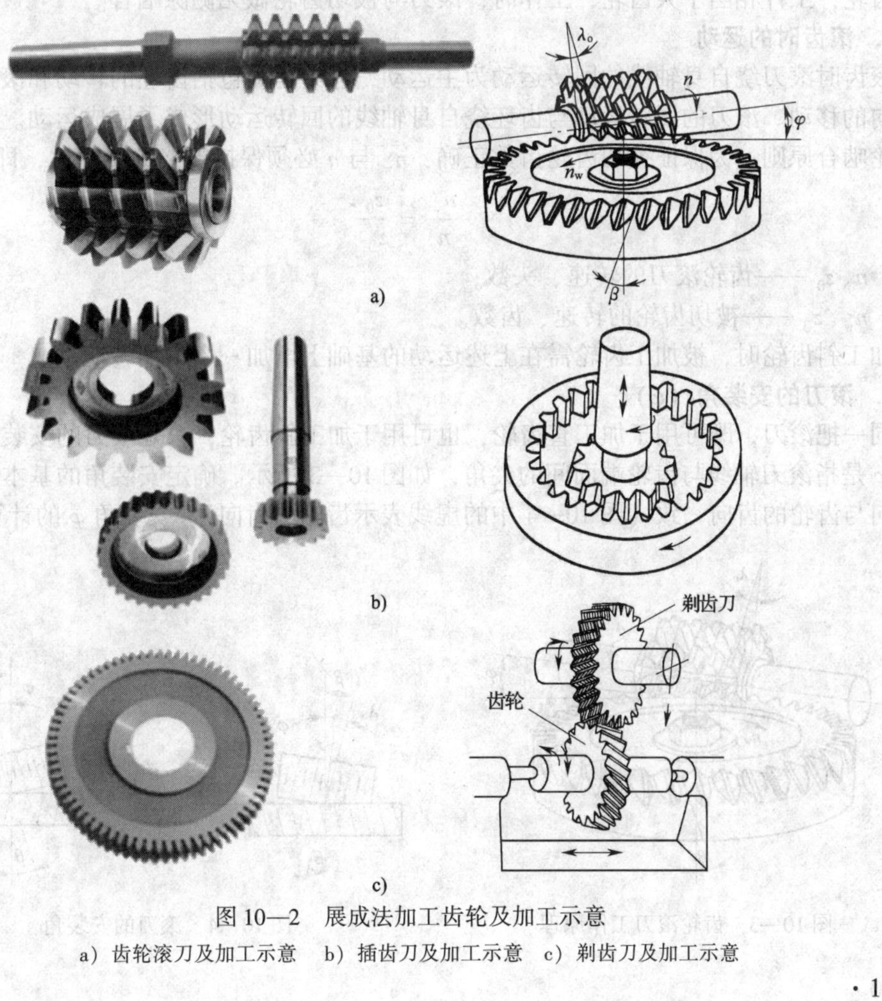

图 10—2 展成法加工齿轮及加工示意

a）齿轮滚刀及加工示意 b）插齿刀及加工示意 c）剃齿刀及加工示意

2. 插齿刀（见图 10—2b）

插齿刀多用于齿轮滚刀无法加工的双联和多联齿轮、内齿轮及人字齿轮的加工。

3. 剃齿刀（见图 10—2c）

剃齿刀主要用于热处理前齿形的精加工。

另外，加工不同类型的齿轮对应有不同的齿轮刀具，例如，加工渐开线圆柱齿轮的刀具有齿轮铣刀、齿轮拉刀、齿轮滚刀、插齿刀、梳齿刀等；加工蜗轮的刀具有蜗轮滚刀、飞刀、蜗轮剃齿刀等；加工锥齿轮的刀具有成对锥齿轮刨刀、锥齿轮铣刀盘等；加工非渐开线齿轮的刀具有摆线齿轮刀具、圆弧齿轮滚刀等。

第二节　齿轮滚刀

一、齿轮滚刀的工作原理

齿轮滚刀的工作原理如同一对交错轴斜齿轮副的啮合过程，如图 10—3 所示。滚刀相当于小齿轮，工件相当于大齿轮，工作时，滚刀与被切齿轮做无侧隙啮合。

1. 滚齿时的运动

滚齿时滚刀绕自身轴线的回转运动为主运动，进给运动包括齿坯的转动和滚刀沿齿坯轴线方向的移动。滚刀的回转运动与齿坯绕自身轴线的回转运动形成了展成运动。展成运动符合齿轮啮合原则，为保证被切齿轮齿数正确，n_w 与 n 必须保持严格的传动比，即：

$$\frac{n_w}{n}=\frac{z_0}{z_{工}}$$

式中　n、z_0 ——齿轮滚刀的转速、头数；

n_w、$z_{工}$——被切齿轮的转速、齿数。

加工斜齿轮时，被加工齿轮需在上述运动的基础上增加一个附加转动。

2. 滚刀的安装角（φ）

同一把滚刀，既可用于加工直齿轮，也可用于加工斜齿轮，只是滚刀的安装角不同。安装角 φ 是指滚刀轴线与齿轮端面间的夹角，如图 10—3 所示。确定安装角的基本原则是滚刀的齿向与齿轮的齿向一致（图 10—4 中的虚线表示齿轮的齿向）。安装角 φ 的计算式是：

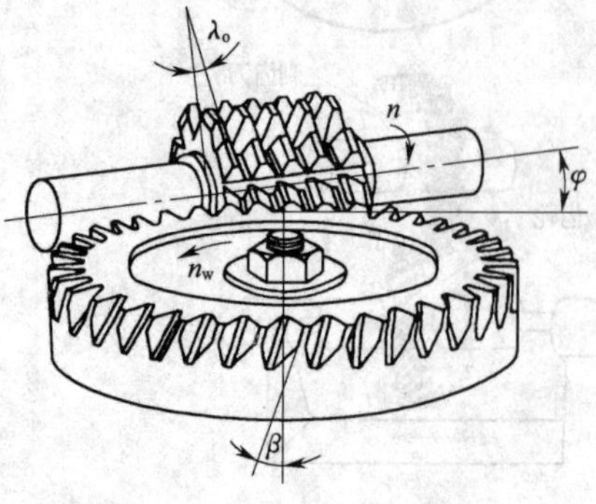

图 10—3　齿轮滚刀工作原理

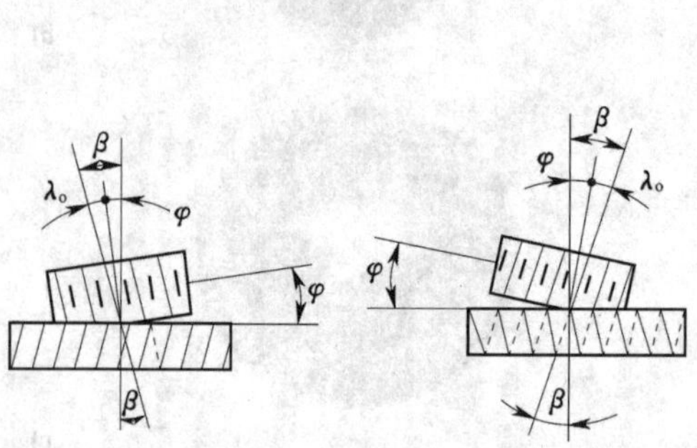

图 10—4　滚刀的安装角

$$\varphi = |\beta \pm \lambda_o|$$

式中　λ_o——滚刀分度圆螺纹升角；

β——被切齿轮螺旋角。

〔提示〕

当滚刀与齿轮旋向相同时用“-”号，旋向相反时用“+”号。滚切直齿轮时，因为$\beta=0°$，所以$\varphi = \lambda_o$。

例10—1　用右旋滚刀滚切右旋齿轮时，若滚刀分度圆螺纹升角$\lambda_o=2°47'$，计算得被切齿轮的螺旋角$\beta=8°13'$，求滚齿时滚刀安装角φ的大小。

解

$$\varphi = |\beta - \lambda_o| = |8°13' - 2°47'| = 5°26'$$

即滚齿前，调整滚刀安装角为5°26′。

二、齿轮滚刀的基本蜗杆

滚刀相当于齿数很少（一个或几个齿）的螺旋齿轮，因此其螺旋角很大，螺纹升角很小，使滚刀的外形不像齿轮而呈蜗杆状，故称为滚刀的基本蜗杆，滚刀的齿数相当于蜗杆的头数。

加工渐开线齿轮的滚刀，基本蜗杆理论上应采用渐开线蜗杆，但渐开线蜗杆轴向截面的齿形不是直线，滚刀的制造难度大，只有高精度的滚刀才被设计成渐开线蜗杆。实际生产中多采用制造工艺简单、测量方便的近似造型的滚刀，应用最多的是以阿基米德蜗杆为基本蜗杆的齿轮滚刀，如图10—5所示，虽然最终切出的轮齿端面不是渐开线，存在齿形的理论误差，但根据分析计算可知，经过合理设计，可以将滚刀齿形误差控制在很小的范围内。例如，零前角直槽阿基米德滚刀的齿形误差只有2～10 μm，对齿轮的传动精度影响较小，故被广泛采用。

另外，应用较多的还有以法向直廓蜗杆（见图10—6）为基本蜗杆的法向直廓蜗杆滚刀，因其齿形误差比阿基米德蜗杆滚刀大，主要用于制造大模数齿轮滚刀、多头滚刀、螺旋槽滚刀或用于粗加工的滚刀。

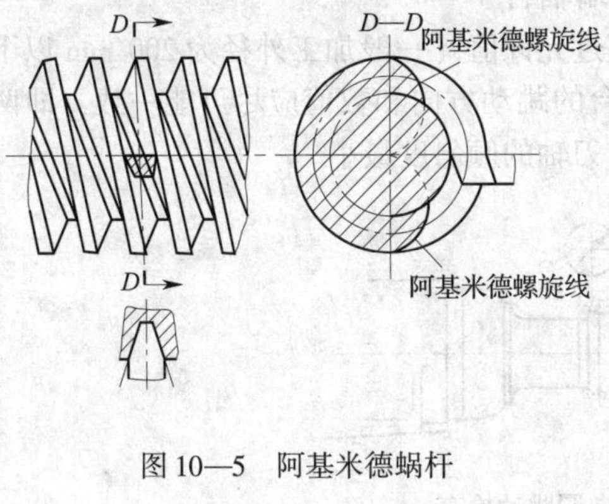

图10—5　阿基米德蜗杆

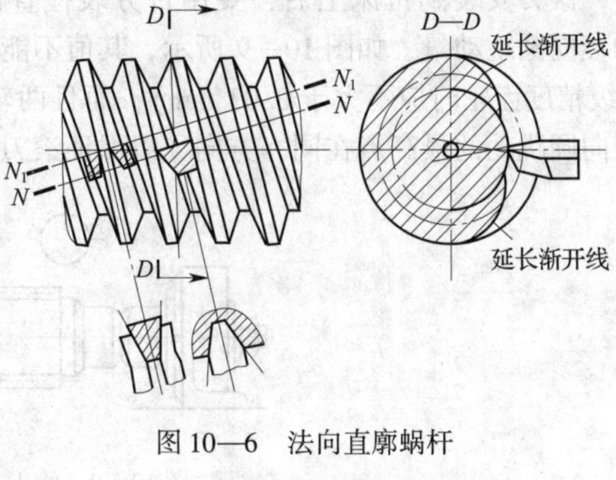

图10—6　法向直廓蜗杆

三、滚刀刀齿的形成

齿轮滚刀的外形虽然像蜗杆，但作为刀具它必须具有容屑槽、前角和后角。沿滚刀纵向开沟槽以形成容屑槽、前面和切削刃。滚刀的几何形状如图 10—7 所示。容屑槽方向与滚刀轴线平行的称为直槽滚刀；容屑槽方向与滚刀齿纹方向垂直的称为螺旋槽滚刀。滚刀的容屑槽如图 10—8 所示。

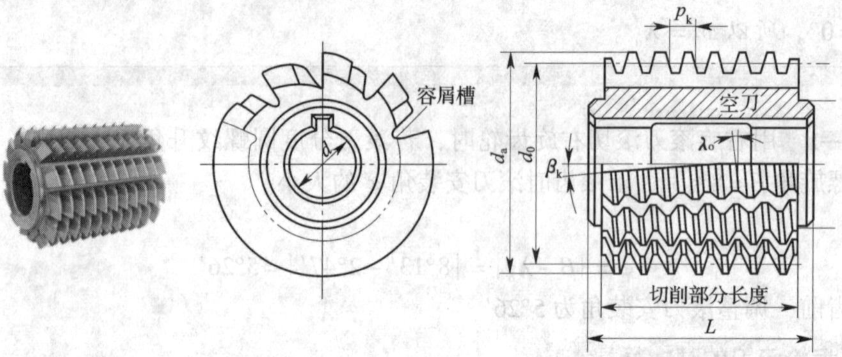

图 10—7　滚刀及其几何形状

四、齿轮滚刀的使用

1. 齿轮滚刀的选择

齿轮滚刀标准中规定了 AA 级、A 级、B 级和 C 级四种精度等级，分别用于加工 6 ~ 7 级、7 ~ 8 级、8 ~ 9 级和 9 ~ 10 级精度的齿轮。滚刀的精度等级标注在滚刀的端面上。一般工具厂制造的标准齿轮滚刀均为阿基米德滚刀。

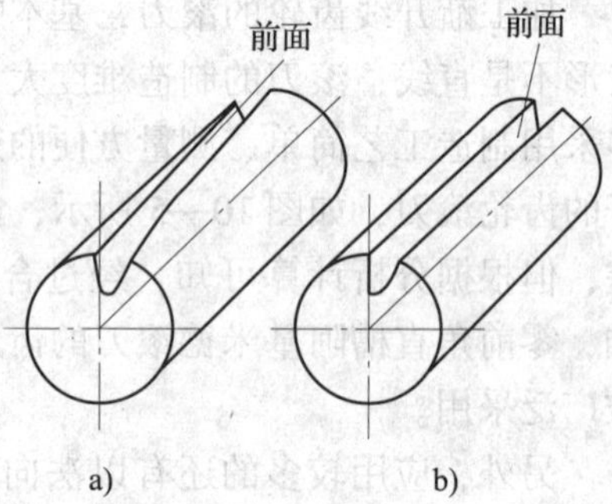

图 10—8　滚刀的容屑槽
a）螺旋槽　b）直槽

选择标准齿轮滚刀时滚刀的模数和压力角应与被加工齿轮的法向模数和法向压力角相同。同时，滚刀的精度等级也要与被加工齿轮的精度等级对应。

2. 齿轮滚刀的安装

滚刀安装到机床上后，要用百分表检查两端轴台的径向圆跳动量，如图 10—9 所示，其值不能超过允许值（一般加工外径为 200 mm 以下的 8 级精度齿轮时应不大于 0.03 mm），而且两轴台的跳动方向和数值应尽可能一致，即两端径向圆跳动的最高点在同一方向，以保证滚刀与刀轴的倾斜度最小。

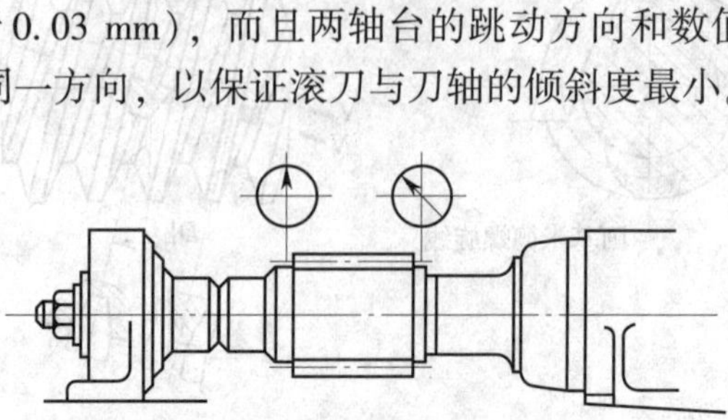

图 10—9　滚刀径向圆跳动检查

第三节 蜗轮滚刀

一、蜗轮滚刀的工作原理与进给方式

1. 蜗轮滚刀的工作原理

蜗轮滚刀是利用蜗杆与蜗轮的啮合原理工作的。蜗轮滚刀相当于与被切蜗轮相啮合的工作蜗杆，在它上面开出切削刃则为蜗轮滚刀。

蜗轮滚刀的基本蜗杆一般是阿基米德蜗杆。若工作蜗杆是渐开线蜗杆，则滚刀的基本蜗杆也是渐开线蜗杆，不能任意选择。蜗轮滚刀的基本参数，如模数、压力角、螺旋升角、旋向、螺旋头数、齿距、分度圆直径，都应与工作蜗杆相同。加工蜗轮时，蜗轮滚刀与被切蜗轮的安装中心距和轴交角（一般为90°）及传动比也应与工作蜗杆、蜗轮的中心距和轴交角及传动比相同。因此，蜗轮滚刀是专用刀具，只能根据被加工蜗轮副的有关参数进行专门的设计和制造。

2. 蜗轮滚刀的进给方式

用蜗轮滚刀加工蜗轮的进给方式有径向进给和切向进给两种。

（1）径向进给

蜗轮滚刀转一周，被切蜗轮转过的齿数相当于滚刀的螺纹头数，形成啮合展成运动，如图10—10a所示。在转动的同时，蜗轮滚刀沿被切蜗轮的半径方向进给，达到规定的中心距后，停止进给，继续滚转，直到包络出完整的蜗轮齿形，加工结束。

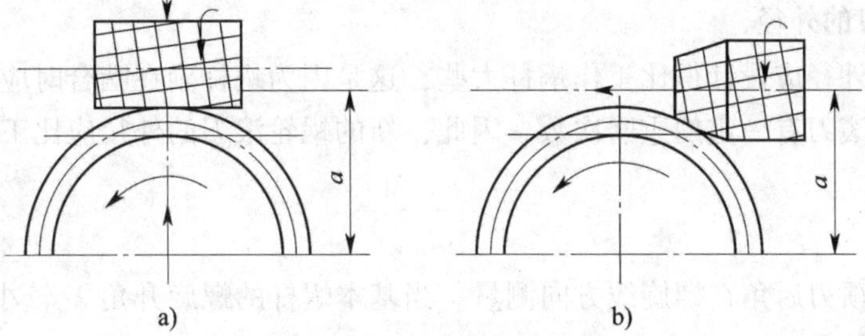

图10—10 蜗轮滚刀加工蜗轮的进给方式

a）径向进给 b）切向进给

径向进给方式的优点：被切蜗轮不需附加转动，滚齿机的传动链短，加工的蜗轮齿距误差小、精度高，蜗杆副可以径向装配。

径向进给方式的缺点：蜗轮滚刀刀齿负荷不均匀，且包络齿形的切削刃很少，因而齿面波纹较大，齿形精度低，表面质量较差。

（2）切向进给

首先把蜗轮滚刀和被切蜗轮的中心距调整到与工作蜗杆和蜗轮的中心距相同，如图10—10b所示。展成运动和径向进给方式相同，不同的是，做展成运动的同时，蜗轮滚刀沿自身的轴线方向进给，逐渐切入蜗轮。另外，被切蜗轮除做展成运动所需的转动外，因蜗轮滚刀切向进给，还应有一个附加转动。附加转动的速度与蜗轮滚刀切向进给的速度关系如下：蜗轮滚刀切向进给一个齿距，被切蜗轮相应转过一个齿。因为切向进给时，蜗轮滚刀最前面的刀齿负荷较大，所以采用这种进给方式的蜗轮滚刀，在前端必须制出切削锥，以改善各刀齿负荷的分配。

切向进给方式的优点：可以得到较好的齿形精度和表面质量；蜗轮滚刀的使用寿命较长；蜗杆副的中心距易于准确控制。

切向进给方式的缺点：滚齿机必须具有切向进给机构；展成运动传动链较长，影响传动精度，对于齿距精度要求高的蜗轮，不如径向进给方式好；蜗杆副有可能不能径向装配。

二、蜗轮滚刀的结构（见图 10—11）

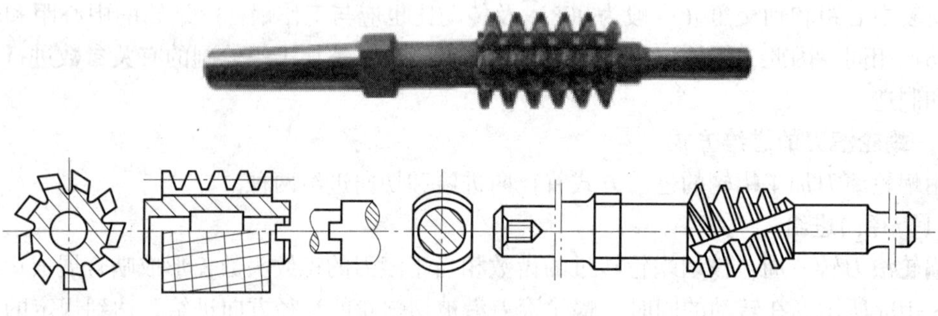

图 10—11　蜗轮滚刀的结构

1. 蜗轮滚刀的外径

蜗轮滚刀的外径应设计得比工作蜗杆大些，这是因为蜗杆副在啮合时应保证有一定的径向间隙和使蜗轮滚刀有一定的重磨次数。因此，新的蜗轮滚刀的外径应比工作蜗杆的外径大 $0.2m$（m 为模数）。

2. 后角

蜗轮滚刀的顶刃后角在螺旋线方向测量。当基本蜗杆的螺旋升角 λ_o 较小时（$\lambda_o < 15°$），螺纹与端面夹角较小，螺旋方向的后角和端面方向的后角差别不大，为方便起见，可在端面中测量。由于蜗轮滚刀基本蜗杆的螺旋升角不能任意选择，当 $\lambda_o \geqslant 15°$ 时，蜗轮滚刀顶刃螺旋方向与端面方向夹角较大，两个方向的后角相差也较大。这种情况下，蜗轮滚刀的顶刃后角应在螺旋方向测量。螺旋方向的顶刃后角通常为 10°～12°。

3. 切削部分的长度

径向进给蜗轮滚刀切削部分的长度 L_1 应比工作蜗杆长度 b_1 大一个轴向齿距，即

$$L_1 = b_1 + \pi m$$

切向进给蜗轮滚刀切削部分的长度由圆锥部分和圆柱部分组成。圆锥部分取 $(2.5 \sim 3)\pi m$，锥角取 10°～12°；圆柱部分取 $(2 \sim 2.5)\pi m$，总长度为

$$L_1 = (4.5 \sim 5.5)\pi m$$

第四节　插齿刀

一、插齿刀的工作原理

插齿刀的外形像一个齿轮，齿顶和齿侧制出后角，端面制出前角，形成切削刃，如图10—12所示。

插齿的主运动是插齿刀的上下往复运动。切削刃的上下往复运动轨迹形成的齿轮称为铲形齿轮。插齿刀与齿坯的相对滚动形成圆周进给运动，它相当于铲形齿轮与被切齿轮做无间隙啮合运动。所以，插齿刀切出齿轮的模数、压力角与铲形齿轮模数、压力角相同，齿数由插齿刀与齿坯啮合运动的传动比决定。

插齿刀开始切齿时有径向进给运动，切到全齿深时停止进给，工件继续与插齿刀啮合滚动一周，齿轮即加工完毕。为减小插齿刀与齿面的摩擦，插齿刀在返回行程中，齿坯有让刀运动。这些运动都靠插齿机上的凸轮机构实现。

加工斜齿轮时，插齿刀的铲形齿轮是与被切齿轮螺旋角大小相等、旋向相反的斜齿轮。插齿时，在插齿刀上下往复运动的同时，由机床的螺旋导轨使插齿刀形成附加的螺旋运动，如图10—13所示。

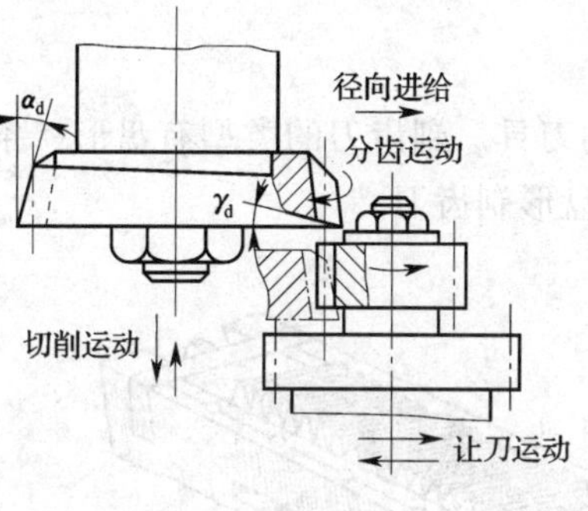

图10—12　插齿刀的工作原理

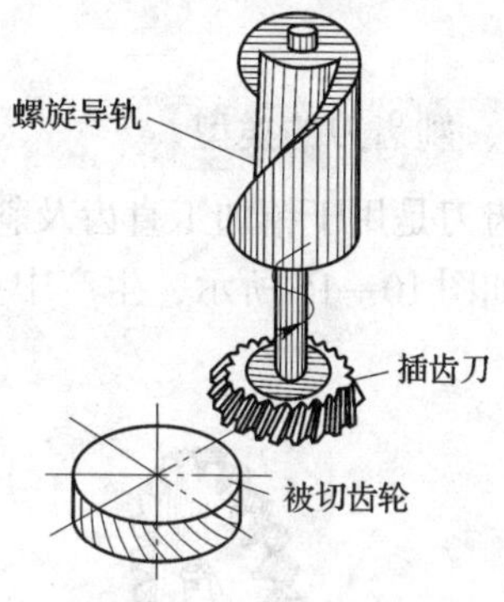

图10—13　斜齿插齿刀的工作原理

在生产中，插齿刀是仅次于滚刀的常用齿轮刀具，它可以用来加工模数和压力角相同的任意齿数的齿轮。由于插齿时的空刀距离小，因此，无法采用滚齿加工的带有凸肩的齿轮及空刀槽很窄的阶梯齿轮尤其适宜采用插齿加工。扇形齿轮、人字齿轮及齿条采用插齿加工也十分有利，此外，插齿机也是加工内齿轮的最常用的方法。

插齿刀制成AA级、A级和B级三个精度等级，可分别用来加工6级、7级、8级精度的齿轮。插齿刀一般用高速钢制造，现在中、小模数的插齿刀也有用硬质合金制造的。

二、插齿刀的使用

1. 插齿刀的类型

插齿刀有盘形直齿插齿刀、碗形直齿插齿刀和锥柄直齿插齿刀三种类型，如图10—14

a)　　b)　　c)

图 10—14　插齿刀的类型

a）盘形直齿插齿刀　b）碗形直齿插齿刀　c）锥柄直齿插齿刀

所示。盘形直齿插齿刀适合加工普通直径外齿轮和大直径内齿轮；碗形直齿插齿刀适合加工塔形和双联齿轮；锥柄直齿插齿刀适合加工直齿内齿轮。

2. 插齿刀的安装

插齿刀的安装精度直接影响齿轮的加工精度。其安装要求如下：装夹可靠，垫板尽可能具有最大的直径与厚度，两端面平行且与插齿刀保持良好的接触。安装时需校正插齿刀前面与外径的跳动量，跳动量一般不大于 0. 02 mm。

第五节　剃　齿　刀

一、剃齿刀的类型

剃齿刀是用于精加工直齿及斜齿圆柱齿轮的刀具。剃齿刀的类型有盘形、条形和蜗杆形三种，如图 10—15 所示，生产中主要使用的是盘形剃齿刀。

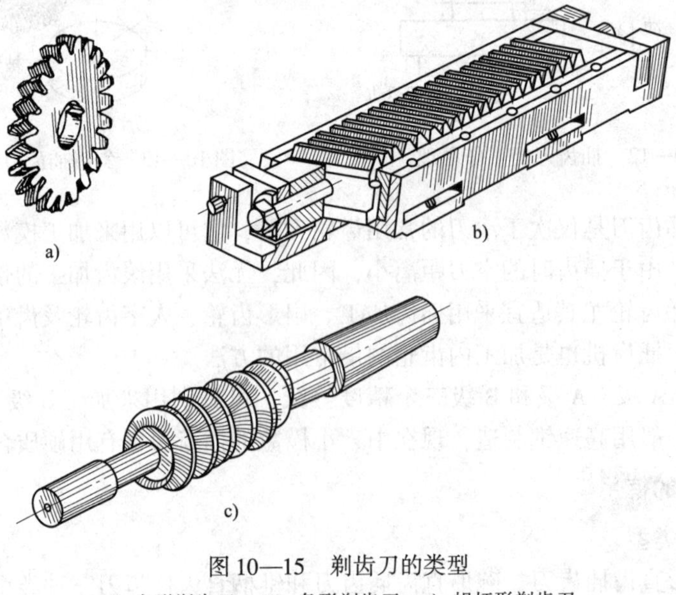

a)　　b)　　c)

图 10—15　剃齿刀的类型

a）盘形剃齿刀　b）条形剃齿刀　c）蜗杆形剃齿刀

二、剃齿刀的工作原理

盘形剃齿刀实质上是一个斜齿圆柱齿轮，在其齿侧面上切出许多小容屑槽（见图 10—16）以形成切削刃。工作时被剃齿轮装在心轴上，顶在机床工作台上的两顶尖之间，可以自由转动，剃齿刀装在机床主轴上，与被剃齿轮自由啮合，如图 10—16 所示。

切削时，根据交错轴斜齿轮副做无侧隙啮合时会在齿面上产生相对滑移，这个相对滑移的速度就是切削速度 v。这样，剃齿刀的切削刃就将齿面上的余量切除，从而达到剃削加工的目的。

剃齿刀的精度等级分 A、B 两级，分别用于加工 6 级、7 级精度的齿轮。由于剃齿加工只能将齿轮精度提高一级，故剃齿前齿轮的加工精度应比剃齿后的精度低一级。

用盘形剃齿刀加工齿轮，只要模数相同，同一把刀具便可加工不同齿数的齿轮。剃齿刀有左旋和右旋两种，选用时应与被剃齿轮的螺旋角方向相反。

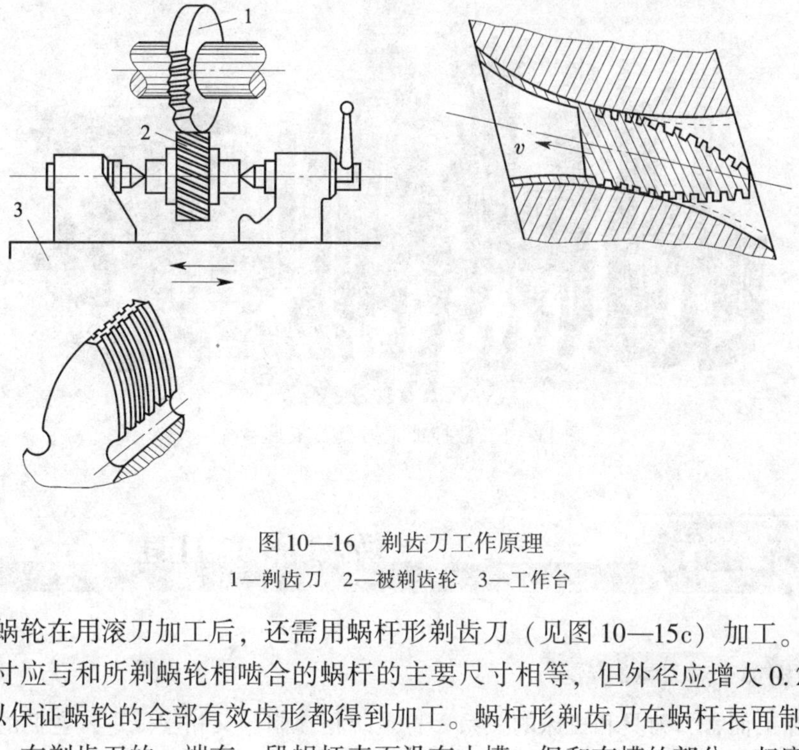

图 10—16　剃齿刀工作原理

1—剃齿刀　2—被剃齿轮　3—工作台

高精度蜗轮在用滚刀加工后，还需用蜗杆形剃齿刀（见图 10—15c）加工。蜗杆形剃齿刀的主要尺寸应与和所剃蜗轮相啮合的蜗杆的主要尺寸相等，但外径应增大 0.2m（m 为蜗杆模数），以保证蜗轮的全部有效齿形都得到加工。蜗杆形剃齿刀在蜗杆表面制出小槽，以形成切削刃。在剃齿刀的一端有一段蜗杆表面没有小槽，但和有槽的部分一起磨成，此段蜗杆表面是用来检验剃齿刀的。

第十一章　数控加工刀具及工具系统

先进刀具不仅是推动制造技术发展进步的动力，也是提高产品质量、降低加工成本的手段。随着数控机床成为现代制造业的主要设备，与数控机床配套使用的数控加工刀具（见图11—1）得到了同步发展，并出现了可快换、高效切削的工具系统。本章将介绍数控加工刀具及工具系统的基础知识，为数控加工刀具的选择奠定基础。

图11—1　数控加工刀具及工具系统

第一节　数控加工刀具

一、数控加工对刀具的要求

就机械加工而言，刀具和机床的关系一直是既相互制约又相互促进，它们的发展共同推动着机械加工技术的进步。为满足切削刀具由传统机械工具向高科技产品的飞跃，现代数控加工技术对数控刀具提出了更高的要求，主要体现有：稳定可靠的切削性能，很高的耐用度，可靠的卷屑、断屑和排屑能力，高的加工精度和重复定位精度，能实现刀具尺寸的预调、快速换刀和自动换刀。

另外，还应具有一个完整的工具系统、刀具信息管理系统、刀具在线监控及尺寸补偿系统、切削数据库等，以便合理利用机床与刀具。

二、数控加工刀具的构成和分类

为适应数控机床高精度、高速、高效和高自动化程度的特点，数控加工刀具一般应包括通用刀具、通用连接刀柄及少量专用刀柄。由于刀柄要连接刀具，并安装在机床动力头上（如主轴、刀架等），因此已逐渐标准化和系列化，并由专业厂家生产提供。

出于加工需要，数控刀具种类多样，通常可以根据刀具结构、刀具材料、切削工艺等对其进行分类，见表 11—1。

表 11—1　　数控刀具的分类

分类方法	类别
刀具结构	整体式、镶嵌式、减振式、内冷式
刀具材料	高速钢刀具、硬质合金刀具、金刚石刀具、其他材料（如立方氮化硼、陶瓷等）刀具
切削工艺	车削刀具、钻削刀具、镗削刀具、铣削刀具

另外，还有满足特别需要的特殊型刀具，如复合刀具、可逆攻螺纹刀具等。

三、数控车削刀具

与普通车床相类似，数控车床在数控机床中占有相当大的比重。在数控车床上可以高效率、高精度地完成各种带有复杂母线的回转体零件的加工。数控车削中心还能进行铣削、钻削以及各种多边形零件的加工。为了适应数控车削的特点，对数控车床用刀具也提出了新的要求。

1. 常规刀具

与普通车床用刀具一样，数控车床使用的常规刀具不外乎外圆刀具、外螺纹刀具、内孔刀具、内螺纹刀具、切断刀具、孔加工刀具（包括中心钻、镗刀、丝锥）。这里将数控车床用常规刀具分为尖形车刀、圆弧形车刀以及成形车刀三种类型。

（1）尖形车刀

尖形车刀是以直线形切削刃为特征的车刀。这类车刀的刀尖由直线形的主切削刃和副切削刃相交构成，如 90°内孔、外圆车刀，左、右端面车刀，切槽（切断）车刀及刀尖倒棱很小的各种外圆和内孔车刀。

尖形车刀的加工特点是工件的加工轮廓由刀尖的运动轨迹决定。工件外轮廓成形面、螺纹底孔、孔口倒角、端面、切断等均可采用尖形车刀车削完成。

尖形车刀几何参数（主要是几何角度）的选择方法与普通车削时基本相同，需要注意的是，选择尖形车刀几何角度时应结合数控加工的特点（如加工路线、加工干涉等）进行全面考虑，并应兼顾刀尖本身的强度。

〔提示〕

加工干涉是指切削被加工表面时，刀具切到了不应该切的部分。加工干涉会破坏加工表面的完整性，这是不允许的。因此，实际加工中，为有效地避免加工干涉现象，通常要增大刀具的副偏角或者选择合适的加工路线。

（2）圆弧形车刀

圆弧形车刀是以一圆度误差或线轮廓度误差很小的圆弧形切削刃为特征的车刀，如图 11—2 所示。该类车刀圆弧刃上每一点都是圆弧形车刀的刀尖，因此，刀位点不在圆弧上，而在该圆弧的圆心上。

图 11—2　圆弧形车刀

〔提示〕

刀位点是指编制程序和加工时用于表示刀具特征的点，也是对刀和加工的基准点。数控车刀的刀位点如图 11—3 所示。尖形车刀的刀位点通常是指刀具的刀尖，圆弧形车刀的刀位点是指圆弧刃的圆心，成形车刀的刀位点通常也是指刀尖。

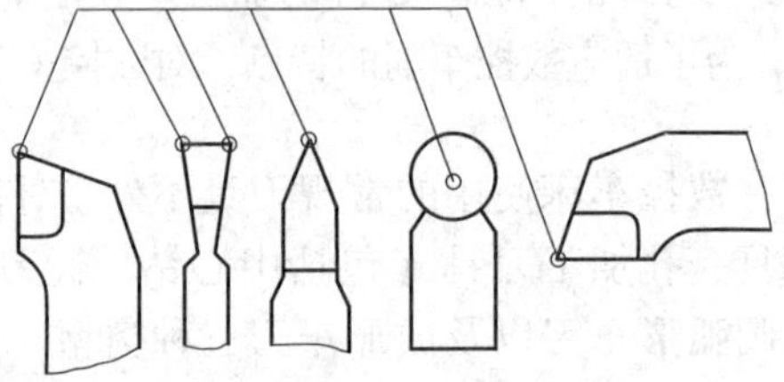

图 11—3　刀位点

圆弧形车刀可以用于车削内、外表面，特别适用于车削各种光滑连接（凹形）的成形面。在成形面的加工中，圆弧形车刀能保持均匀的加工余量，消除由刀具原因引起的背吃刀量的变化，减小了加工中的振动。

选择圆弧形车刀圆弧半径时应考虑两点：一是车刀切削刃的圆弧半径应小于或等于零件凹形轮廓上的最小曲率半径，以免发生加工干涉；二是该半径不宜选择得太小，否则不但制造困难，还会因刀尖强度太低或刀体散热能力差而导致车刀损坏。

（3）成形车刀

成形车刀也称样板车刀，其加工零件的轮廓形状完全由车刀刀刃的形状和尺寸决定。在数控车削加工中，常见的成形车刀有小半径圆弧车刀、非矩形车槽刀和螺纹刀等。

需要指出的是，在数控加工中应尽量少用或不用成形车刀。

2. 可转位刀具

由于数控车削加工的特殊性，可任意刃磨的高速钢或硬质合金车刀以及手工刃磨的传统操作、使用方法，已不适应数控车削加工及其发展的需要。目前，数控车床一般使用标准的机夹可转位刀具，其外形如图 11—4 所示。

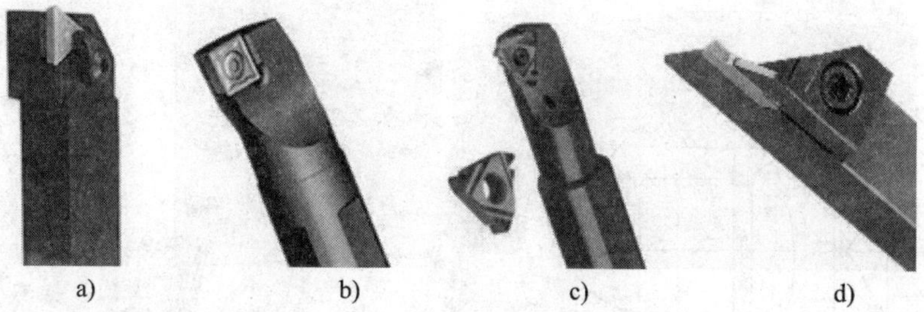

图 11—4　标准机夹可转位车刀示例

a）外圆车刀　b）内孔车刀　c）螺纹车刀　d）车槽刀

数控车床与普通车床用的可转位车刀一般无本质的区别，其基本结构、功能特点是相同的，但数控车床工序是自动化的。因此，对用于其上的可转位车刀的要求侧重点又有别于普通车床的刀具，具体要求、特点和目的见表 11—2。

表 11—2　数控车床用可转位车刀的要求、特点和目的

要求	特　点	目　的
精度高	刀片采用 M 级或更高精度等级 刀柄多采用精密级 用带微调装置的刀柄在机外预调好	保证刀片重复定位精度，方便坐标设定，保证刀尖位置精度
可靠性高	采用断屑可靠性高的断屑槽型或有断屑台和断屑器的车刀 采用结构可靠的车刀，复合式夹紧结构和夹紧可靠的其他结构	断屑稳定，不能有带状切屑 适应刀架快速移动和换位，以及整个自动切削过程中装夹不得有松动的要求
换刀迅速	采用车削工具系统 采用快换小刀夹	迅速更换不同形式的切削部件，完成多种切削加工，提高生产效率
刀片材料	较多采用涂层刀片	满足生产节拍的要求，提高加工效率
刀柄截形	较多采用正方形刀柄，但因刀架系统结构差异大，有的需采用专用刀柄	刀柄与刀架系统匹配

〔工程应用〕

数控车削选刀实例

在数控车床上加工如图 11—5 所示的零件（材料为 45 钢），试合理选择相应的数控车刀。

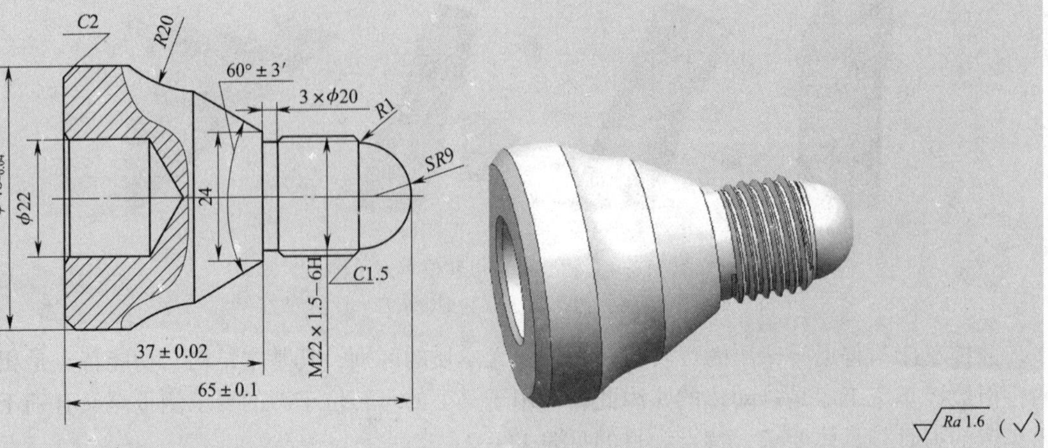

图 11—5　数控车削零件

分析：图 11—5 所示零件为回转体零件，需要加工球面、外螺纹、沟槽（螺纹退刀槽）、外圆锥面、内凹圆弧面、外圆和内孔。根据数控车削的特点，工件外部轮廓（除沟槽、螺纹外）采用一把外圆车刀可全部加工完成，其他回转表面根据形状不同选用不同种类的车刀。

选刀：数控车床用车刀通常采用涂层硬质合金可转位车刀，由于工件材料为 45 钢，故选用 P 类硬质合金，刀柄尺寸根据机床型号选择。加工图 11—5 所示零件选择的数控车刀的名称、材质、参数、加工内容见表 11—3。

表 11—3　　数控车刀的名称、材质、参数、加工内容

序号	名称	材质	参数	加工内容
1	外圆车刀	涂层硬质合金	刀尖角 $\varepsilon_r = 80°$，菱形刀片（C 型）	外轮廓
2	切槽刀	涂层硬质合金	刀宽 $B = 3$ mm，切槽刀	沟槽（螺纹退刀槽）
3	三角形螺纹车刀	涂层硬质合金	刀尖角 $\varepsilon_r = 60°$，螺距 $P = 1.5$ mm，正三角形刀片（T 型）	外螺纹
4	钻头	高速钢	ϕ20 mm 钻头	内孔
5	内孔车刀	涂层硬质合金	ϕ16 mm 刀柄，刀尖角 $\varepsilon_r = 55°$，菱形刀片（D 型）	内孔

四、数控铣削刀具

数控铣削是机械加工尤其是模具型腔和型芯加工中最常用也是最主要的数控加工方法之一，它除了能铣削普通铣床所能铣削的各种零件表面外，还能铣削普通铣床不能铣削的各种平面轮廓和立体轮廓。数控铣削刀具主要包括面铣刀、立铣刀、螺纹铣刀、孔加工刀具等，且常用可转位结构刀具。

1. 面铣刀

面铣刀主要用于加工较大的平面，如图 11—6 所示。面铣刀的圆周表面和端面上均有切削刃，圆周表面的切削刃为主切削刃，端面切削刃为副切削刃。

图 11—6　面铣刀

为满足不同的加工需要，面铣刀可采用不同的角度组合形式，其中主偏角有 90°、75°、45°等几种。例如，45°面铣刀为一般加工首选，但加工薄壁工件时，工件会发生挠曲现象，导致加工角度发生变化；90°面铣刀则适用于薄壁工件和要求准确 90°成形的场合。

〔提示〕

可转位面铣刀采用圆刀片，不仅能进行面铣，还能进行插铣、曲面铣等，应用比较广泛。

2. 立铣刀

立铣刀一般用于加工凹槽、较小台阶面及平面轮廓，如图 11—7 所示。数控立铣刀一般做成螺旋刀齿，这样可以增加切削加工的平稳性，提高加工精度。数控立铣刀的圆柱表面和端面上都有刀齿，圆柱表面的切削刃为主切削刃，端面上的切削刃为副切削刃，它们可同时进行切削，也可单独进行切削。

图 11—7　立铣刀

数控立铣刀的轴向长度一般较长，以保证能加工较深的沟槽及有足够的备磨量；数控立铣刀的刀齿数比较少（一般粗齿立铣刀 $z=3\sim4$，细齿立铣刀 $z=5\sim8$，套式结构铣刀 $z=10\sim20$），容屑槽圆弧半径大（$r=2\sim5$ mm），以改善切屑卷曲情况，增大容屑空间，防止堵塞。大直径立铣刀还可制成不等齿距结构，以增强抗振作用，使切削过程平稳。

〔提示〕

在立铣刀基础上发展出了模具铣刀，包括圆锥形、圆柱形球头、圆锥形球头三种结构形式，球头或端面上布满切削刃是其特点，可做径向和轴向进给；模具铣刀（见图 11—8）主要用来加工空间曲面、模具型腔或凸模成形表面。

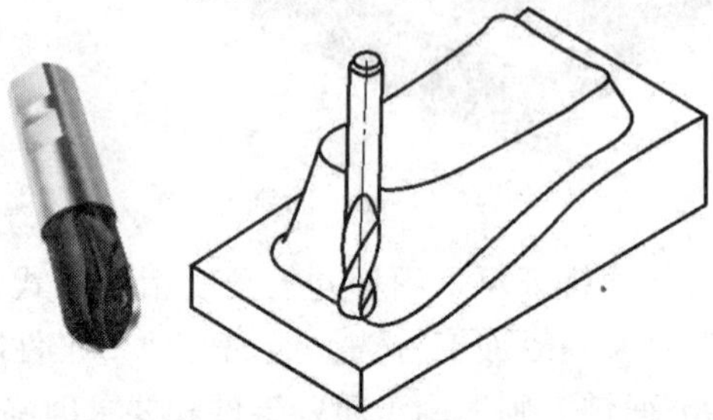

图 11—8　模具铣刀

3. 螺纹铣刀

螺纹铣刀用于内、外螺纹的铣削加工，其加工示意如图 11—9 所示。螺纹铣削可以免去采用大量不同类型丝锥的必要性，并可加工具有相同螺距的任意直径的螺纹，其尺寸由加工循环指令控制。

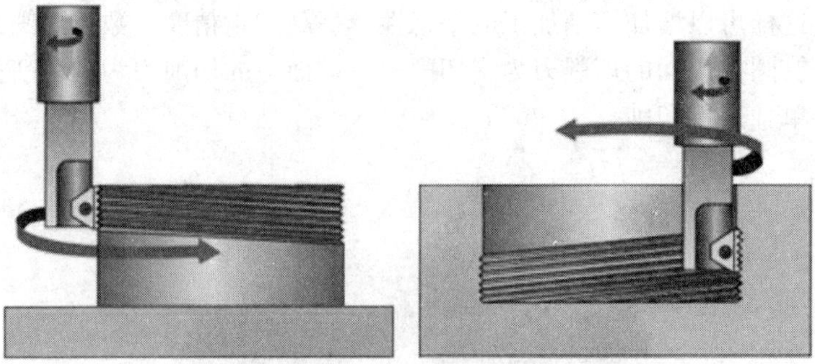

图 11—9　螺纹铣刀加工螺纹示意

螺纹铣刀有圆柱螺纹铣刀和机夹螺纹铣刀两种，见表 11—4。

表 11—4　螺纹铣刀分类

类型	图示	说明
圆柱螺纹铣刀	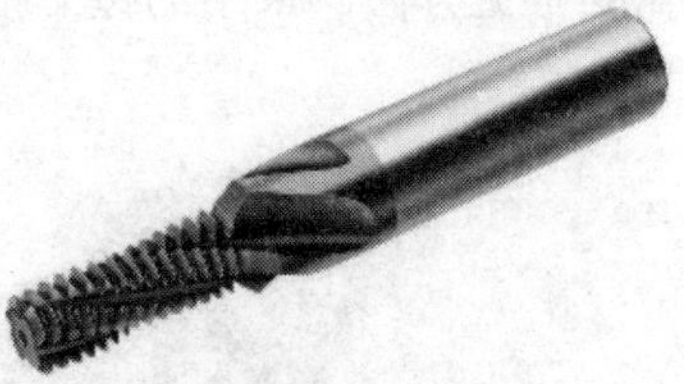	螺纹切削刃与丝锥不同，刀具上无螺旋升程，加工中的螺旋升程由机床运动实现；左、右旋螺纹均可加工；适合于钢、铸铁和有色金属材料的中、小直径螺纹的加工
机夹螺纹铣刀		适合于较大直径（一般超过 25mm）的内、外螺纹的加工，刀片可双面切削。

〔提示〕

在数控铣床或加工中心上进行小螺纹孔加工时可采用丝锥。

4. 孔加工刀具

(1) 钻削刀具

钻削是数控铣床在实心材料上加工孔的常见方法。钻削还用于扩孔、锪孔加工。在数控铣床上经常使用的钻削刀具有中心钻、标准麻花钻、扩孔钻、硬质合金可转位式钻头、加工中心用枪钻、锪钻等，如图 11—10 所示。

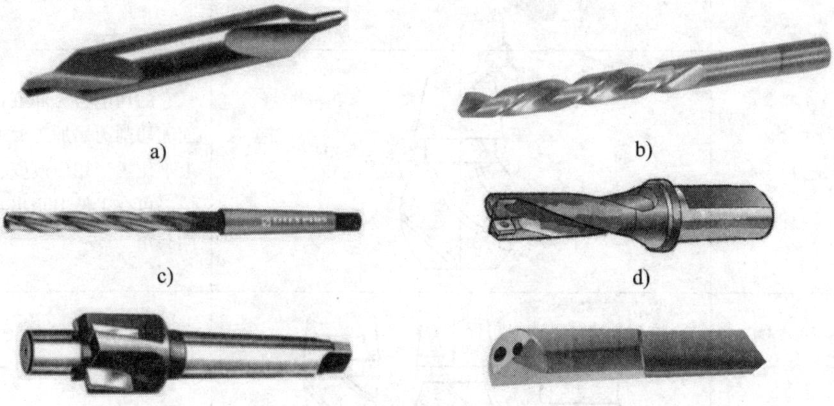

图 11—10　钻削刀具

a）中心钻　b）标准麻花钻　c）扩孔钻　d）硬质合金可转位式钻头　e）加工中心用枪钻　f）锪钻

中心钻的作用是先在实心工件上加工出中心孔，以便在孔加工时起到定位和引导钻头的作用。在数控铣床上应用扩孔钻旨在提高加工效率，保证孔加工质量。锪钻用于加工沉头孔和端面凸台等。硬质合金可转位式钻头用于高效、高质量地钻孔、扩孔加工。对于深径比大于 5 的深孔加工则采用加工中心用枪钻。

（2）镗削刀具

镗削是数控铣床粗、精加工大尺寸孔的常见方法。采用的镗刀按切削刃数量可分为单刃镗刀和双刃镗刀，如图 11—11 所示。

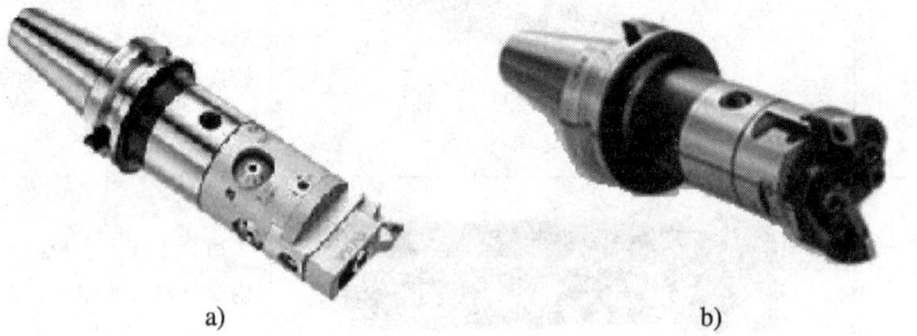

图 11—11　镗削刀具

a）单刃镗刀　b）双刃镗刀

为减小切削振动，镗刀主偏角 κ_r 应选得较大，例如，镗铸铁孔或精镗时一般取 $\kappa_r = 90°$；粗镗钢件孔时取 $\kappa_r = 60° \sim 75°$，以提高刀具耐用度。

除上述刀具外，根据需要，进行数控铣削时还会使用其他数控铣刀，如键槽铣刀、鼓形铣刀及成形铣刀等，见表 11—5。

表 11—5　　数控铣削用其他刀具

其他数控铣刀	图例	说明
键槽铣刀	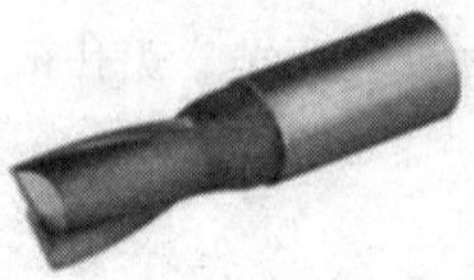	有两个刀齿，圆柱面和端面都有切削刃，端面刃延至中心，既像立铣刀，又像钻头
鼓形铣刀	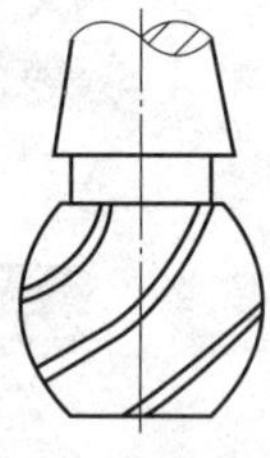	它的切削刃分布在圆弧面上，端面无切削刃。加工时通过控制刀具上下位置，相应改变刀刃的切削部位，可在工件上切出从负到正的不同斜角
成形铣刀	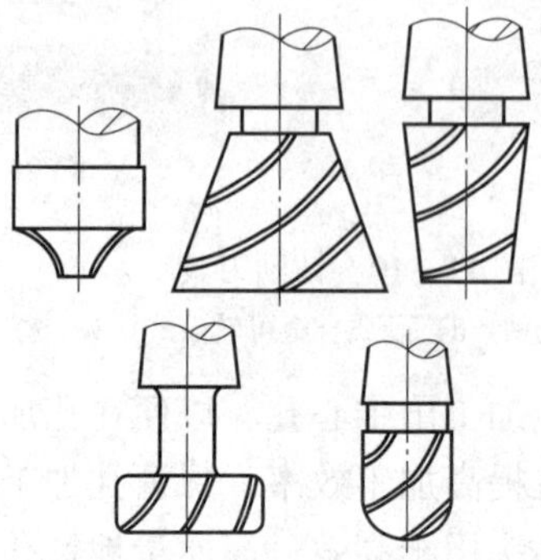	为特定的工件或加工内容专门设计制造的刀具

〔工程应用〕

数控铣削选刀实例

在数控铣床上加工如图 11—12 所示的零件，试合理选择相应的数控铣刀。

图 11—12 数控铣削零件

与普通铣刀的选用相类似，选择数控铣刀时，其类型应与工件表面形状和尺寸相适应。具体刀具选择见表 11—6。

表 11—6 数控铣刀的选择

序号	铣刀名称	应用	加工零件部位
1	面铣刀	加工较大的平面	上表面
2	立铣刀	加工凹槽、较小台阶面及平面轮廓	外轮廓
3	模具铣刀	加工空间曲面、模具型腔或凸模成形表面	圆弧面
4	键槽铣刀	加工封闭键槽等	槽

〔提示〕

对所选择的刀具，在使用前都需对刀具尺寸进行严格的测量，以获得精确数据，并由操作者将这些数据输入数控系统，经程序调用而完成加工过程，从而加工出合格的工件。

第二节 数控加工工具系统

一、数控加工工具系统介绍

加工中心是目前世界上产量最高、应用最广泛的数控机床之一。它主要用于箱体类零件和复杂曲面零件的加工，能把铣削、镗削、钻削、攻螺纹等功能集中在一台设备上。因为它具有自动选刀、换刀功能，所以工件经一次装夹后，可自动完成或接近完成工件各表面的所有加工工序。

工序集中的特点决定了加工中心在一次装夹中要经过多次换刀完成多工序的加工，所以，加工中心对零件各加工部位往往选用不同的刀具，图 11—13 所示零件的加工就需要采用多种不同的刀具，包括钻削、镗削、铣削、铰削及螺纹加工刀具等，它们往往通过刀柄及工具系统连接于加工中心的主轴。

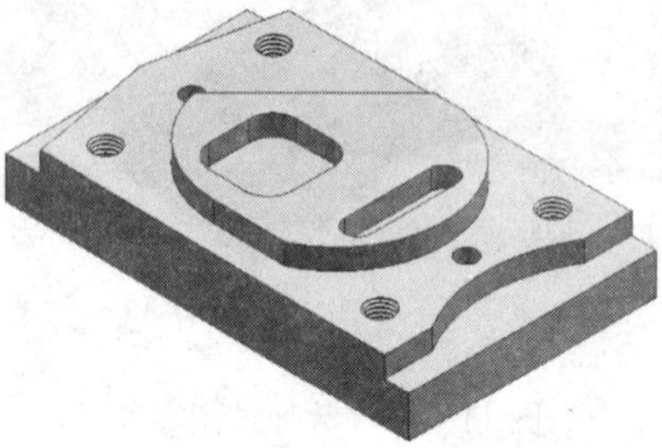

图 11—13　加工零件

1. 数控加工工具系统的概念

数控加工工具系统是用来连接机床主轴和刀具之间的辅助系统。除刀具本身外，还包括实现刀具快换所必需的定位、夹持、拉紧、动力传递和刀具保护等部分。工具系统主要由两部分组成：一是刀具部分；二是装夹工具部分，包括工具柄部（刀柄）、接杆（接柄）和夹头等。

数控加工工具系统除具备普通工具的特性外，在以下方面应达到较高要求：换刀精度和定位精度、刀具耐用度（高切削速度）、刚度（大进给量、高速强力切削）、加工切屑（断屑、卷屑和排屑）、装卸和调整、三化（标准化、系列化、通用化，以便于刀具在转塔及刀库上的安装，简化机械手的结构和动作，还能降低刀具制造成本，减少刀具数量，扩展刀具的适用范围，有利于数控编程和工具管理）。

2. 数控加工工具系统的分类

通常可以从结构特点和使用范围的角度对数控加工工具系统进行分类，如图 11—14 所示。

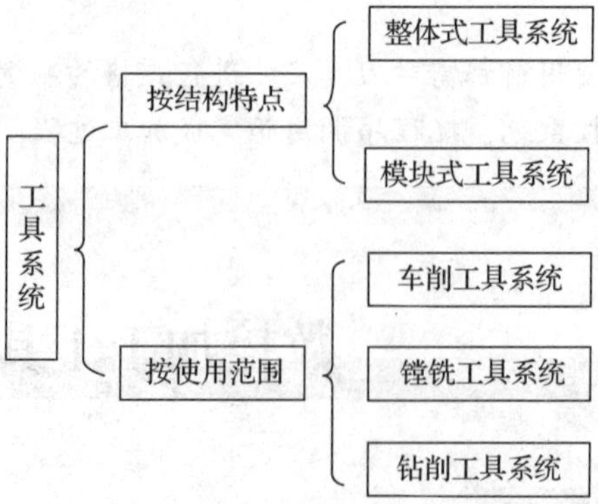

图 11—14　工具系统分类

模块式工具系统将工具的柄部和工作部分分割开来，制成各种系统化的模块，然后经过不同规格的中间模块，组成各种不同用途、不同规格的工具。目前世界上模块式工具系统有几十种结构，其区别主要在于模块之间的定位方式和锁紧方式不同，如图 11—15 所示为 Sandvik 模块式工具系统示意。

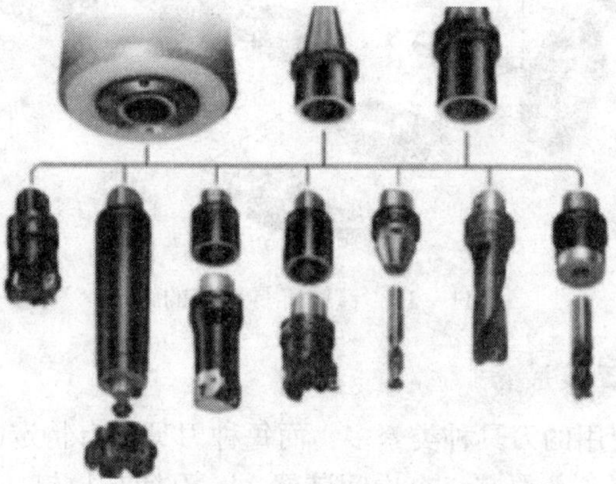

图 11—15 Sandvik 模块式工具系统示意

二、数控车削工具系统

数控车削加工经常采用模块式工具系统，主要由刀具和刀夹两部分组成。其中各种车刀都是镶嵌式的模块化刀具。数控车削刀具的夹持部分为方形刀体（加工外表面）或圆柱刀杆（加工内表面）。方形刀体一般采用槽形刀架螺钉紧固方式固定；圆柱刀杆用套筒螺钉紧固方式固定。它们与机床刀盘之间是通过槽形刀架和套筒接杆来连接的。在模块式车削工具系统中，刀盘的连接以齿条式柄体连接为多，而刀头与刀体的连接是“插入快换式系统”（即 BTS 系统，符合 ISO5608—80 标准）。图 11—16 所示为 Sandvik 提供的车削工具系统，它是一种模块式快换工具系统。

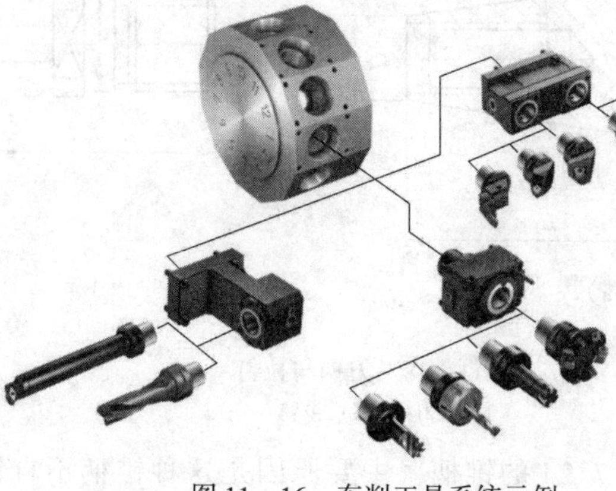

图 11—16 车削工具系统示例

三、数控（镗铣）工具系统

镗铣工具系统模块是包括主柄模块（刀柄）、中间连接模块（刀具装夹）和工作模块（刀具）三部分，主要由工作头、刀柄、拉钉、接长杆等零件组成，如图 11—17 所示。

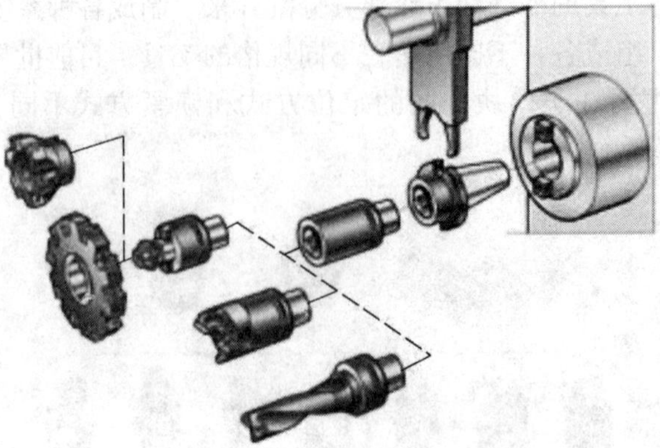

图 11—17　镗铣工具系统的组成

四、数控加工中心工具系统

由于数控加工中心使用的刀具种类繁多，而每种刀具都有特定的结构及使用方法，要想实现刀具在主轴上的固定，必须有一个中间装置——刀柄与拉钉，如图 11—18 所示，该装置必须既能够装夹刀具，又能在主轴上准确定位。

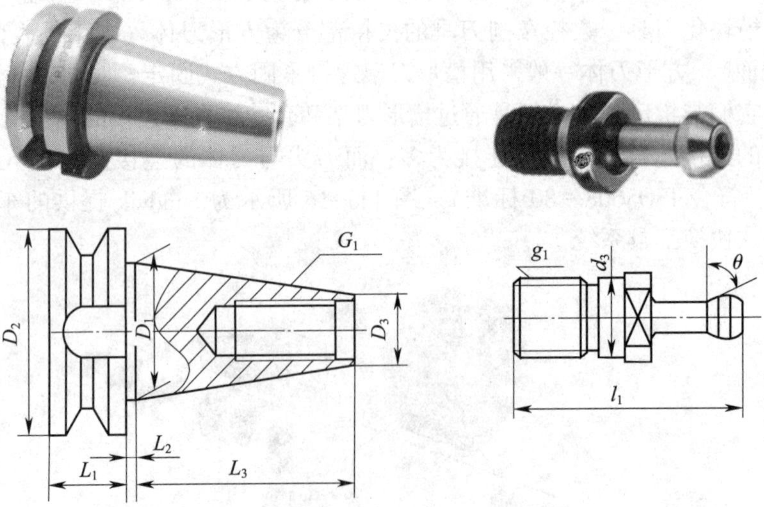

a）　　　　b）

图 11—18　刀柄与拉钉

a）刀柄　b）拉钉

数控加工中心一般采用 7∶24 的锥柄，主要原因是这种锥柄不自锁，并且与直柄相比有高的定心精度和刚度。需要指出的是，刀柄要配上拉钉才能固定在主轴锥孔上。目前，刀柄与拉钉都已标准化，具体尺寸见表 11—7、表 11—8。其中 JT 以 ISO7388、ANSI B5. 50、DIN69871 为标准，BT 以 MAS403BT 为标准。刀柄型号主要有 40、45、50 等。

表 11—7　　刀柄尺寸　　mm

标准	规格	D_1	L_3	D_3	G_1	D_2	L_1	L_2
JT	40	44.45	68.4	17	M16	63.55	15.9	3.18
	45	57.15	82.7	21	M20	82.55	15.9	3.18
	50	69.85	101.75	25	M24	97.5	15.9	3.18
BT	40	44.45	65.4	17	M16	63	25	1.6
	45	57.15	82.8	21	M20	82.55	30	3
	50	69.85	101.8	25	M24	100	35	3

表 11—8　　拉钉尺寸　　mm

标准	规格	l_1	g_1	d_3	θ	
					1	2
ISO	40	54	M16	17	30°	45°
	45	65	M20	21	30°	45°
	50	74	M24	25	30°	45°
BT	40	60	M16	17	30°	45°
	45	70	M20	21	30°	45°
	50	85	M24	25	30°	45°

有些场合，通用刀柄已不能满足加工的要求，近年来已开发出了一些特殊刀柄，如增速刀柄、内冷却刀柄、转角刀柄、多轴刀柄、双面接触刀柄、接触式测头刀柄等，这些刀柄的出现进一步提高了加工效率，满足了特殊的加工要求。

数控加工中心的工具系统一般由钻削系统、镗铣系统等组成，由于内容繁多，工具系统一般用图谱来表示，如图 11—19 所示。

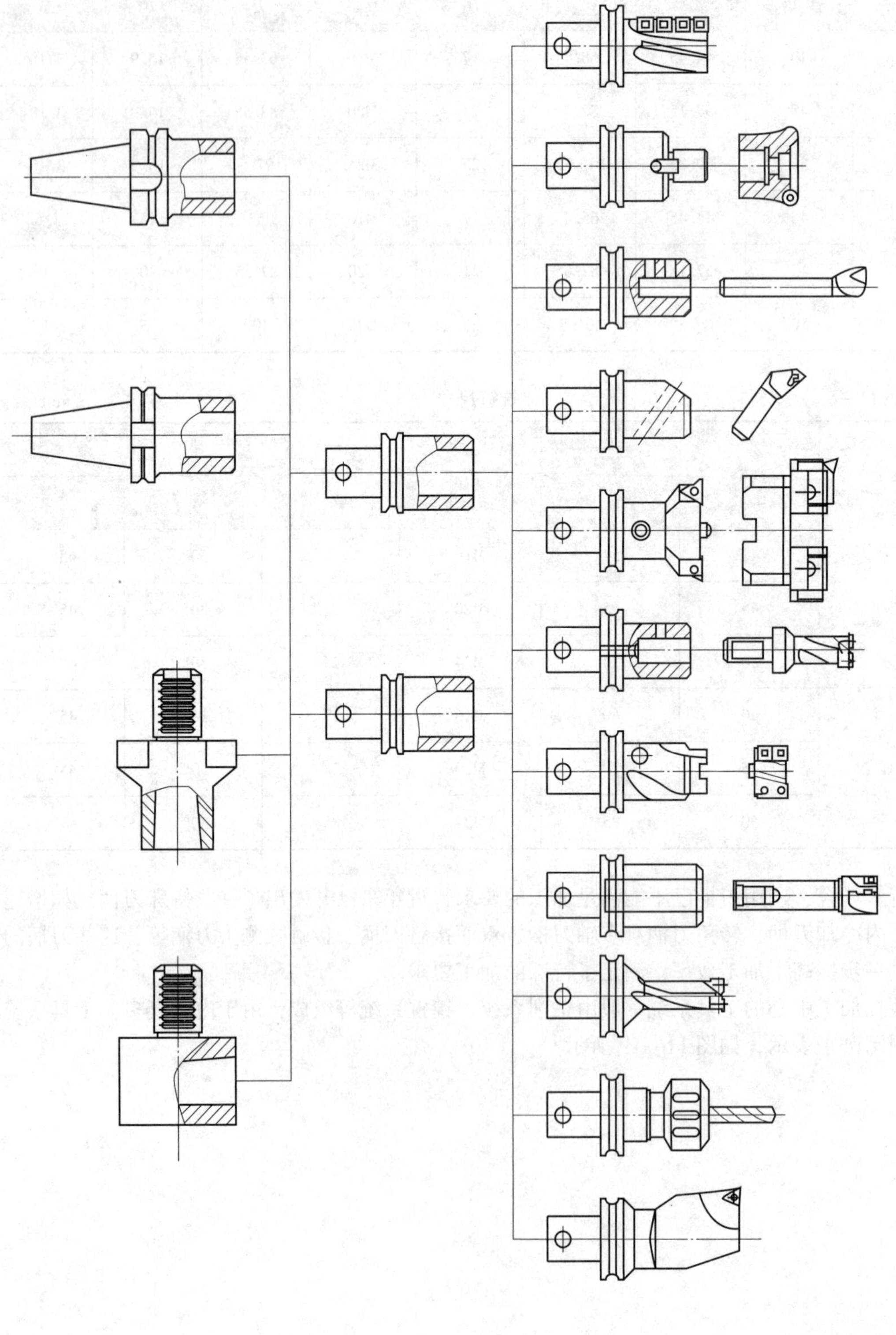

图 11—19　数控加工中心工具系统图谱